话说英石

朱章友　主编

SPM
南方出版传媒
广东人民出版社
·广州·

图书在版编目（CIP）数据

话说英石 / 朱章友主编. — 广州：广东人民出版社，2019.11
ISBN 978-7-218-14079-7

Ⅰ.①话… Ⅱ.①朱… Ⅲ.①观赏型－石－鉴赏－中国－文集
Ⅳ.①TS933.21-53

中国版本图书馆CIP数据核字(2019)第275938号

HUASHUO YINGSHI
话说英石　朱章友　主编

出 版 人：肖风华

责任编辑：李锐锋
装帧设计：陈宝玉

统　　筹：广东人民出版社中山出版有限公司
执　　行：王　忠
地　　址：广东省中山市中山五路 1 号中山日报社 8 楼（邮编：528403）
电　　话：（0760）89882926　（0760）89882925

出版发行：广东人民出版社
地　　址：广东省广州市海珠区新港西路204号2号楼（邮编：510300）
电　　话：（020）85716809（总编室）
传　　真：（020）85716872
网　　址：http://www.gdpph.com
印　　刷：广州市新齐彩印刷有限公司
开　　本：787mm×1092mm　1/16
印　　张：20.75　　字　数：278千
版　　次：2019年11月第1版
印　　次：2019年11月第1次印刷
定　　价：98.00元

如发现印装质量问题影响阅读，请与出版社（0760-89882925）联系调换。
售书热线：（0760）88367862　邮购：（0760）89882925

《话说英石》编辑委员会

序 言

　　英石，作为古今中外名石，在赏石、收藏、古玩、园林各界都具有举足轻重的影响，史上对其理论研究亦有不少。然而，对英石理论研究的大飞跃则是随着中国实行改革开放，经济社会快速发展和英德市委、市政府大力弘扬英石文化所带来的。20世纪九十年代以来，英石理论研究取得了长足的发展，英德相继出版了《中国英石》《英石》《中国英石传世收藏名录》等多种专著，还出版了英石的首部志书《英石志》，许多专家、学者、英石爱好者发表了一篇篇研究英石的论文，在奇石界引起了广泛而深刻的反响。从2010年起，英德市连续七年举办了中国（英德）英石文化节，每一届都不遗余力邀请全国各地专家举行英石文化论坛，使英石理论研究势头和成果到达空前规模，在一定程度上为英石文化的发展奠定了理论厚度。

　　名篇荟萃，海纳百川。本书收集了历届中国（英德）英石文化节英石文化论坛的学术论文，全国业界知名专家、大学教授、著名文学家、诗人、赏石评论家、史学家、工程师及英德本地长期从事英石文化研究的专家、学者的研究成果、心得。论文范围广、角度多、层次高，既有从历史角度进行阐述的，也有从审美角度进行发掘的；既有从产业化角度来着眼的，也有从文化发展角度展望的；既有从全国大视野来入手的，也有从英石产地进行考究的；既有问题启发式的，也有对策建议性的；既有纵向审视，也有横向比较。

　　这林林总总的理论成果成为中国英石文化一笔珍贵的精神财富，也擦亮了英石文化作为英德市的亮丽名片。

　　本书将上述宝贵资料整理编辑成册，以供读者及相关部门更好地阅读和利用。

　　本书分八章。

第一章为"名人名家说英石"，其中名人名家有中国观赏石协会科普理论委员会委员、中国观赏石一级鉴评师刘翔先生，著名编辑、人民文学出版社副社长凯雄先生，浙江省观赏石协会会长王嘉明先生，广西壮族自治区观赏石协会会长张仕中先生，上海市观赏石协会副会长俞莹先生，著名文学家、茅盾文学奖获得者贾平凹先生，赏石理论大家、教授刘清勇先生，广东省赏石会名誉会长、英德市奇石协会名誉会长、《中国英德石》作者赖展将先生。第二章为"专家学者论英石"，其中的专家学者有佛山梁园馆长陈志杰先生，广东赏石文化专业委员会理事老广钿先生，省政府参事室副主任、省文史馆副馆长、《岭南文史》常务副社长余庆安先生，广东外语外贸大学高级翻译、学院党委书记高云坚先生，始兴县政协原副主席廖晋雄先生，华南理工大学思想政治学院博士生廖文先生，江门市台山玉石协会会长凌文龙先生，广东农工商职业技术学院人文艺术系教师廖威先生等。

第三章为"石乡专家石友品英石"，主要收集本地长期从事英石研究和收藏的专家、学者的相关文章。

第四章为"诗咏英石"，收集古人写英石的诗词。

第五章为"媒体报道英石"，收集近年来相关媒体报道英石文化的文章。

第六章为"口述英石"，收集专家学者在英石文化论坛的现场发言，英德广播电台《英德故事》栏目中讲英石故事的文稿，英德档案局"口述历史"采访稿。

第七章为"英石文化花絮"，收集英石趣事、精品、获奖作品等。

第八章为"英石文化遗产研究"，收集华南农业大学园林学院英石文化遗产研究成果的部分论文。

英石文化自古辉煌，在新的历史时代，如何将之发扬光大，理论研究自然成为英石文化发展的助推器，也是本书编辑的初衷和肩负的责任。

编　者

2019 年 11 月

目录

第一章　名人名家说英石

2　说英石／贾平凹

4　英德若石／凯　雄

6　从英石鉴赏论古典赏石的审美／俞　莹

13　玲珑峻峭——英石／刘清涌

15　特点鲜明的英石文化／赖展将

24　皱瘦有骨话英石／俞　莹

28　魅力无限的中国传统赏石——英德石／石　风

34　英石文化是北江文化的重头戏／赖展将

42　小议英石的综合实力／赖展将

46　英石品种超丰富／赖展将

第二章　专家学者论英石

51　观赏石的经济文化价值及产业化／王嘉明

61　苏东坡的英石缘／廖　文

66　英石之奇／高云坚

69　英石文化可持续发展的基本思路与对策／高云坚

75　梁园景石、佛山附石盆景与英石／陈志杰

83　中华奇石文化民族形式初探／覃守胜

86　英石特色特在何处／廖晋雄

90   英石赏玩／凌文龙

96   略谈英石的自然艺术美／廖　威

100   层恋叠嶂的英石／顾鸣塘

102   英石若画／肖桂花（汶霏）

105   实景清　空景现——再谈英石的审美意境／邹顺驹

109   尚疑嵌空间，隐有灵怪伏——论英石奇妙的石孔赏析／殷苏宁

第三章　石乡专家石友品英石

117   英石的收藏价值／成云飞

124   保护非物质文化遗产　促进文化英德建设／范桂典

128   英石皴法初探／邓伟卓

131   造型石的地质成因及英石的自然美／朱章友

136   英石中的奇葩——浅谈细皱英石／黄永健

138   英石的物质与非物质／范桂典

141   望埠民间英石艺术发展状况小考／邓石全

144   中国英石今昔／朱章友

148   英石与经济社会的协调发展／成云飞

154   英石的阳刚之美／邓伟卓

156   千年英石故事多／朱章友

162   纯说英石／肖启纯

169   英石的空灵世界／成云飞

172   藏英石／马　达

173   英石美育之我见／邓坤玺

175   我和贾平凹的英石缘／朱章友

第四章　诗咏英石

178　古人诗咏英石

第五章　媒体报道英石

187　央视《寻宝》走进英德

188　英石韵／南方日报

192　英石：天然去雕饰，"点"石可成金／南方日报

195　一石一证一故事，一照一诗一书画／南方日报

197　"英石文化产业特色人才讲座"圆满召开／网　络

201　赏英石、品红茶、游英德／南方日报

204　英德举办红茶英石旅游文化节／南方日报

206　英石盆景技艺惊艳"国际非遗节"／南方日报

209　新型英石盆景吸引眼球／南方日报

211　传承英石文化　需要更多创意／南方日报

213　英石在中国·石家庄第十六届观赏石博览会大放光彩／南方日报

第六章　口述英石

216　全方位推进英石文化产业链的完善／范桂典

218　《富哥话英德》之"英石文化"

219　米芾拜英石／林超富　吴永全

226　英石审美十字新解／林超富　吴永全

235　英石产业／林超富　吴永全

242　英石那些事／林超富

第七章　英石文化花絮

262　首届中国英石文化节见闻

264　英石的古典韵

267　中国古代几案英石精品

269　中国现代几案英石精品

273　中国园林英石名石

第八章　英石文化遗产研究

277　广东英德英石文化遗产价值评估与保育研究历程（2016—2019）

　　／高　伟　李晓雪　李自若　陈燕明　陈绍涛

285　英石赏石文化历史源流

　　／刘　音　高　伟

294　英石假山技艺的传承与发展——以英石峰型假山为例

　　／李晓雪　陈燕明　邱晓齐　邹嘉铧

302　英德英石叠山匠师传承历史与现状

　　／李晓雪　钟绮林　邹嘉铧

307　英德英石产业现状与发展研究

　　／陈燕明　巫知雄　林　云

312　英石非遗传承教育的新探索

　　——英德英西中学《英石艺术作为乡土美术教材的研究》课题历程与实践

　　／谭贵飞　彭伙强　李晓雪　刘音　陈鸿宇

后　记 ／320

第一章

名人名家说英石

说英石

◎ 贾平凹

　　盛世收藏兴，这话确实是。单奇石这十数年来就非常热火，走遍全国各大城市，常常可以见到广场上园林里公寓楼前有巨石作标志，而差不多的人家，也都要在庭院中案几上摆那么几块石头玩赏。各类奇石协会成立，各种奇石的报刊出版，尤其一年一次的全国奇石博览会，更是摊位林立，人多如潮。人们从来没有像今天这样要活得优雅，奇石市场也就异常地繁荣兴旺。我对奇石有兴趣，写过了数本关于赏石的书籍，在为奇石收藏热欢欣的同时，也为赏石中的一些误区而忧心。比如当下过分追求怪异，动辄就标榜出什么石种哗众取宠；比如过分夸大矿物质石类的价值，使水晶、玛瑙、莹石之类畸形显赫；比如过分讲究具象，导致了许多人为的造型和图案。每每目睹了这种状况，我就想到英石。

　　英石产于广东的英山。英山之所以用花命名，是其方圆百里的山表大多裸露，青苍逸瘦，嶙峋奇巧，远远望去如遍开的石花。这实在是一座宝山，它所产的石头与灵璧石、太湖石齐名，历来是上贡朝廷，且多流播海外，而今国中所有的名园中莫不以它们布置。古籍中咏石的诗篇，咏的就是这类石头，米芾拜石拜的也就是这类石头。这石头得天地钟灵故能镇园镇宅，得山水清气所以能养心养目。它们是中国奇石的正宗，代表了中国石文化的审美趣味。

　　因为英石、太湖石、灵璧石是中国传统的名石，而别的石种才以有矿物质的晶体或色彩，以造型和图案急于出名，它们当然有它们的价值，但常常路走捷径，笔用偏锋，却是赏石弱化了石头的本质，使审美趣味下降。

　　现在奇石市场上传统的名石并不多见，原因大致有两种。一是太湖石、灵璧石资源日趋枯萎；二是英石资源依然丰富，但英石产地偏南，而对英石的功能形成了固定的看法，缺乏全面的认识。

可以说英石和太湖石、灵璧石是园林专用的名石，可英石区别于太湖石、灵璧石的不仅它用于园林更能作摆件清玩。它历来分阳石和阴石，有大器、中器、构件、小件之说。它的大器、中器要一石体现出山的整体为标准，峰峦起伏，嵌空穿眼，质坚苍润，扣之清越，讲究的是大气象。史书上曾记载过古人所藏的英石，"高尺有五六，长三尺余，千峰百嶂，长亘连绵，其下坡轮，若临水际，宛然衡岳排空而湘水九曲环迴于下。"我见过现置于杭州西湖的宋时英石"绉云峰"，那块石头高达数丈，形同立云，又似摇波，令人叹为观止。我自己也收藏了一块"龙崖"英石，形如龙头但又是峦峰之状，气势雄浑，而细节处白筋勾勒，石线过渡，甚为奇巧。它的小件则充分体现了瘦、皱、漏、透，又不同于太湖石、灵璧石的同样的特点，它削瘦而坚硬，秀中有骨，褶皱又有白筋，形成丰富图案，而滴漏留痕，孔眼相通。古人玩这类英石"亦可点盆，亦可掇小景"，又有诗说"罗得六峰怀袖里，携归好伴玉蟾蜍"。我也收藏着一件，似龙非龙，非花似花，薄处如翼，细处如针，置于案头，来人见之莫不惊艳。

英石的名贵在于它的质朴和简约，在于它的整体的气势和细节的奇巧，如车中的"宝马"，用不着装饰，只擦拭干净即可。它所具有的石文化品格，正大而独特。收藏它，欣赏它，宣传它，不仅可以纠正时下赏石趣味的弱化，也是维护和清正中国石文化精髓的一种责任。

（作者是陕西籍著名作家、茅盾文学奖获得者）

英德若石

◎ 凯　雄

　　英德，固然得天地之造化，置身于山灵水秀之间，为一方修身养性之圣土，然更因盛产奇石而得名，使得这座地处五岭之南的小城声名远扬。

　　英德奇石，俗称英石。早在宋朝，它就被列为贡品；到了清代，英石更是与太湖石、灵璧石、黄蜡石齐名，统称中华四大园林名石。"问君何事眉头皱，独立不嫌形影瘦。非玉非金音韵清，不雕不刻胸怀透。甘心埋没苦终身，盛世搜罗谁肯漏。幸得砭砭磨不磷，于今颖脱出诸袖。"清人陈洪范的这首七律不仅道出了诗人对英石的赞美之情，而且将宋代米芾归纳的英石"皱、瘦、漏、透"这四大特征惟妙惟肖地嵌于其中。

　　不过，英石名声虽大，却颇有几分深藏闺中人不识的滋味。在识得英石之前，我想自己肯定在大江南北的名胜园林中与之谋过面，或许也曾经为它的或雄奇，或玲珑而赞叹，然而就是呼不出它的尊姓大名。新近有幸到英德一游，不仅近距离地目睹了英石的"芳容"，更对滋养它的这方热土平添几分敬意。

　　英石之乡，果然名不虚传！从广州花都国际机场出来，小车沿高速公路往北一路驶去，约莫一个多小时后，路旁一块块"怪石"扑面而来，直觉告诉你：英德到了。没错，英石的确堪称英德的标志。主人引得你走下车娓娓道来，你不仅对英石的历史与特点有了概括的了解，更感性地触摸了那一方方、一块块富有灵性的奇石。黑白青绿诸色中，有的大如小山，有的微如拳指；至于那一个"奇"字，你自然会想到"雄奇险峻、嶙峋陡峭、玲珑宛转、峰峦层叠……"一类的形容与比附，然而，你更会感到文字与语言在这种大自然巧夺天工面前的贫乏与无能。每一块英石就是一具具活生生的生命之躯，每一块英石就是一个个活脱脱的智慧之灵。

英石之乡，远非英石二字就能穷尽！当我意犹未尽地向它道别时，一个念头蓦然进入脑海：岂止英石，整个英德又何尝不是好大一块奇石！这座拥有 106 万人口、5671 平方公里的市，与石有缘的话题实在太多太多。无论是城北的仙桥地下河还是城南的碧落洞、宝晶宫，更有那英西峰林，莫不与奇石秀水结下了不解之缘。单说位于英西峰林中的穿天岩便是世间一奇：小船犁着碧绿的溪水缓缓驰入岩洞，如果说四周岩石窈窕突兀、钟乳遍垂尚不足为奇的话；那再细看，奇石间竟不时泛出点点绿色，有青苔点缀，更有植物悬于石中；再往前行，眼前为之豁然一亮，原来山顶洞穿，苍天开眼——一大一小、一竖一点，俨然一巨大叹号横卧洞上。

问天上叹号，所叹何事？

是叹大自然的造化还是叹英德人的勤劳，或许是两者兼得。在英德，还有一样与石有关的产业不得不提，那就是它的水泥业。安徽海螺集团与台湾水泥集团在英德分别投巨资打造的水泥基地隔江相望，使这里成为世界上最大的干法旋窑水泥生产基地。"世界水泥看中国，中国水泥看海螺"的巨幅广告仿佛在向世人自豪地宣告：英德正在由传统的农业自然经济向着现代工业经济转型；至于那山间路旁的一块块英石也似乎在频频地向路人颔首：它正在由过去达官贵人的玩物进入到寻常百姓的生活。

英德，好大一块石！

（作者是著名编辑、北京人民文学出版社副社长）

从英石鉴赏论古典赏石的审美

◎俞 莹

提要: 在古代四大名石之中,英石与灵璧石是经常相提并论的,堪称"双子星"。从存世的流传有绪的古代赏石来看,大部分均为英石或是灵璧石。这不但是因为两者成分相同,色彩相似,硬度相仿,结构相近,而且两者均具备发声特性而受到推崇,并且成为了古代(古典)赏石的标志性石种,自宋以来一直被有品位的收藏家视为理想的藏石。在古代四大名石之中,英石是最符合瘦皱漏透审美诸特点的,尤其是其瘦、皱的特征,为其他石种所少见。对于像英石之类带有抽象表现主义色彩的古典赏石("文人石")的收藏和鉴赏,是古人艺术创作(包括发现与加工)的一次超越,这是对于世界艺术的一种重要而又独特的贡献。

在古代四大名石之中,英石与灵璧石是经常相提并论的,堪称"双子星"。从存世的流传有绪的古代赏石来看,大部分均为英石或是灵璧石。例如,宋代赵希鹄在《洞天清禄集》"怪石辨"排名中,灵璧石第一,英石第二;明代文震亨《长物志》"品石"篇中,也是灵璧石第一,英石第二,并指出:"石以灵璧为上,英石次之。"其中还提到英石"然道远不易致"。其实在宋代杜绾《云林石谱》中也有类似感叹:"此石处海外辽远,贾人罕知之。"同时代的喻良能在《伯琬明府年兄》诗提到:"久闻英石空流涎,意欲得之无力致。"可见,虽然英石不像灵璧石那样地处中原,得地利之便,却还是吸引了不少文人鉴赏家的眼光。

这不但是因为两者成分相同,色彩相似,硬度相仿,结构相近,而且两者均具备发声特性而受到推崇(当然,由于分子结构紧密度的不同,灵璧石的叩击之声往往更悠扬，音线更长），并且成为了古代（古典）赏石的标志性石种，自宋以来一直被有品位的收藏家视为理想的藏石。如宋代曾丰曾在《乙巳正越过英州买得石山》诗中提到："吾之好石如好色，要须肌理腻且泽，真成入眼轻连璧。吾之好石如好声，要须节奏婉且清，真成入耳轻连城"，"英石不与他石同"，"其色灿烂声玲珑"。对于英石的声色给予了高度评价。而大文豪苏东坡扬州受赠了一方绿色英石并命名为"仇池石"之后，视为"稀代之宝"，作诗咏之。

比如，在故宫御花园供置的近50方元、明、清三代御苑赏石当中，英石数量（27方）甚至超过了灵璧石。清代宫廷中也收藏有一些英石摆件。如台湾故宫有一方英石"麒麟送子"，外形利用局部白色俏色经过了局部雕琢（高10.8厘米，长10.55厘米，宽4.5厘米）。这种加工形式一直到近代还时有所见。如民国年间赵汝珍所著的《古玩指南》一书中，专门列了"名石"一章，其中介绍在当时"北京可得见之名石"只有五种——大理石、太湖石、英石、雨花石、孔雀石。其中灵璧石居然没有提及，而英石"常见有石刻之人像或神佛像"。在清乾隆二十一年（1756年）十一月立的《储秀宫陈设底档》中，提及了宫中所收藏的几方奇石，其中灵璧石也没有被提及，在后殿西进间中有"英石山一件，紫檀座"；"紫英石山子一件，花梨木座"（朱家溍《明清室内陈设》，紫禁城出版社2004年

台北故宫收藏的清代英石"麒麟"

浙江南浔张石铭故居藏清代英石"鹰石"

故宫御花园御苑赏石中的元、明、清三代英石（从左至右）

12月版）。更有意思的是，当时清宫（乾隆时期）瓷器中有刻意模仿奇石山子肌理造型烧制的摆件，这是乾隆时期新创的一个瓷器品种。当时制瓷技术达到历史巅峰，刻意求精、求奇、求巧，陶瓷可用于制作日常生活中的一切用品，乾隆年间的朱琰在《陶说》中陈述："戗金、镂银、琢石、髹漆、螺甸、竹木、匏蠡诸作，无不以陶为之，仿效而肖。"即所谓的仿生瓷，属陈设观赏瓷一类，器物多见于瓜果和小动物。其中仿石釉（如云石）也是一种，而模仿奇石造型的因其难度较大并不多见。所见者绝大部分都是仿造英石肌理结构造型的。如一件仿石釉笔架（高6厘米，长12.3厘米，宽4厘米），仿英石横山形，施仿石釉，平底，底部刻有"蜗寄居士清玩"横排款，系乾隆时期清宫督陶官唐英所作。另外一件仿石釉山子（高20.4厘米，宽10.8厘米），系仿英石山子造型，参差嶙峋的山石，铁釉色的釉色，几可乱真（郑珉中主编《文玩——故宫博物院藏文物珍品大系》，上海科技出版社2009年3月版）。

　　明代书画家米万钟，是北宋"石颠"米芾的后裔，也有石癖，取号石友，自称石隐，曾官至太仆寺少卿。他一生"宦游四方，所积惟石而已！"是明代最大的藏石家。他在京师置有三座园墅——湛园、勺园和漫园，皆以奇峰怪石取胜，所蓄供石皆藏于湛园中的古云山房。其中最著名的有五方，尺寸虽都不大，却都是传世数百年的旧物。一方英石高4寸，长7寸，如双龙盘卧，窍穴遍布，玲珑透漏。一方仇池石，亦大如拳，声如响磬，峰峦洞壑奇巧异常，米公特于石底刻"小武夷"三字（王士禛《香祖笔记》）。

据《春明梦余录》记载，米万钟曾以所藏奇石请著名画家吴彬绘成一卷，上有董其昌等名家题跋。这幅名为"岩壑奇姿"的纸本手卷（945×55厘米）历经三百余年的沧桑变迁，保存完好，上有明、清名家十余人题跋，最早题跋的时间为1610年。1989年12月在纽约苏富比拍卖行以120多万美元的高价成交。手卷描摹的是一方奇石，共有10个画面，分别从石之前正面，后正面，前左侧，后左侧，前右侧，后右侧，左正面，右正面，前观底，后观底等10个角度，凸现了这块奇石的不同寻常。墨色淡雅，笔触细腻。堪称画石之翘楚。其形态之奇崛，皴折之丰富，摄人心魄。每幅画面前，米公都有数行题跋，将其观赏心得娓娓道来。如前正面望去，有嶙峋山峰十余座，中峰高一尺七寸，后峰比中峰高二寸，极尽变化，"大小峰头各具一响，扣则八音叠奏，骤听若不知为石也"。后正面望去，石的表皮纹理如头发一般细密，各峰之下，"如坪如壑如蹊遥如冈岭，如洞如岩如锥如戟如钩如剑"；前左侧观之，分为十二峰。后左侧观之，只见六峰。前右侧观之，"有泰山岩岩气象"；后右侧观之，"峰峰见根，若植若峙若立若行若揖若仆若攫若移"；左正面观之，"前峰皆若趣（同趋）若赴若伛偻若鞠跽若罗列"；右正面观之，如"蛟舞凤骞""虎蹲狼顾"。前面观底，底平如砥，却未经锯截，"众脉根根贯串自下直上，而且萦回牵合，如木之枝，如水之脉，若乱而实整，若断而实续。"从石后观底，亦如从石前观底。米万钟最后道："摹至十面，观止矣！而神行无底止也。吾尤愿观图者以神毋以形云。"这块奇石从其形质纹判断，当属英石无疑。可以说，英石和灵璧石一样，是古代（古典）赏石中最具代表性的石种。美国哈佛大学美术博物馆1997年出版的美国雕塑家理查德·罗森布鲁姆（Richard Rosenblum）的"文人石"收藏研究专著《天地中的天地》（*Worlds Within Worlds：The Richard Rosenblum Collection of Chinese Scholars' Rocks*），汇集了诸方面专家学者所撰写的论文，罗伯特·莫瑞所撰写的《中国文人石概论》（Robert D. Mowry：*Chinese Scholars' Rocks: An Overview*）认为，以灵璧石和英石为主的供文人在室内欣赏的所谓文人石的欣赏肇始于宋代，它在日后的发展中与绘画艺术和雕刻艺术相互影响，成为中国绘画与雕塑两大艺术传统的组成部分，并且充满抽象的和表现的现代艺术的意味。就色彩而言，文人石有白色、灰白色和黑色；最珍贵的则是灵璧的黑色石以及英德的蓝灰色石。到了明代，藏石家转而偏爱色泽发黑的英石，将其视为灵璧石的替代品，因为当时灵璧石的资源已几乎耗尽。

所谓文人石，也就是指古典赏石，是指以瘦皱漏透为结构特征的、以抽象形态为主要表现形式的赏石。这里，古典是一种样式，与年代、石种无关。也就是说，新石种中也有古典样式的赏石，如广西墨石、广西英石、新疆风砺石等。

古代赏石则是一种年代划分。习惯上将清代末年以前入藏的奇石称为古代赏石。古代赏石不同于古典赏石，它的特征带有多样性。这可以从宋代《云林石谱》以及至今留传的古代赏石实物中一窥端倪，如苏东坡所言："天地之生我，族类广且蕃。"（《咏怪石》）也就是说，古代赏石不一定就是古典的，但古代赏石中最具代表性的，则是古典赏石。

实事求是地说，在古代四大名石之中，英石是最符合瘦皱漏透审美诸特点的，尤其是其瘦和皱的特征，为其他石种所少见。江南三大名石之中，杭州的英石皱云峰堪称皱的典型。古代赏石的"皱"，还被国画直接移用为表现山石的皴法："皴者，皱也，言石之皮多皱也。"（清沈宗骞《芥舟学画编·作法》）这也是国画（山水画）中的一种重要创作手法。清人陈洪范曾经对英石的结构造型有一个拟人化的高度概括："问君何事眉头皱，独立不嫌形影瘦。非玉非金音韵清，不雕不刻胸怀透。"

关于瘦皱漏透之说，相传是米芾所发明的所谓"相石四法"（米芾年轻时曾经担任过英德府下辖县浛光尉两年期间），历史上因为版本的不同，有几种大同小异的说法。宋代《渔阳公石谱》称作为：秀、瘦、皱（一作雅）、透；明代《石品》称：秀、瘦、漱、透；明代《海岳志林》称：瘦、秀、皱、透；清代郑板桥在题《石》画跋中称：
瘦、皱、漏、透……其中影响最广的，
莫过于郑板桥的瘦、皱、漏、透之说。
而这几种说法的交集点，主要是瘦、透、
皱。清代广东佛山藏石家梁九图在《谈
石》中指出："藏石先贵选石，其石无
天然画意者为不中选。曰皱，曰瘦，曰
透……"瘦则揭示了古典赏石造型上的

明代吴彬绘制的米万钟藏石"岩壑
奇姿"

取向；透、皱则代表了古典赏石结构中的变化。无疑，英石最符合这些特征。

　　古代赏石（包括英石）主要造型大致可分为两大类型，一类是卧式山
峦景观造型，俗称"砚山"；一类是竖式云头雨脚抽象造型，俗称"山子"。
所谓"瘦皱漏透"，主要是指后者类型。从造型特征分析，前者属于"似"
或"似与不似之间"，后者则属于"不似"，并成为了一种古代赏石审美
的主流造型。这可以从宋代以来传统绘画、工艺美术等领域在反映奇石题
材时不约而同地选择了古典赏石上看出端倪。可以说，古典赏石成为了一
种文人观念化的审美体验。现代西方学界称古典赏石为"文人石"，确切
地说，应该是由此而来。它与以写意为特征的文人画互为补充，交相辉映。

　　所谓"文人画"，通常是指写意画，与工笔画相对应。如果说，工笔
画是追求"似"的话，那么"文人画"（写意）追求的是"似与不似之间"。
"文人画"通常是直抒胸臆、不求形似。如苏东坡作有《古木怪石图卷》（现
藏日本），其石方圆相兼，既怪又丑，皱折盘旋如涡，古木则盘折奇崛。
诚如米芾在《画史》曾提到的："子瞻（指苏东坡）作枯木，枝干虬曲无端，
石皱硬，亦怪怪奇奇无端，如其胸中盘郁也。"这是作者胸臆块垒的一种
宣泄，具有典型文人画的特征。苏东坡曾云："作画求形似，见与儿童邻。"
齐白石则称："作画妙在似与不似之间。太似为媚俗，不似为欺世。"但
传统国画并没有发展到追求"不似"的地步。这个遗憾被古代造型艺术——
赏石所填补。古典赏石追求的正是"不似"。

如果说，中国古代艺术品只有抽象的元素，而没有抽象的形式（书法——草书是否属于抽象艺术尚有争议），那么，古典赏石作为一种抽象艺术形式似乎早已成为定论。古典赏石更多地表现为"不似"，并非是客观对象的摹拟（与新派赏石所谓的"发现的艺术"大相径庭），而是一种抽象的程式化审美。可以说，带有抽象表现主义色彩的"文人石"的收藏和鉴赏，是古人艺术创作（包括发现与加工）的一次超越，这是对于世界艺术的一种重要而又独特的贡献。因为西方艺术一直到20世纪初才真正出现了纯抽象形式，这比起古典赏石来至少要晚了十多个世纪。直到今天，西方学者还是更多地将"文人石"视为抽象雕塑艺术品。诚如当代美国学者罗伯特·莫瑞在《中国文人石概论》一文所揭示的："文人石最有力地揭示出中国人在后来朝代中对雕刻造型的鉴赏是高深复杂的，毫不逊色于世界其他国家。这一认识应该让一度被广泛接受的看法休矣，即中国自唐代之后，或者除佛教寺庙之外，没有像样的雕塑作品问世。"

应该指出的是，在同样表现一种瘦皱漏透抽象造型的时候，古典赏石与新派赏石两者在质地、色彩上的差异巨大，反映了两种观念的碰撞：古典赏石质地多属于碳酸岩类，新派赏石多属于硅质岩类。也就是说，古典赏石不重质地、不辨质地，所谓"石可破也，不可夺其坚"（《吕氏春秋》），形式决定内容。新派赏石由于引入了地质学的观念而更注重质地，内容决定形式；古典赏石色彩单调沉敛，这与老子在《道德经》第十二章中曾经提到的"五色令人目盲"观点相一致，也符合传统文人内省型的性格特征，而新派赏石色彩亮丽光鲜，这与当代人的生活多姿多彩以及高调张扬的外向型性格特征相仿佛。两者可谓貌合而神离。

（作者是著名赏石家、中国观赏石协会常务理事、上海市观赏石协会副会长）

玲珑峻峭——英石

◎ 刘清涌

　　英石是清代以来公认的四大园林名石之一（其余三大园林名石为太湖石、灵璧石、黄蜡石）。英石开发赏玩较早，早在宋代杜绾所撰的《云林石谱》中已有记载，其文曰：英州浛洸、真阳县之间，石产溪水中。有数种：一微青色，间有白脉笼络；一微灰黑；一浅绿。各有峰峦，嵌空穿眼，宛转相通。其质稍润，扣之微有声。又一种色白，四面峰峦耸拔，多棱角，稍莹彻，面面有光可鉴物，扣之有声。采人就水中度奇巧处鉴取之。此石处海外辽远，贾人罕知之。然山谷以谓象州太守费万金载归，古亦然耳。顷年东坡获双石，一绿一白，目为"仇池"。乡人王廓夫亦尝携数块归，高尺余，或大或小，各有可观。方知有数种。不独白绿耳。

　　明代人计成的《园冶·选石》中也有记载，大抵与《云林石谱》同，只增"可置几案，亦可掇小景"数语。今人有把英石归入太湖石类者，大概是由于同是石灰岩硅酸盐类的溶蚀石。

　　笔者出差英德时曾多次考察这种石。其产地盖在今英德市的望埠镇、冬瓜铺、石灰铺、大站、大镇一带，而以望埠为中心。在望埠至青塘镇、望埠至冬瓜铺的公路边、山道旁有多处英石的集结点、销售点，附近几处山上也多有石场。从情况看，采石主要是在山上，不像宋明时记载的"就水中奇巧处凿取之"。可能是宋明时需要量少，偶或在山脚岸边处可凿取。于今需要量大，只能是开山发石。其开采有从泥中挖取者，有露天炸山开采者。露天开采者为多。有好几座山均为积叠状的英石，开采出来的英石从颜色看，有黑色的，较细密坚硬，当地人叫石骨，有青灰色的，有灰白色的，有霞灰红的数种。以青灰色、灰白色为多。从形状看，可分为三大类。一为溶蚀状的，多从土中挖出，蚀痕多呈弧形，少棱角，大者丈许，小者盈尺，多呈长块形，屈曲圆回，常有蚀洞、蚀隙，状类太湖石，如拳峰，如悬崖。另为风化加溶蚀状者，多在露天外，呈层叠式，常参差不齐整，左右互叠。小者如掌片，大者逾立方。常是多片交互参差积叠，横放如科学分积石山，竖放斜放如峭壁，如峻岭。再一种也为风化加溶蚀状，全石多片块状如松树皮，疙疙瘩瘩，或有旋蜗纹，或有行云流水纹，也有边缺，有空洞，常为白灰色或浅赤红色，质较脆，硬底较低。从英石的几种形状看，只有第一种类似太湖石的形状，其余占数量较多的两种形状均与太湖石不同，特别是第二种层叠状的，倒甚似千层石，有的就是市面上所说的千层石中的一种。所以把英石归入太湖石类，似不大恰当，当独立成一石种。

英石或雄奇险峻，或嶙峋陡峭，或玲珑宛转，或驳接层叠。大块者可作园林假山的构材，或单块竖立或平卧成景。小块而峭峻者常被用以组合制作山水盆景，英德市望埠镇就有一个专门生产这种盆景的工艺厂，其中堂牌匾为岭南派著名画家黎雄才手书。该厂还应用现代喷雾设备，使山水盆景不时喷出白雾，形象逼真，甚为大中城市宾馆和海外人士所欢迎。英石的玲珑小块，质量特佳者，且有奇特的形象者可作为案头几头石摆设，笔者就收集有《坐鹅》《飞雁》《游鱼》《交谊舞》等多块这种象形石，有的在黑色的石灰岩石头上现出斑驳的石英质白色条纹和斑块，有的还粘结的螺蚬的化石，甚有观赏价值。

英石蕴藏量甚大，现在的开发多少有些破坏性，实用率不高，如有关方面能合理规划，科学开发，组织内外销，将会提高其经济价值。

（作者是《雅石共赏》主编）

特点鲜明的英石文化

◎ 赖展将

提要：英石的艺术、时空、产业三大特征。艺术特征和时空特征是前提基础，产业特征是艺术特征和时空特征的必然结果。

英石，1987 年北京商务印书馆出版的《辞源》解释为：石的一种，广东英德县所产。石产溪水中，有微青、微灰黑、浅绿、纯白数种，形如峰峦耸拔，以皱、瘦、漏、透四者具备为佳。参阅宋杜绾《云林石谱》（上），清屈大均广东新语（五）"大英石、小英石"。1996 年北京商务印书馆出版的《现代汉语词典》解释为：广东英德县所产的一种石头，用来叠假山。

英石，从它跨入奇石大家庭的那时起，就不再是一种处于沉睡中的物质实体了，而是一种属于精神范畴的文化。英石，作为非物质文化具有鲜明的三大特点：一是英石文化自身固有的皱、瘦、漏、透的艺术特征；二是英石文化的流传历史悠久、传播地域广阔的时空特征；三是英石文化被人们开发利用的创意文化产业特征。

英石文化的艺术特征。宋朝大书画家米芾北宋神宗熙宁年间任涪涟县（今英德市涪洸镇）县尉两年，秋天河水干涸时到山溪里采英石。后来他调任无为军，玩石的劲头则达到疯狂的地步，拜石为兄、为丈。因为这种玩石经历，他胸有成竹地把太湖石、灵璧石、英石同类奇石的玩赏标准归纳为"皱、瘦、漏、透"四个字。四字标准便成为英石自身所固有的艺术特征，"皱"指英石的纹理美，石表面褶皱深刻，井然有序，不紊乱；"瘦"指英石的体态美，苗条、高挑，突显铮铮风骨；"漏"是对英石提出更深层次的纹理美，石表面有明显的流痕、滴漏；"透"是对英石提出更高要求的体态美，整个石体弹孔遍布，相互连通，玲珑宛转。后来宋代大文豪苏东坡又在此基础上增加了一个"丑"字，认为丑到极时皆为美。这种以丑为美的理念，充分肯定了英石中不乏怪丑之好石。到了清代屈大均在他的《广东新语·石语》中英石的玩赏标准调整为"瘦、皱、透、秀"。别看只调整了一个字，却对英石的质地、色泽提出了更严格的要求。英石本身所固有的艺术特征是由英石天然因素所决定的，也就是说喀斯特地貌造就了英石及英石艺术特征。从地质学角度看，广东在古代属于一片浅海，粤北是海陆相交之处，受海水时涨时落的影响，大量的海生化物堆积形成岩石。这是地球上除火山岩、渗透岩之外的非金属岩体，这种非金属石灰岩的主要成分为碳酸钙。而碳酸钙遇上含二氧化碳的水时便溶解变成重碳酸钙，并随水流走，剩下的岩石就形成了溶洞、陷阱、漏斗、暗流、潜河、石林、孤峰、天生桥等奇观。这就是典型的喀斯特地貌。英德市的石灰岩地区属于典型的喀斯特地貌，以英山为例，这种喀斯特地貌经历两亿多年的物理化学变化、地质构造运动和外界条件（大气、二氧化碳等）作用，发育形成最典型的英石。英石不仅仅发育典型，而且储量丰富，因此辞源、词典的解释以广东英德作代表。英石与同质地的太湖石、灵璧石比较，现出明显的优势。太湖只是弹孔较多，显得玲珑宛转一些；灵璧只是流痕、滴漏比较显眼，深刻度好一些；但是论综合素质英石要比太湖和灵璧略胜一筹。至于黄蜡石、水冲石、玉石等其他异类奇石则另当别论。总而言之，"皱、瘦、漏、透"是英石自身所固有的无与伦比的艺术特征，一直以来奇石界行家用"无声的诗、立体的画"来形容英石的艺术美，一点也不夸张。

英石文化的时空特征。英石作为一种文化艺术形式流传历史之悠久，传播地域之广阔，并非一般奇石可以同日而语。英石从什么时候始就被开发利用，这个问题谁也很难说得清楚，不过有几个线索足以使我们推断出这种文化现象的面世时间：其一，据英德县志记载，五代南汉乾和五年（947年），设立州制，管辖浈阳、浛洭两县，定州名为英州。这应该是以英山英石为根据，借用地名、风物作州名的吧？！其二，北宋徽宗于公元1111

年在卞京（今河南开封）筹建皇家园林——寿山艮岳，并在江浙设应奉局，派出朝廷官员负责搜集江南各地的奇花异卉、奇石，连锁十条大船为一组，叫"花石纲"，以解决运载问题。自然，英石就荣幸地列为贡品了。现存杭州西湖"江南名石苑"里的英石"皱云峰"就是当年没有运抵开封的花石纲遗石。1994年开封市在一个建筑工地上发现三件宋代艮岳遗石，其中一件人头高的巴掌形奇石经有关专家将其与皱云峰的纹理比较，认为很可能是英石。这两件英石能说明什么呢？笔者想应该是英石与宋徽宗之间的一段石缘吧？！其三，宋代杜绾《云林石谱》、宋代渔阳公《渔阳石谱》都对英石作了介绍，《渔阳石谱》还特别描绘了"形同云立，又似摇波"的"皱云石"。英石不就在此时此刻注册了吗？！其四，北宋治平四年（1067年）苏东坡在扬州接受表弟程德儒赠送的一绿一白两件英石，命名"仇池"并以诗记之，首句"海石来珠浦"，点明两件英石来自遥远的珠江边。这正好说明当时的广州已经有了售卖英石的市场。综上所述，英石文化的起源至少可以由今上溯千年。千多年来英石文化走南闯北，漂洋过海，遍及全国，乃至全球，国内以珠三角、台湾、江浙、京津、齐鲁为最，国外以欧美、东洋、南洋、澳洲为大户。英石文化历史渊源之久，传播地域之广，其主要的流传方式有以下几种。

第一，英石以石种的身份载入各类石谱典籍。自宋以来各朝各代各个时期都有石谱面世，计有几十种之多，如宋《云林石谱》就这样表述："英石。英州含光、真阳县之间，石产溪水中。有数种：一微青色，间有白脉笼络；一微灰黑；一浅绿。各有峰峦，嵌空穿眼，宛转相通。其质稍润，扣之微有声。又一种色白，四面峰峦耸拔，多棱角，稍莹彻，面面有光可鉴物，扣之有声。采人就水中度奇巧处凿取之。此石处海外辽远，贾人罕知之。然山谷以谓象州太守费万金载归，古亦然耳。顷年，东坡获双石，一绿一白，目为'仇池'。乡人王廓夫亦尝携数块归，高尺余，或大或小，各有可观。方知有数种，不独白绿耳。"这章节宣传英石的产地，介绍英石石种，记录苏东坡等人得石的情况，并指出英石的市场在遥远的广州（海外）。另外，美国纽约、英国伦敦、日本东京都曾出版太湖石、灵璧石、英石的专题画册，所收藏的石头都是清代以前的，画册的第一页是一幅空白的中国地图，图中只标出石种的产地。

第二，英石入诗上画。从古到今，以英石为主题的题诗、作对、画画已不罕见。华南理工大学著名的古建筑学教授邓其生认为英石褶皱明快有力，脉纹变化多端，空透灵邃，疏秀遒劲，竖立、横置、斜倚均可成景，独放、迭布、群列均宜，造景幅度宽广。不同摆置和组合，易于构成峰、峦、岭、峡、崖、壑、岛、矶、嶂、岫、岑、渚等山形地貌，蕴含着艺术意境构思的许多素材。邓教授指出，以英石为材料的岭南盆景可切题的内容非常广泛。邓教授的见解是，英石及英石盆景正应岭南画派之风骨。从邓教授的观点看，我们不难发现英石不愧为文人墨客的诗画题材。英石进入画面的一般表现为岭南风格的国画，或者是江南特色的国画，这种传统国画的特点是形神兼备，石与梅或松或竹或茶或牡丹相互衬托，趣味盎然。现在上海市博物馆里仍珍藏着一幅最典型的英石画，那是明代《牡丹蕉石图》，嶙峋褶皱的英石与雍容华贵的牡丹搭配适度，浓淡相映，交叠渗化，淋漓混沌，不愧为"舍形而悦影的写意之法"。作者自题诗句为"焦墨英山石"。这幅画很好地表达出当时文人墨客对英石痴迷的程度及多元的审美意趣。

英石入诗则往往写景抒情，表现诗人对大自然的赞美和光明磊落的石道人品。不妨从百十首英石诗中谨举数例：宋代喻良能《伯琬明府年兄和予致宇韵诗举英石见遗谨次来》："久闻英石空流涎，意欲得之无力致。士衡东头富玲珑，染指独许尝鼎味。明窗净几拂蛛尘，尤物定自能移人。报惠惭无百金寿，赠公相好无时朽。"宋代苏东坡《壶中九华》："清溪电转失云峰，梦里犹惊翠扫空。五岭莫愁千嶂外，九华今在一壶中。天池水落层层见，玉女虚窗处处通。念我仇池太孤绝，百金归买碧玲珑。"清代查慎行《英山》："曾从画法见矶头，董巨余踪此地留。渐入西南如啖蔗，英州山又胜韶州。"清代朱彝尊《岭外归舟》："曲江门外趁新墟，采石英州画不如。罗得六峰怀袖里，携归好伴玉蟾蜍。"当代华海："英山灵雨生奇石，滇水流光藏古意。心若明镜照风仪，前生有缘魂相知。玩物丧志语不伦，石中自有精气神。百代风华聚英气，品石鉴人小乾坤。山光融融春羊暖，南风微微石醺然。"当代吕伯涛《赠英德市奇石馆》："临水立奇石，对山开华轩。"当代翟泰丰《题英德市奇石协会》："雄石——英石乃天下之雄石产于英德宝地。"读罢这些诗词，才真正体会邓其生教授说过的"景里藏诗，诱人深思"佳句的深刻含义。

第三，英石爆出许多民间故事。英石的魅力非同小可，上自皇帝下至臣民，无任欢迎。清代乾隆皇帝对英石宠爱有加，不仅保护好元明两代入宫英石，到了他手还不断挑选入朝，使北京故宫御花园收藏的古英石达27件之多，占奇石总量的八分之一。清嘉庆至道光年间岭南建筑可园、梁园、余荫园、清晖园等"四大名园"，其主景都是清一色的英石，可园、梁园突出独石成景，余荫园、清晖园则突出英石假山造景。发展到今天，武汉黄鹤楼、北京中央党校、北京钓鱼台国宾馆、北京万寿路甲15号院、南海虫雷岗公园、顺德顺峰山公园、杭州西湖公园、新加坡国家公园、澳大利亚谊园等都成了英石世界。宋朝苏东坡、米芾、黄庭坚，明朝顾鼎臣，清朝陈介祺，民国张大千等无不对英石情有独钟，精心收藏。今天收藏英石的爱好者更是不计其数。在漫长的收藏岁月里，爆出许多关于英石的故事，在民间广泛流传，道来娓娓动听，如"仇池石"的故事、"皱云峰"的故事、"正直老头"的故事和"大鹏展翅"的故事等。"仇池石"的故事说的是宋朝大臣苏东坡的稀世珍宝"仇池石"被当朝权贵驸马都尉王诜看中，王诜明借实吞，苏东坡非要以王诜拥有的唐代《二马图》交换不可。双方舌战不停，弄得朝野沸沸扬扬，最终使英石名声大震。这是真实故事，有案可稽。"皱云峰"的故事说的是明末清初广东流浪青年吴六奇发迹后以著名的"皱云峰"报答恩人查伊璜的经过。这是文学故事，《聊斋志异》补篇根据《渔阳石谱》资料编造，使这件花石纲遗石被世人误为明末清初的石头。"正直老头"的故事，说的是明朝大臣顾鼎臣从广州买回一件柱形英石，深藏勿露，但终被嘉靖皇帝发现，欲夺此石。顾鼎臣婉言谢绝，终遭厄运。这件英石现流落美国，民间传闻后续故事，说美国一医生买得此石后身患绝症，他将它捐献给大都会博物馆后，绝症却起死回生。前事有史料记载，后事在天津一带流传。"大鹏展翅"的故事说的是1984年英石之乡同心村的石商温果良以两包"丰收"牌香烟换得的一件英石，几经转手他人，两年后他在广西梧州一次奇石展销会上发现此物，以80元人民币的高价买回。这是一个当代真实故事。此类英石故事实在不胜枚举，它的爆出、流传，无形中给英石文化进入千家万户起到推波助澜的作用。

第四，英石用作行政建制名称。从英州开始，行政级别几经升降，但始终不能少掉英石的"英"字。尤其是清道光年间，盛产英石的望埠其行政建制就直接叫"英石乡"（见民国版《英德县续志》中的英德县全图）。这种文化永垂不朽！

文化本身的含义为社会精神文明与物质文明的总和，其特点为积累。经历一千多年的积累，英石文化底蕴无疑是相当厚实的，然而今天英石文化更是日臻完善。英石研究于2006年6月正式首次成书，赖展将著《英石》由广东人民出版社出版发行，编入岭南文化知识书系丛书。至此，英石由散见于各种石谱到独立成书，实现历史性飞跃。同年11月，由刘人岛任主编、赖展将任执行编委的大型精装画册《中国英石传世收藏名录》由文化艺术出版社出版。2007年11月，赖展将、林超富、范桂典编撰的《英石志》由英德市政协文史委、市奇石协会印刷面世。此外，英石还制作成国家级明信片，创作成抒情歌曲，编成粤剧小品。1997年，英德市望埠镇被广东省评为英石艺术之乡。2005年，英德市被中国收藏家协会评为中国英石之乡，英德市英石假山盆景传统工艺列入首批广东省非物质文化遗产保护名录，英德市英石被国家质监总局批准实施原产地保护。英石在经历了时间和空间的严峻考验后，终于拿到了一张张货真价实的文化名片。但是，时下奇石百花园中，新的石种层出不穷，英石面临新的机遇和挑战，传统名石受到一些奇石玩家的曲解，甚至误导。然而英的文化内涵始终是根深蒂固的，没有文化的石种在有文化的石种面前，肯定会自叹不如的，肯定会自觉逊色的。全国著名作家贾平凹也是古董收藏家和奇石收藏家，他最近发表了一篇《说英石》的短文，文章结末高度评价英石："它所具有的石文化品格，正大而独特。收藏它，欣赏它，宣传它，不仅可以纠正时下赏石趣味的弱化，也是维护和清正中国石文化精髓的一种责任。"反复体味贾先生这段肺腑之言，不难理解，先生已将英石文化看成是中国石文化的精髓了！

英石文化的产业特征。英石自古以来不仅是一种文化，而且是一种产业，文化产业，甚至准确一点说是创意文化产业。所谓创意，就是创造性地利用英石艺术；所谓创意文化产业就是这门来自英石的艺术而高于艺术英石本身，最终成为一项走向市场的行业。英德人善于根据英石艺术的差别规范性地分门别类，然后建立从事这种行业的专门的村，专门的户，专门的人，专门的市场。纵观古今，英石都具备了这两大要素。

首先看看英石如何分类。明代《园冶》一书介绍英石时说到"可置几案，亦可点盆，亦可缀小景"。清代《岭南杂记》云："英德石，大者可置园亭，小者可列几案，无不刻划奇巧，玲珑峻削。"清代《广东新语》记述英石在"五羊城"垒假山，"宛若天成，真园林之玮观也"。这些石谱典籍总结了英德从事英石艺术的能工巧匠开发利用英石的实践，从明清至今，英石大致分为园林景观石、几案清供和假山盆景构件三大类。园林景观石中大器独石成景，中器则三件五件组合成景。几案清供石按外观分为山形石、峰形石、柱形石、桥形石、洞形石、崖形石、云头雨脚形石等；按主观理念又分为抽象石和具象石，或者是象形石、会意石（寓意石）、意境石；同时亦可按颜色分类，史书记载英石以黑为贵，漆黑如墨并有少许白丝者为最佳。英石的构件中大者叠山理水，小者入盆造景。叠山有两种方式：逢山随山形点缀，平地仿山形而造。理水大致也有两种方式：砌渠和镶湖边，摆石犬牙交错，禁忌平铺直叙。盆景则分为旱山式（纯石景）、石辅树式（以树为主）、树辅石式（以石为主），盆景树通常是福建茶、九里香、罗汉松、竹子等，造型一般为大自然的缩影。构件石按纹理色泽分为横纹、直纹、雨点、层叠、大花、小花等。根据调查，英德假山盆景传统工艺制作艺人只追溯到清朝道光年间望埠镇同心村沙坪自然村的何永堂。进入20世纪八十年代末，广州籍大专生冼昌在望埠工作之余牵头组织几位年轻的民间艺人一起研究英石盆景的创新课题，把电子超声波技术融入旱山式盆景，成功制作出现代英石雾化盆景，被誉为"无声的诗、立体的画"，获得国家专利。

　　其次了解一下英石何时起成为产业。眼下英石市场是相当火爆的，年产值实现亿元甚至几亿元。英石专业市场分为市内、市外两大部分。市内市场指英德市范围内的市场，分园林景观石市场和几案清供石市场。园林景观石市场绵延二三十公里，以一百多家计，蔚为奇观；几案清供石市场集中在市区一条街和望埠墟一条街，共计几十家。市外市场指英德市辖区外的市场，省内省外英德人经营的市场，比较集中在珠三角一带，以东莞为最，几乎遍及各镇，从业艺人百以千计，不仅销售英石，还承接英石园林工程。此外，英石还开发成旅游市场，近年英德人在珠海市建成供游人参观的"石博园"，占地26万多平方米，摆置精品英石上千件。由于专业市场的需求，不断出现专业村户和专业采石场。主要的专业村有同心村（4000人）、新坡村（2000人）、傅屋村（150人）、莲塘村（1400人）、西塘村（600人）、冬瓜铺村（2000人），从事英石经营活动的人员全市有2万人以上，专业人员2000人之众。今天英石文化产业如此繁荣发展，这是历史的延续。何时打下这个产业基础？我们还是要借读过去的石谱典籍。宋代《舆地纪胜》引《真阳志》记载："英之山石，擅名天下"，"其贫无为生者，则采山之奇石以为货焉。"宋代《老学庵笔记》云："英州石山，自城中入钟山，涉锦溪，至灵泉，乃出石处，有数家专以取石为生。"清代《清稗类钞》道："城中有数商肆专营英石生意，最奇者有三峰，是为岭南三大英石。""广州归德门某肆见一卧石，长可丈许，皱纹极细，皆具峰峦形，盖设肆者将以渐凿取之，为假山、砚山以售于人也。"据有关资料，1655年英国游客纽浩夫写出一篇关于英石造景的游记，对广州的英石园林大加赞赏。到了 18 世纪，英石就从广州转运到欧洲，英、法、德等国的宫廷、官邸、花园选用英石叠山、拱门、筑亭基、饰喷泉。通过这些翔实的文史资料，我们知道一千多年前英德市望埠、沙口一带的同心村、清溪村出现了采石专业村户；到了明清时期英德县城、省会广州便有了英石专卖店，并且有了对外贸易。

英石文化的三大特征是相辅相成的，艺术特征和时空特征是前提、基础，产业特征是艺术特征和时空特征的必然结果。英石文化产业之所以长盛不衰，日益兴旺，靠的是英石艺术本身作为强劲的保障，并且依靠深度积累起来和广度凝聚起来的英石文化的大力支撑。当然丰富的英石资源也是必不可少的。当我们了解了英石文化三大特征后，很自然会提问英石文化在岭南文化中居什么位置，扮演什么样的角色。我想，园林建筑这一块，休闲文化这一块，除了英石，谁与争锋？！

（作者是广东省观赏石协会名誉会长、英德市奇石协会名誉会长、英德市文化与旅游局原局长）

皱瘦有骨话英石

◎ 俞 莹

　　前不久，广东省英德市政协十一届十八次常委会审议通过 2016 年工作要点，"传承英德文化、加强文史工作"位列其中，其中一项重要内容是开展米芾与英石文化研究。

　　北宋神宗熙宁年间，书画家米芾曾经做过两年浛洸县尉。当时英州（今英德）辖浈阳、浛洸两县。在任两年，米芾政事简举，德教风行，卸职后浛洸民众曾经建祠祀奉，以示崇敬。如今浛洸镇地名仍存，位于英德西北方大概有三十多公里，几年前我应邀参加英德市政府主办的英石文化节，在去英西峰林景区的路上曾经看到浛洸的地名，便一下子联想起了"石颠"米芾的往事。

　　米芾在英石的故乡"蹲点"了两年，按理说当时英石的开发与收藏早已小有名气了（稍后问世的南宋杜绾《云林石谱》中记载英石："此石处海外辽远，贾人罕知之。"），但很遗憾，米芾并没有留下有关英石的只字半句，方志笔记也语焉不详。只是到了清代初年，吴绮撰（宋俊补）《岭南风物记》才有记载："研山之玩，创自南宫（指米芾）。按浛洭（浛洭，即浛洸原名，因避宋太祖赵匡胤讳而改名）县，自英德溯流而上，西去百有余里，元章作尉于此，袖中把弄，实浛洭所生。后因其地并入英德，世人遂误传为英石。而市估所售，皆赝物也。"这已经是死无对证了。

　　如果说，米芾创建了"相石四法"，即后世所谓的"瘦、皱、漏、透"，那么可以说，在古代四大名石之中，英石是最符合此标准的——这是否与米芾曾经在英州浛洸的两年经历相关？不得而知。尤其是其瘦、皱的特征，为其他石种所少见。英石大多瘦而有骨，皱而有范，稍稍有别于灵璧石——

事实上，古石之中有许多灵璧石和英石极易混淆。"江南三大名石"之中，杭州的英石皱云峰堪称瘦（皱）的典型。清代陈洪范曾经对英石的结构造型有一个拟人化的高度概括："问君何事眉头皱，独立不嫌形影瘦。非玉非金音韵清，不雕不刻胸怀透。"另据《清稗类钞》辑录的清代笔记记载，英石的采集加工，"石匠上山，择其形势运用者凿之以归……均以皱、瘦、透、漏四者具备为良"。有意思的是，古石作伪以灵璧石居多，少见英石，当代亦然。

在古代四大名石之中，英石与灵璧石是经常相提并论的，堪称"双子星"。从存世的流传有绪的古代赏石来看，大部分均为英石或是灵璧石。例如，宋代赵希鹄在《洞天清禄集》"怪石辨"排名中，灵璧石第一，英石第二；明代文震亨《长物志》"品石"篇中，沿袭了赵希鹄的观点，也是灵璧石第一，英石第二，并首次明确指出："石以灵璧为上，英石次之。"传世的古石之中，英石的数量与灵璧石不相上下。比如，在北京故宫御花园供置的近50方元明清三代御苑赏石当中，英石数量（27方）超过了灵璧石。在清乾隆二十一年十一月立的《储秀宫陈设底档》中，提及了宫中所收藏的几方奇石，其中灵璧石没有被提及，在后殿西进间中有"英石山一件，紫檀座"；"紫英石山子一件，花梨木座"（朱家溍《明清室内陈设》，紫禁城出版社2004年12月版。）

值得一提的是，当时（乾隆时期）清宫瓷器中有刻意模仿奇石山子肌

英西峰林景区颇像桂林的溶岩地貌

一年一度的英德英石文化节，成为当地的一大盛事

英石"云起龙骧"（孙永祥藏）　　英德英石园中的英石巨峰

理造型烧制的摆件，这是乾隆时期新创的一个瓷器品种，所见者绝大部分都是仿造英石肌理结构造型的。如一件仿石釉笔架（高6厘米，长12.3厘米，宽4厘米），仿英石横山形，施仿石釉，平底，底部刻有"蜗寄居士清玩"横排款，系乾隆时期清宫督陶官唐英所作；另外一件仿石釉山子（高20.4厘米，宽10.8厘米），系仿英石山子造型，参差嶙峋的山石，铁釉色的釉色，几可乱真。（郑珉中主编《文玩——故宫博物院藏文物珍品大系》，上海科技出版社2009年3月版。）

　　英石和灵璧石一样，都是致密细粒的石灰岩，两者成分相同，色彩相似，硬度相仿，结构相近，而且两者均具备发声特性而受到推崇（相对来说，灵璧石的分子结构更为缜密，尤其是磬石基本是隐晶质，故而叩击之声往往更悠扬，音线更长），并且成为了古代（古典）赏石的标志性石种，自宋以来一直被有品位的收藏家视为理想的藏石。如宋代曾丰曾在《乙巳正越过英州买得石山》诗中提到："吾之好石如好色，要须肌理腻且泽，真成入眼轻连璧。吾之好石如好声，要须节奏婉且清，真成入耳轻连城"，"英石不与他石同"，"其色灿烂声玲珑"，对于英石的声色给予了高度评价。一直到了民国年间，赵汝珍所著的《古玩指南》一书中，专门列了《名石》一章，其中介绍在当时"北京可得见之名石"只有五种——大理石、太湖石、英石、雨花石、孔雀石。其中灵璧石居然没有提及。

如今，包括纽约大都会博物馆等处都能见到英石的身影。这应该归功于西方学者对于中国古典赏石（"文人石"）的收藏研究。美国哈佛大学美术博物馆 1997 年出版的美国雕塑家理查德·罗森布鲁姆（Richard Rosenblum）的"文人石"收藏研究专著《天地中的天地》（*Worlds within Worlds*），汇集了诸方面专家学者所撰写的论文，代表了当代西方学界将中国古代赏石作为艺术并从美学欣赏的角度所作的最高研究水平，其中不乏突破性和启发性的论点。如研究者试图通过赏石的化学矿物组成建立分类鉴别的技术标准，Alan Jay Kaufman 的稳定同位素分析表明，灵璧石和英石的碳氧比率变动很大。比较而言，灵璧石可能有单一产地而英石可能是多源的。

事实上正是如此。近些年来在广西柳州忻城县发现了类英石，灰黑锃亮，肌肤嶙峋，纹理斑驳，孔洞奇巧，但石表少见石英筋脉，质地稍欠坚致，皱而无骨。其中质地特别好的又称八音石，黝黑如漆，浑无杂色，其声音铿锵清越如磬石，叩之八音俱全，其佳者可以媲美灵璧磬石。

（作者简介见第 12 页）

魅力无限的中国传统赏石
——英德石

◎ 石 风

提要：传统的赏石文化是中国文化的一个组成部分。不仅是一种休闲方式、业余爱好和风雅文化。而且表现在精神层面上，道德观念、境界志向，以及启迪智慧等等。作为中国四大名石之一的英德石，自然、淳朴、灵动、勤劳，正代表了中国古代文人的做派和个性。通过对英德石的收藏和欣赏，达到升华境界、和谐矛盾、完美自我……

中国传统的赏石及赏石文化可谓博大精深，源远流长。自古以来，我们的先祖就与自然山水泉石相依相伴，视山水泉石为安身立命之所。人们从自身的需求出发，把山水泉石视为实用的对象、崇拜的对象、审美的对象。对其大加欣赏、依恋、歌颂和赞美，尤其将观赏石的欣赏与人们的精神生活、道德观念联系起来，作为真、善、美的一种象征，以物喻人，移情寄性，使观赏石审美情趣进入以物"比德"和观石"畅神"的境界。这种文化中体现出的中国人的作风和气派，即中国人特有的精神、气质、崇尚。在这种高雅文化中所追求的真挚、崇高、纯洁。进而开启人们心灵，净化人们的灵魂。养成一种善良、安详、明净、平和的品格。借以开发智能、抒发性灵、清解愁闷、创造意境，以"有我之境"到"无我之境"，从而达到天人相际、物我两忘、出神入化、启迪智慧之目的。

东方文明，主要指的是以古老文明的中国为主体的，以中国传统文化艺术影响的整个东亚、东南亚等主要国家，其中包括日本、韩国、泰国、马来西亚、新加坡、印尼、越南等亚太国家和地区。因此，这里所讲的东方人，不仅是指某一个人种、人群，或一个民族和国家范畴，而是一个地域相同或相似的文化背景的数个国家和地区的概念，简称地域文化、或地缘文化。当然，应该强调的是东方文明的中心，就是在中国。中华民族是一个伟大、勤劳、勇敢、质朴的民族，爱好和平、幸福的生活、追求美好事物。具有非凡的创造力和想象力，为世界文明做出了巨大的贡献。中国是世界四大文明古国之一，是世界上唯一未中断过文明的国家。中华文化是华夏民族创造的最古老、最辉煌灿烂的文明之一。中华石文化的起源与中华文明的起源从广义的概念上讲是同步的。我国已发现的距今四千年至一万年的新石器遗址有七百多处，通过研究和 C14 测定，已经建立了史前文化的年代序列。新石器时代是中华文化起源重要时期，也是中国石文化起源的重要时期。

曾被誉为"天下名石"的英德石，便是中国赏石文化中具有"文人石"气质的、古老文化石种之一。英德石以"瘦、皱、透、漏、圆、蕴、雄、稳、顽、拙、丑、怪、灵、巧、秀、奇"的形态美；以粗犷苍老、砺腻相兼、细腻若肤、温润如玉的质地美；以扣之拂之，有"玉振金声"、余韵悠长的音乐美，赢得我国历代文人墨客的喜爱和崇尚。其形其态，剔透玲珑，神韵生动；惟妙惟肖，写意传神；气势雄浑，震撼人心；色彩多变，风姿绰约；意境无穷，耐人寻味。难怪清代学者赵尔丰如此赞道："石体坚贞不以媚悦人，孤高介节，君子也，吾将以为师。石性沉静，不随波逐流，叩之温润纯粹，良士也，吾将以为友。"

英石，又名英德石，因产于英州（现广东英德市）得名，是与太湖石、灵璧石、黄蜡石齐名的四大园林名石之一。英石的开采赏玩的时间较早，早在宋代杜馆所撰的《云林石谱》中就对英石有文字记载："英州含光真阳县之间，石产溪水中。有数种：一微青色，间有白脉笼络；一微灰黑；一浅绿。各有峰峦，嵌空穿眼，宛转相通。其质稍润，叩之微有声。又一种色白，四面峰峦耸拔，多棱角，稍莹激，面面有光，可鉴物，叩之微有声……"北宋著名文学家苏东坡视作"希代之宝"的仇池石就是英石。据《聊斋志异》的"大力将军"补篇中记载，此石是明末清初时，广东水师提督吴六奇为谢浙江海宁恩人查氏之赠石，石孤绝腾跃冲云，故称"绉云峰"，古人赞其"骨耸云岩瘦，风穿玉窦穴"。明代计成的《园治·选石》都有英石的记载。历代北地入粤文人，回乡对岭南山川的怀念，特携英石归者不乏其人。如浙江清初诗人朱彝尊有诗云："曲江门外趁新墟，采石英州画不如。罗得六峰怀袖里，携归如伴玉蟾蜍。"

　　英石源于粤北山区西南部英德地区的周围山区，由岩溶地貌发育、裸露的石灰岩石山耸峙，岩石自然崩落后，经过千百万年或阳光曝晒风化、或风雨冲刷、或流水侵蚀等作用，使之形成奇形怪状的奇石，具有独特的观赏价值，自古至今深受赏石爱好者青睐。究其成因：英德石属于沉积岩中的石灰岩，主要成分为方解石，硬度稍低于灵璧石。有的散布地表，有的埋入土中、水下，有的倚于山崖，分水旱两种。其种类：英石色泽有淡青、灰黑、浅绿、黝黑、白色数种，以黑为贵。其特征：石表多深密皱褶，有蔗渍，巢状，大皱、小皱等状，多峰峦、嵌空石眼、玲珑宛转，精巧多姿，其质稍润，坚而脆，扣之有共鸣声者为佳。大者充园孤赏，小者家中清供，或另作盆景、砚山之用途。英德石系石灰石经自然风化和长期侵蚀而成，黑色和浅灰色为多，色泽纹理上有白色或浅绿色经脉。英德石属硬质石材，形状奇特、怪异，洞穴皱纹多而变化明显。可用其表现奇峰怪石景观和用作树石盆景配石时，效果特别好。尤其是配之以几架做赏石鉴赏更佳。

　　在古代，英德石与灵璧石、太湖石同属"文人石"之列。其鉴赏要素：其石多具峰峦壁立、层峦叠嶂、纹皱奇崛、孔穿洞漏之态，均以"瘦、皱、透、漏"为佳石观赏标准，藏石者爱其黝黑如铁、沉稳冷峻，痴其金声玉音、坚贞刚毅，迷其峰峦挺拔、岩洞幽深、摇曳空灵。

　　所谓"文人石"，准确地讲，就是具有"文人味"的观赏石。它始于南北朝，兴于唐宋，盛于明清。文人石更注重神似，通过对"文人味"奇石的收藏、陈列、养护、玩赏，来再现文人那"清高、孤傲、隐逸、脱俗"的风骨和气派。并通过苦读冥想，寄托远大的理想和抱负，将具有孤赏、禅玄、仁寿等一定抽象性的奇石进行玩赏。讲究体味仁山、儒味和人之喜，以及意境、风水、禁忌。除奇石本身外，还注重几座、配诗、题名、题对，与木琴、条案、书法、古画、古瓷、茶艺等中国文人相谐调的居室环境相适应．达到"雅之大雅"的效果。把藏石延伸到更加美妙无比的境界之中，扩展石之意境，给人以多方位、多视角的乐趣享受。文人石更讲究朴（天然），清（色不繁杂），雅（秀美），瘦（孤傲），慰（慰藉），灵（智慧），润（湿润），态（高远），古（沧桑感）。江南四大名石"冠云峰""玉玲珑""皱云峰""瑞云峰"，以及宋朝皇帝宋徽宗收藏的"小峰"（御题"山高月小，水落石出"），南唐后主李煜收藏有"研山"和皖南"歙砚"之类，曾任太守的苏轼酷爱供石，也曾收藏供石"小蓬莱"等，皆可谓"文人石"。

尤其是在宋、元、明、清，对英德石欣赏形式和方法更加丰富丰富多彩。

1. 天然赏。将灵璧石视为自然的缩影，或自然之物。以为"不能置身林下与木石中"是一件憾事（李笠翁语），并深信"石"是"云之根、地之魂、山之骨、人之灵"。于是通过石之质朴的外形、奇妙的纹理，和谐的环境，来体味绝胜深迫的意境．达到感受自然回归自然的目的。

2. 静观与雅赏。人们在欣赏英德供石时，通过整洁、安静的静赏环境，达到触景生情，陶冶情操的雅赏之目的。无论深山寺院、幽林茅舍，还是城中皇家园林、私宅花园，赏石活动大多在安静、素雅、悠闲的小环境实现的，如庭堂、书斋、卧室等较为静态氛围中欣赏奇石的形色质纹韵，以及寓意和精神。

3. 茗中赏和酒中鉴。茶可醒神、酒可激情。品茗赏石情意浓，借酒赏石更醉人．利用味觉和视觉相结合，达到赏心悦目的境界。这多为中国历代文人雅士的兴趣和嗜好，酒、茶、石、文被古人称为雅士之四雅，于是备受人们的推崇。

4. 月中赏。在夜晚利用月光欣赏英德石。这是古人的雅赏之一。或漫步于石前，或半卧半坐窗边。通过皓洁的月光将奇石的外形轮廓、透洞、漏穴表现出来，尤其是步移景迁，奇石所产生的各种形状的剪影，妙不可言。

使石的瘦、透、漏、皱完美呈现，其效果不亚于白天观赏；使人更富遐想。清代书画家郑板桥常借助于月光，观赏竹子与湖石的剪影，久而久之，月光下的石和竹成为他感悟人生的体验和绘画的蓝本。

5.曲中赏与声赏。（1）声赏。对英德石"声如青铜色碧玉"欣赏，是一种特别的享受：利用器物对石轻轻叩击，所产生的清脆玄妙的声音，达到悦耳和愉心的目的，两者具有异曲同工之妙。（2）歌曲赏。对石咏歌，对石抚琴，对石吟诵，以优美的曲子、脱俗的词语，把听觉与视觉结合起来，相得益彰。

6.品赏。古人评赏英德石时，（1）注重环境的幽静清雅。字画诗楹的装饰等方面的谐调统一以及几架陈设和展示的经营。（2）着重讲究石的外形和质感（包括纹理变化）。（3）讲究命题，因为点题能够引起主人和朋友（观赏者）的理解和共鸣。人们通过评鉴得到美的享受，而不是对石进行划分等级优劣，这与今人的趣味有所不同，古人更注重赏石的象征性和寓意性。

7.字画赏。配以字画、楹联，能够使人把供石的质朴、雅致与字画的情趣、风韵结合起来，产生情趣交融、雅兴倍增，达到斋中有石、石旁配画、画中赋诗、诗中寓石的相互衬托之欣赏效果。宋代大书法家米芾既是名扬天下的书画家，也是流芳百代的赏石家，他将石、文、书、画玩赏得淋漓尽致，可谓前无古人。

8.心赏与意境赏。古人注重人心与石"意"的对话，正如我们现代人所说的"以石为伴""以石会友""以石吾师"。把奇石作为朋友和师长，进行交流。通过师法自然，欣赏奇石去捕捉天意、感悟人生、禅玄真谛、得到自然的启迪、美的情趣，使感性飞跃，从而达到心赏、意赏、境赏、物化之目的，正如禅意、玄味、儒风、诗境、画韵、琴律，皆是心赏、境赏的结果。

古代文人，"几乎无人不以石为伴为对象，室内悬绘石之事，书架上必插谈石之书，斋几案必设各类石玩，好石者尤多不胜"。（《古玩指南》

赵汝珍）"石之堪作玩者，吾石称最。谓其峰峦洞穴，浑然天成，骨秀色黝，扣之有声。此天下所无而独有，偶一有之而绝不复出。"英德石以"瘦、皱、透、漏、圆、蕴、雄、稳"等天然美和人文美，充分表现出其坚贞的特殊气质和品格，正是我们中华民族文化气质和古代文人的审美情趣的有力体现。

（作者刘翔，笔名石风。中国（洛阳）牡丹研究院高级摄影师、工程师，河南省科普作家、特级牡丹大师，中国观赏石协会科普理论委员会委员，中国观赏石一级鉴评师。著作有《石玩艺术》《河洛石》《华夏赏石》《石之鉴》等。）

英石文化是北江文化的重头戏

◎ 赖展将

英石立足本土，光芒四射，是北江文化的重头戏。

一、基本概念

1. 英石

英石在辞源、词典上均有解释，说是产于广东英德的一种石头，用于制作假山盆景。由于辞源、词典受到篇幅的限制，同时编者受到实践的局限，对英石的定义不可能解释得很清楚。其实，英石是产于广东英德的石灰岩内部碳酸钙分化和外部风化，溶蚀等自然力作用经至少一亿多年演化而成的奇石，既可以室内清供欣赏，又可以室外营造园林，还可以制作室内外适用的假山盆景。

辞源对"英"的解释引申为美丽似玉的石头，可见英石的命名经过了人们的一番苦心。

英石名字最早见于南宋绍兴癸丑（1133年）杜绾编著的《云林石谱》，文中专设英石篇。此前，同类质体、特点的产于英德境内的沙口一带的奇石有叫"仇池石"的，也有叫"清溪石"的。北宋神宗熙宁四年至熙宁六年（1071—1073年）米芾任广南东路英州泠洸县尉，他在河中"脱沙"玩的此类奇石叫"河石"。北宋治平四年（1067年）苏轼任扬州知州，他从表弟程德儒处获得的一绿一白两件英州奇石，在给驸马王诜的诗中称为"海石"（"海石来珠浦，秀色如峨绿"）。

2. 英石文化

英石文化应该是从发现、开发、利用英石的那一天起至今沉淀下来的精神与物质的结晶，其丰富的内容至少应该包含以下四方面社会文化的基本特征：（1）英石本身固有的瘦、皱、漏、透等艺术特征。（2）玩赏历史长，传播空间广的时空特征。（3）文化创意并且走向市场的产业特征。（4）市场文化价值的普遍认同感。由此可见，英石文化比起其他奇石文化的内涵、外延都要丰富。

3.北江

现今的北江，古代叫溱水。它由北江、小北江（今连江，古称洭水）、滃江（古称浈水）组成，自北、东、西流出，汇于英城之后向南于三水境内交汇西江。北江是珠江的重要支流。

4.北江文化

北江文化是珠江文化的重要组成部分。它应该包含水域文化、客家文化、宗教文化和英石文化等。笔者认为，北江水域有两点非常重要，一是舜帝南巡经过北江，转折西江；二是唐张九龄开通梅关后，北江成交通运输动脉，经济、人口繁荣自西东移。粤北地区百分之八九十是客家人，生产、生活习俗打上中原文化的烙印。同时，粤北多地群众多数信佛、敬神。因此，大地上寺庙林立。英德市是石灰岩地区，优质石灰岩面积达80万亩之广，绝大部分属典型的喀斯特地貌，因此盛产英石。英石的宗源是望埠镇海拔500多米方圆100多公里的英山，其他地区此类石头也叫英石。

英石"绉云峰"，高260厘米，宋代花石纲遗石，现置杭州西湖

英石"龙腾"，高80厘米，清中期进入北京故宫御花园

英石"正直老头"，高170厘米，明朝大臣顾鼎臣因玩此石遭遇丢官丧命，现在美国收藏

5.其他相关问题

古籍中的英石专指裸露地表的无根构件，大者丈许，小者拳指。而埋在地下的连着山体的或脱落山体的则归入太湖石类，或叫"南太湖""广东太湖"，英德当地石农直截了当称为"假太湖"。清屈大均《广东新语》把英石不分地上地下统称"大英石""小英石"，连着山体的叫"大英石"，散落无根的叫"小英石"。当代刘清涌《奇石大观》把英石分为大器、中器、小件、构件。笔者于1996年主编《英石》则把埋在地下的阴类石和裸露地表的阳类石统称为英石。2007年3月4日国家质检总局通过评审，批准英德市境内的英石（含阳石、阴石）实行中华人民共和国地理标志产品保护。这样，关于英石的开发史，除了阴类英石归入太湖石而无法考证外，至少可以从正规专业书籍《云林石谱》说起。英石假山盆景这一创意性制作时间可以追溯至清道光年间望埠镇同心村（英山脚下）何氏家族。

二、基本观点

英石文化是北江文化的重头戏。宋代赵希鹄《洞天清录集》将英石等怪石列入"文房四玩"；到了元朝，英石则列入四大名石之一；清朝英石与灵璧石、太湖石、黄蜡石一起被定为全国四大园林名石。中国古代英石荣获国字号双桂冠。因此，整个北江流域真正能够拿得出去比拼，成为名牌的莫过于英石文化。

1.北宋四大家中的米、苏、黄酷爱英石。米芾、苏轼、蔡镶、黄庭坚被号称为北宋四大家，其中米、苏、黄三家玩赏英石，他们都演绎出不少酷爱英石的故事。

米芾是北宋书画家、收藏家、鉴赏家、文学家。熙宁四年（1071年），20岁的米芾通过王安石推行的"任子出官试法"科试，补秘省校书郎，授广南东路英州含洭县尉，居职两年。期间，据清《吴绮南风物记》称："米芾所赏之石出含洭县地。岭秋深水涸之时，于沙坑中取之，谓之脱沙。"米芾任职届满后调广南西路桂州临桂县尉，再调江浙无为军。任无为军时，玩石达到顶峰，一是提倡玩赏英石、灵璧石、太湖石等同类雅石的标准为"瘦、皱、漏、透"四字；二是遇到漂亮的奇石竟然沐浴更衣敬拜它，称它为石兄石丈。因此，米芾得雅号"石癫"。米芾玩石到达如此境界，就是在英州含匡任县尉时打下的基础，就像某间小学校培养出一个大学生、研究生一样。

　　苏轼，唐宋八大家之一，北宋四大家之一，治平四年（1067年）他从表弟处获得的一绿一白两件英石，尺把见方，透漏峭崎，清远幽深。得石后把玩不停，浮想联翩，竟做梦梦见"仇池"仙境，又忆起杜甫《秦州杂诗》中"万古仇池穴，潜通小有天"的佳句。于是他给这两件英石命名仇池。并且写了一首表达爱慕之情的七律："梦时良是觉时非，汲水埋盆故自痴。但见玉峰横太白，便从鸟道绝峨眉。秋风与作烟云意，晓日令涵草木姿。一点空明是何处，老人真欲住仇池。"苏轼得"仇池"的事迅速传开后，当朝驸马、画家王诜借观后想占为己有，引起苏轼与王诜之间夺石和护石的大战，轰动朝野。

　　黄庭坚，北宋四大家之一。据《云林石谱》记载，黄庭坚任象州太守时玩英石不惜"万金载归"。意思是说他只要遇见中意的英石便舍得花大钱买下来，用船载运回家。这种疯狂的程度可想而知。相比之下，我们今天偶尔用车子顺便带一两件回家把玩，真是算不了什么。

　　2.北京故宫是收藏英石的大户。宋徽宗在卞京修筑皇家园林"寿山艮岳"，在江南设应俸局，搜寻奇花异卉、雅石怪石，用"花石纲"组织运输。因埋在土层下的阴类英石当时归入太湖类，到底拉了多少去作园林景石，无从考证。但据史料记载，北京故宫里的御花园和宁寿宫自元、明、清三朝收藏英石27件，占其奇石总量八分之一。

英石"知礼"，高480厘米，
现置北京万寿路甲15号院

英石"螭舞乾坤"，规格：
84×84×30厘米

3.今天首都北京收藏英石仍然全国首屈一指。江浙一带大小园林,以及天津、上海、山东等省市自古至今都热衷于收藏英石,但是从规模上看今天首都北京收藏英石仍然首屈一指。钓鱼台国宾馆、中央党校、十三陵景区、万寿路甲15号院园林主景均是清一色的英石。2006年4月英德市政府一次性赠送10件英石大器给中央直属机关用于美化宿舍区。

4.广东古今名园无不以英石造景。清末岭南四大名园——东莞可园、佛山梁园、顺德清晖园、番禺余荫山房都以英石独石成景或以英石构件制作落地假山盆景。当代深圳红山公园、南海雷岗公园、顺德顺峰山公园主景百分百英石。

5.西方国家是珍藏古英石的重点地区。如今走进法国巴黎卢浮宫、英国大英博物馆等,展现在你眼前的一定有中国古英石的倩影。美国、日本有关高校,中国的香港、台湾都因各种途径珍藏了一大批中国古英石。特别值得一提的是美国哈佛大学艺术博物馆收藏的几十件古英石中,"正直老头"这件明代古英石记录下古今相距500多年之遥的生动故事。明朝嘉靖年间,朝廷重臣顾鼎臣从广州购得一件柱形英石,规格170×19×19厘米,外形如一铁骨铮铮的老头。一生好玩的嘉靖皇帝知道后要求借阅。顾鼎臣先是答应,终究不肯,得罪了嘉靖。事后由首辅夏言借故将顾鼎臣打入牢房,两年后顾鼎臣被害。试问除顾之外,古今中外曾经有哪位高官因玩奇石而丢官、丢性命的?这个故事记录在哈佛大学的英石画册上。故事还在演绎,当代一位得了肝癌的美国医生查理前来中国治病,看到这件英石后,非常喜欢,从北京购得这件英石回去后,查理在配合治病的同时,每天对石头抚摸,欣赏不已,心情大悦,肝癌竟奇迹般好了。此后,他把此石捐给公益,他要让这个英石的神奇功效惠及大众。这故事在京津玩石同行中广为传颂。现"正直老头"在美国某博物院收藏。

6.英石一如既往保持名人收藏热。英石在古代称为文人石,自然是受文人高官所钟爱之故。当今不少名人如前人一样珍藏英石,中国首位宇航员杨利伟、歌唱家宋祖英、电视主持人朱军、作家贾平凹、画家关山月、理论家吴江、书法家启功等，他们都以英石装饰花园或厅室。

7.英石从来都是友谊的使者。古往今来，英石不论于公于私都作贵重礼品馈赠客人，以增进友谊。明代英德县令周希文退休还乡时，英德人民赠送他的巨型英石"马仔"，现存广西富川周氏宗祠，并附《英德石记》碑文记录此事。据《中国赏石大典》称，清道光二十五年（1845年）进士陈介祺组织一批英石进京送人，自己留下一件精品"吼天"，退休后几经周折带回老家山东潍坊。1986年广东省援建澳大利亚谊园，用150吨上乘英石营造该园部分景点。1987年广东省领导访问美国，以英石精品赠送给美国沙拉姆镇皮迪博物馆。1996年广东省以英石"鸣弦石"赠送给日本神户和平石雕广场，日方命名《和平之珠·广东》。世界第四次妇女代表大会，国家女子足球队，美国富商比尔·盖茨都获得国家或当地政府赠送的英石或英石盆景。

8.英石是入诗、入画、入文的好素材。华南理工大学古建筑学著名教授邓其生刊文高度评价英石：褶皱明快有力，脉纹变化多端，空透灵邃，疏透遒劲，竖立、横置、斜倚均可成景，独放、迭布、群列均宜，造景幅度宽广。不同摆置和组合，易于构成峰、峦、岭、峡、崖、壑、岛、矶、嶂、岫、岑、渚等山形地貌。英石蕴含着许许多多的艺术意境构思的素材，因此素来受到诗人、画家、作家及时的灵感捕捉，将漂亮的英石入诗、入画、入文。从宋朝苏轼开始，经历明、清陈洪范等几十位诗人，加上当代温增祥等诗人，以英石或英山为题材的格律诗词已达百首以上。仅举两例。宋代杨万里从广州至英州视察盐税，为安抚地方官员的埋怨，饶有兴趣地赞颂英石："未必阳山天下穷，英州穷到骨中空。郡官见怨无供给，赠予贞阳数石峰。"他的意思是说，你们不是埋怨发不出工资吗？眼前有宝还不识，卖掉几块英石不就有了吗？又宋代苏轼从黄州贬惠州再贬儋州时，途中偶遇英石"九华"（规格28×36×25厘米，现存美国），想以100两白银买下，来不及。八年后苏轼奉诏北归路过原地访寻"九华"，前后以《壶中九华》为题写下两首七律赞叹和怀念这件英石。其中"天池水落层层显，玉女虚窗处处通"赞叹"九华"之绝，"尤物已随清梦断"一句流露诗人绝望无奈之情。至于以英石为题材入画的作品比较稀少，因此倍觉珍贵。现存上海市博物馆的明代《牡丹蕉石图》，作者自题"焦墨英山石"，特别典型，嶙峋褶皱的英石与雍容华贵的牡丹搭配适度，浓淡相映，交叠渗化，淋漓混沌。不愧为"舍形而悦影"的写意之法。至于以文章的形式表现英石那就多了，仅说专著也有几十部之多，从宋代《云林石谱》至明代《园冶》，又至清代《广东新语》，再至当代《中国观赏石》等典籍中皆设英石篇幅。在笔者手中英石才首次成书，成为专著的研究课题。2006年6月广东人民出版社出版赖展将著《英石》，2008年1月上海科学技术出版社出版赖展将著《中国英德石》。单篇写英石的文章更为普遍，2006年5月英德市政府举办以英石为题材的文学笔会，名主编、名作家、名记者云集英德，一批力作发表报端。特别是中国著名作家贾平凹曾在《南方日报》发表《说英石》，用宝马汽车比作英石，赞扬英石"朴实""简约"。英石也曾用作小说素材。《聊斋志异》"大力将军"补篇中把英石"皱云峰"搬进书中，叙述了广东水师提督吴六奇与浙江海宁绅士查伊璜之间的一段赠石报恩的故事，相当生动。

9. 英石形成专业市场。宋代开宝五年（972年），浈阳郡设州制，辖浈阳、含匡两县，取英石之名定为"英州"，以后制建几经升降，都离不开"英"字。清末望埠镇曾经叫作"英石乡"。英石用作建制之名，盖因英石文化闻名远近，英石文化颇具盛名又与英石具有广阔的市场分不开。英石成市早在宋代，宋代陆游《老学庵笔记》中记述："英州石山，自城中入钟山，涉锦溪，至灵泉，乃出石处，有数家专以取石为生，其佳者质温润苍翠，叩之声如金玉，然匠者颇秘之。当时官司所得，色枯槁声如击朽木，皆下才也。"这段话意思是宋朝之时英德沙口清溪这山地方就有了英石专业户，他们把好的英石藏起来，把不好的英石让给那些官员。英石专卖店早在清朝就有了。《清稗类钞》描述清乾隆时德清徐氏曾去当地考察英石行情，说城中有数家商肆专营英石生意，他在目验了很多英石，其中最奇者有三峰。

据有关资料记载，1655 年英国游客纽浩夫写一篇游记介绍广州关于英石造景的园林情况，果然到了 18 世纪英石就从广州转口欧洲，在英、法、德等国家的宫廷、官邸、花园叠山、拱门、筑亭基、饰喷泉。如今英石及英石产品遍及全国全球，英德市已建成中国最大的以英石为龙头的奇石市场。全市有两三万人从事英石经营活动，出现一批专业村、专业户、专业技术人员。营造英石园林的专业队伍遍及珠江三角洲，有的还闯入北京、上海、台湾等地。英德市于 2010 年冬建成规模宏大的创意文化产业示范基地——中华英石园，园中收藏古今英石精品千余件。

10. 英石已从文化属性走向法理。经过英德市政府和有关人士不懈努力的推介、宣传，英石目前不仅有自己书籍、画册、明信片、歌曲、小品、舞蹈等，近年英石展销会还升格为中国英石节。英石假山盆景制作工艺还列入了国家第二批非物质文化遗产保护名录。英德市还被授予中国英石之乡的荣誉称号。英石还被国家批准实行地方产品保护。至此英石不单从文化角度（辞源、词典）承认是英德的，并且从国家红头文件中确定是英德的。

三、结论

广州中山大学中文系教授、资深文艺批评家黄伟宗长期从事珠江文化研究，他在《现代岭南文化特征初探》一文中把海外文化比作"海浪"，把中原文化比作"北风"，于是得出结论：岭南文化的特征是海浪和北风在大陆与大海之间夹隙地带碰撞所形成的具有明显地理形势的夹隙文化。夹隙和夹击，是现代岭南文化形成的条件的基本特点。

那么，笔者认为，英石文化是北江文化的重头戏，是融入岭南文化浓墨重彩的一笔。然而，英石立足本土，以中外人群普遍接受的坚强魅力，向海内外辐射，形成世界性的休闲文化的重要篇章。

作于 2013 年 4 月 23 日

（作者简介见第 23 页）

小议英石的综合实力

◎ 赖展将

英石的资源、功能、文化和市场四大优势。综合实力是首屈一指的。

目前，中国经济总量超过日本，仅次于美国，位居世界第二。随着经济的飞速发展，精神文明建设空前看好，文化积累日益丰厚，休闲文化丰富多彩，奇石世界美妙绝伦。中国四大名石之一的英石既有传统上的优势，又面临着层出不穷的新石种的挑战。可是，从综合实力而论，如果英石退居次位的话，哪姓雅石敢称老大呢？

实事求是地说，英石综合实力总分还是排位全国第一的！

首先看看英石的资源优势。英德市国土面积5671平方公里，石灰岩山地面积80万亩，优质石灰岩储量625亿吨以上，其中包含着典型的喀斯特地貌造就的天然艺术品——英石。英石从宋朝开始开发利用，一千多年了只占冰山一角。有的历史名石在明朝就资源枯竭，要以代用品造假；有的当代走红的奇石，改革开放一哄就销声匿迹了；有的地方性所谓的雅石，除了去市场上求购回炉就别无他路。如此等等，怎么能够持续发展呢？唯有英石，英石仍处于开发历程的初级阶段，万里长征才走出第一步。

其次看看英石的功能优势。水冲石看花纹，黄蜡石看蜡度，好多好多此类奇石，如果不奇的话，大概只能拿去砌房子的"大脚"吧！其功能只有两种，奖励一点，也不过三种。然而英石呢，园林景石（独立成景、组合成景、装饰成景等）、假山盆景构件、清供石（几案石），这些角色都不行的话才拿去窑"大脚"，当瓦面、烧石灰、制水泥……比比看谁的功能强？初级小学的学生也会做对这道数学题的。

再次看看英石的文化优势。这点十分重要。外国人称奇石，有叫雅石的，有叫精神石的，有叫文化石的。总之，奇石须得有文化内涵，否则乏味。英石文化，略举三二例便够了。

例一，英石培养出一位绝世的"石痴"——米芾。北宋神宗熙宁年间，米芾任职浛洸县（今英德市浛洸镇）县尉（相当于今天的武装部长）两年，每到秋水干涸时，他便到河里、溪里挖英石，叫"脱沙"。后来他调任无为军（今浙江、安徽境内），成为石痴，拜石为兄。当然他拜的是当地奇石，或太湖石，或昆山石，莫衷是一。但他藏于袖中经常玩耍的，估计是从浛洸带出去的英石小品吧。有一天，朝廷派出一位钦差问米芾：皇帝给你一片江山托管，你却天天玩石头，你就不怕皇帝砍了你的头吗？米芾笑而不答，一扬左手，从袖中搜出一口小石头，那钦差一手抓住。米芾又挥右手，从袖中变出一口小石子，那钦差又一手抢去。米芾这时开口了：哎呀，皇上派你来责究我，你却跟我玩起石头来，难道你也不怕失职被查办吗？那钦差说：其实我也很喜欢玩石呢！我们不去争论米芾此次玩的小石是何石，反正米芾玩石的兴趣是在浛洸引起的。还有，米芾、蔡襄、苏东坡、黄庭坚合称"北宋四家"。根据古代石谱记载，米、苏、黄都玩英石，可见名人玩英石其概率高到什么程度。

例二，苏东坡的英石轰动朝野。北宋治平四年（1067），苏东坡任扬州知州，他的表弟程德儒赠给他一绿一白两件英石，其中一块命名"仇池"。苏东坡为此写了一首诗《双石并叙》：

> 梦时良是觉时非，汲水埋盆固自痴。
> 但见玉峰横太白，便从鸟道绝峨眉。
> 秋风与作烟云意，晓日令涵草目姿。
> 一点空明是何处，老人真欲住仇池。

这诗七律表现苏东坡对仇池石喜欢到了"痴"的境地，字里行间流露对大自然无限向往的思想感情。

不久，苏东坡有靓石的消息传到了当朝权贵驸马王诜那里，王诜借赏，苏东坡写了第二首诗。诗中写道：

仆所藏仇池石，希代之宝也，王晋卿以小诗借观，意在于夺，仆不敢不借，然以此诗先之。

海石来珠浦，秀色如娥绿。
坡陀尺寸间，宛转陵峦足。
连娟二华顶，空洞三茅腹。
初疑仇池化，又恐瀛州蹙。
殷勤峤南使，馈饷扬州牧。
得之喜无寐，与汝交不渎。
盛以高丽盆，藉以文登玉。
幽光先五夜，冷气压三伏。
老人生如寄，茅舍久未卜。
一夫幸可致，千里常相逐。
风流贵公子，窜谪武当谷。
见山应已厌，何事夺所欲。
欲留嗟赵弱，宁许负秦曲。
传观慎勿许，间道为应速。

这首五言体长诗，首先说明仇池石来自遥远的珠江边，其次叙述石主如何心爱仇池，终生作伴。最后告诉王诜借还可以，千万不要占为己有，早点还回来。

后来围绕借、夺问题，苏东坡提出要王诜用其唐代《二马图》交换的意思，一班好友劝解不成，提出焚画碎石的歪念，苏东坡又先后写了两首同一韵脚的五言长诗。最后王诜还是不舍得用《二马图》交换，把仇池石还回苏东坡。这件赏石事件轰动了朝野。

英石，在古代实属文人石，观赏英石少不了诗文，据查，宋、元、明、清吟咏英石的诗词百首而计。清代彭辂发自古之幽情，又写《英石峰次坡公仇池韵》五言长诗，当然写的是另一件英石，但总是要与仇池石挂勾。你看一件英石影响那么大，成诗那么多，是其他石种无法比拟的。难怪前中宣部常务副部长翟泰丰题词：英石撼天下，百石难比肩。

例三，顾鼎臣玩英石玩到被害。顾鼎臣是明朝弘治进士，苏州昆山人，官至礼部尚书。他拥有一件柱型英石叫"正直老头"（英文译名），嘉靖皇帝借观都不给，招来夏言（江西贵溪人，进士三甲，官至首辅）弹劾，三年后遇害。天津石友张传伦还获得"正直老头"的后续故事，说美国一名医生查理从北京买这件英石回去。不巧得了肝癌病，患病期间，查理每天抚摸欣赏英石，心情大愉悦，肝癌病竟奇迹般好了。此后，他把此石捐给公益，让这个英石的神奇功效惠及大众。现"正直老头"在美国某博物院收藏。

最后看看英石的市场优势。古代英石在英德、广州设有专卖店不说，说今天英石在大站、望埠、沙口三镇境内就形成20多公里长的销售长廊，公司、石场一百多家。望埠镇及英德市区英石门店五六十家。据说英石年产值五亿元以上。英德境外英石园林工程档口一百多家，东莞市遍布各镇。珠海市设有以英石为主景的"石博园"，英德市建成占地几千亩的"英石园"，英石提升为文化旅游项目。英德市几万人从事英石开发利用活动，一万多人成为英石专业人员，几千人成为英石园林工程、假山盆景制作专业技术人员。英石市场长盛不衰。

当然，英石也存在色泽、质地的不足，一些大英石往往有一面扁平的缺点，这些都是美中欠佳的东西。然而英石不缺资源，不少功能，不愁文化，不衰市场，综合实力是首屈一指的。

（作者简介见第23页）

英石品种超丰富

◎ 赖展将

　　英石正式称谓的确切时间是南宋绍兴癸丑（1133年）杜绾著《云林石谱》，该书列英石章节。此前苏东坡诗"海石来珠浦，秀色如峨绿"中的海石，米芾于北宋神宗年间在洺洸玩的河石、有关古籍注释韶州东南七十里的仇池石和英德北三十里的清溪石，实际与《云林石谱》中介绍的英石特点相符，统称为英石，首次出现于《云林石谱》。

　　然而，有关资料说及南北朝时期齐梁间道教思想家、医学家陶弘景玩石时，说他兴趣浓厚，品种很多，其中喜欢"玉英石"。这个玉英石是否与英石同类不得而知。如若同类则英石名字出现要比《云林石谱》早五六百年。可是我们一直没有人在书籍中或实践中发现这种石，只在近年间笔者唯一获得一件出产于望埠的近似白玉的英石，玲珑剔透，圆润透明，规格28×16×10厘米（见下左图），唯一一件，姑且当它是玉英石。

　　关于英石的品种问题，从《云林石谱》仅提出微青、微灰、浅绿三种，加上文中介绍苏东坡一绿一白两件英石，总共四个品种。直至清代屈大钧

玉英石

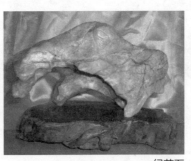
绿英石

黄英石

在《广东新语》中提出的"大英石""小英石"说，对英石的品种都没有新的突破。一千多年来，英德民间玩赏英石按结构纹理分类有横纹、直纹、叠石、花石、雨点石、类太湖石、吸水石几种。1996 年英德市奇石协会成立以来，推动英石开发利用形成文化产业，过程中发现了不少英石新品种，兹简介如下。

绿英石：产于土层中，无根，均为小件，浅绿或灰绿，石表有石英脉分布，淡淡草酸水轻洗污物后见效果。望埠蛇窦窝有此石种。

黄英石：产于土层之中，无根，小件居多，大者一两百斤，表面光洁，有的兼有它色，淡淡草酸水轻洗污物后见效果。冬瓜铺一带有此石种。

红英石：产于土层之中或石山之表，无根，小件居多，有大红、淡红之分，有的有石英脉，有的无石英脉，淡草酸水轻洗后见效果。望埠庵山及蛇窦窝有此石种。

桃园三结义：产于土层之中，无根，小件居多，黑底，布有红、白两色石英脉，故名。质坚，表面光亮，淡淡草酸水轻洗见效果。望埠蛇窦窝有此石种。

黑白英石：地表、土中均有，分下白上黑和上白下黑两种，上白下黑者基本中间分线，下白上黑却只是石顶端一点点属黑。小件、中器居多。有的需酸洗见效果，有的则不用酸洗能见效果，英城北郊石山有此石种。

红英石

桃园三结义

黑白英石（经酸洗）

黑白英石（未经酸洗）

彩英石

生化英石（珊瑚类）

铁红英石

粉红英石

彩英石：地表、土中均有，红底兼有杂色，小件居多，酸洗见效果，表面泽润光洁。望埠蛇窦窝及庵山有此石种，据说英西峰林地区也产此石种。

生化英石：阳石、阴石均有，尤其是产于地表下或水中的阴石居多，特点是鱼类、贝类、螺类、珊瑚类、藻类、草类等生化物化石混其中或嵌其表。有的不用酸洗便明显发现。望埠、冬瓜铺、岩背等地均有此石种。

铁红英石：产于土层之中居多，含铁成分高，石表被铁锈染红，石质较重，不用酸洗 能见效果。望埠崩岗一带有此石种。

粉红英石：产于地表、山表，小件居多，无根，淡淡红色，红白相交，表面多齿状，晶莹剔透，稀有，英山局部地区偶有发现。

蜡皮英石：产于水里，表面光洁圆润，如蜡石一般，条纹层理清晰。颜色偏紫。目前只发现一件来自北江白石窑段。

碎绉英石：地表之上，土层之中均有，偏黑色，有白或红石英丝脉，表面纹理细幼，呈粒状、龟纹状，比一般英石重得多。冬瓜铺、英城北郊两个地方有此石种。

图纹英石：仅限于阴类英石，土层中、水下均有，石体肥圆，表面光滑，白色纹路丰富，如果成文字状者目前只发现一件繁体字"龙"的草书。此石来自北江河白石窑段。

胶合型英石：产于土层之中，淡酸水轻洗发现整块石头由粉红、黑、白三种颜色的大小形状不规则的石头胶合构成，石表相当洁润，一般有孔洞，平时比较少见。据石农反映此石产于英西峰林地区或沙口与大坑口交界地。

伴生英石：产于土层之中，淡酸水轻洗见效果，黑英石伴生于火山灰之上，小件居多，较少见，据石农反映此石产于冬瓜铺。

龙骨英石：产于水下河底沙层中，无根，小件居多，灰白色，坚硬，敲之有金属声。如用草酸处理，初初接触像火烧一般，继续浸泡呈黄色，若薄片石浸泡后呈绿色，透明，此石种极少见，据石农反映，只石牯塘某溪流一处有此石种。

以上石种皆为作者收藏。

（作者简介见第 23 页）

第二章

专家学者论英石

观赏石的经济文化价值及产业化

◎ 王嘉明

什么是观赏石？顾名思义，观是观看面视、直观感觉，属于感官层面；赏是欣赏领会心灵感悟，属心智层面。由观到赏，是一个从感性认识到理性认识的认识过程，一个由表及里，由浅入深的认知过程。观赏石是大自然的杰作，富于变幻可以充分调动观赏者的审美情趣和想象力。观赏石是大自然的缩影，赏玩奇石是人们亲近自然、回归自然的一种意识表示。观赏石之美是独特的，不能复制的，观赏石独具的天然艺术性使它立身于艺术品之上。观赏石源于中国，品位高雅，文化厚重，是中国优秀的传统文化，也是世界文化奇葩。

一、观赏石的赏玩理念

石头是地球上阅历最深的亿岁老人，在时光的长河里，世事万象皆如轻烟散尽，唯有石头汲日月精华，聚山川灵气。地球已存在46亿年，人类进化史有300万年，而一个人的一生约100年，一方石头的存在与地球同龄。如果一块珍贵的石头经过亿万年的自然演变，存在至今，和我们某个人百年的短暂人生有缘相遇，并由您掌握其命运，您会怎样？雕琢它？破坏它？毁灭它？还是从中感悟人生，感悟自然的伟大？感悟和谐相处的重要？爱石人对待石头是绝对的尊重，清洗干净，配好石座，题名配诗……或带在身上，或藏于内室，或供于厅堂，天天抚之，日日念之，视若珍宝，精心呵护，不能动手改变其亿万年天然形成的形与质，甚至绝不肯在心爱之石上刻字留名，因为它属于地球，是地球时空的主人。而人，相对而言只是一个匆匆过客……由此可见，观赏石是美丽、质朴、天然的，是大自然的馈赠，现代人赏石是"亲近自然、回归自然"的意识表示，更是"保护资源、爱护环境"的意愿表达。老子说："人法地，地法天，天法道，道法自然。"自然是最高的范本和法则。"道法自然"至少含有三层意义：一是不以人类私利为中心而对自然环境妄加干预，随意破坏自然的生存状态；二是人类的一切行为皆应顺从自然，一切按照万物的自然本性运行；三是追求人类的自由自在的精神境界。古人"观象于天，观法于地"，以"天人合一"为最高境界；现代人则要不断努力，终生践行，跨越新的人生境界。为了人类更好生存，我们的思想行为应"道法自然"，就是要善待地球，保护资源，爱护环境。这就是赏石人的崇高境界、精神寄托，也是天然珍贵稀缺的观赏石赏玩的真谛和魅力所在。

二、审美发现和文化认知就是观赏石赏玩过程

观赏石是指天然形成的能够承载审美文化活动的石头。美的天然石体往往与"人为艺术品"有异曲同工之妙，可与"人为艺术"媲美。许多画家和艺术家观赏后说："不是画展，胜似画展；不是雕塑，胜似雕塑"，大家都把观赏石当作"艺术品"来欣赏。自然界里的观赏石，藏于深闺人不识，被人发现后，经过清洗、观察、鉴赏、命名、配座等一系列过程，就成了人见人爱的"美石"了。尽管这样的过程有一定的人为成分，但其本质主体还是"天作"，是大自然造就的。观赏石的艺术性是人"发现"的、"认识"的、"理解"的，凭借发现者的艺术修养和艺术鉴赏力，赋予其艺术性，准确、鲜明、生动的反映社会生活。观赏石更像我们"人"自身。人，从出生起形象、肤色等都已自然确定，是"自然天成"，人在社会生活中要穿着打扮、评论长得漂亮与否也很正常，经过教育学习，赋予人的气质风度、文化内涵，出人头地是为了有个好名声。人的丽质天姿是先天赋予的，服装打扮是人为附加的，风度气质是环境培养的，文化知识是修学获得的，地位名声是努力争取的。所以说，人本身就是天作人为的合一，相辅相成。天姿再好，不学无术也是枉然；后天再用功，先天不足也难完美。同样，观赏石石体好比人的自然本体，修饰配座是给它穿衣套鞋，题名赋词是为了增加文化内涵，提升品位，宣传参展是为了提高知名度、美誉度。

天然的观赏石经过发现、鉴赏、配座、题名、宣传、参展的过程，观赏石通过人们艺术发现，文化认知，品味提升，而成为有"艺术性"的天然石体，具有"天人合一"的特征。观赏石与石雕艺术、玉雕艺术、盆景艺术、树根艺术、插花艺术也不同，这些艺术形式是借助天然材料通过各专业艺术家的创作，改变材料造型，创造新的造型艺术品。观赏石更注重天然属性，更多在文化审美的角度去发现和认知，而不是去改变创造，"天作"和"人为"即发现与创作是观赏石与其他艺术品的本质区别所在。天作人赏的观赏石具有艺术性。

最早的劳动工具是石头，最早的饰物是石头，在漫长的石器时代，人与石头相依相伴。"女娲补天""精卫填海"的神话传说已赋予顽石以灵性，由此形成了石崇拜现象。自古以来，观赏石深受文人雅士钟爱，被誉为"立体的画、无声的诗"，每一方观赏石都是大自然天工造物，每一方观赏石都是一幅画、一首诗、一曲诗情画意的乐章。观赏石因无声而平实恬淡，因凝固而悠远永恒，面对美妙的观赏石，道是无情却有情，此处无声胜有声。所谓"园无石不秀，斋无石不雅。厅无石不华，居无石不安"，观赏石与生活自然相伴。因石的品格——寿、坚、安、实，内灵外美，文人雅士予石以象征意味和人格化：石之历史悠远，使它成为一种长寿的象征，雅称为"寿石"；石坚硬不变，常让人比德于石——"石可破也，不可夺其坚"；石性沉静，不随波逐流，然叩之温润，被借称于朋友之间的牢固友谊，称谓"石交""石友"；石之安固不移的特性为人所爱，常见斋阁厅堂正中的案几上，左摆花瓶，右供奇石，就是寓"平安"之意。

远在石器时代早期人类对石头就有崇拜心理。第一件石制工具的诞生，是人与猿的分界点，是人类起源的标志，随之，诞生了石斧等各式各样的石器，提高了人类与大自然作斗争的能力，就物质形态而言，最先沟通人与自然的恰恰就是石头。人类在对石头的崇拜敬重心理中，逐渐衍生出各式各样的石崇拜现象。石崇拜是原始宗教自然崇拜的一个组成部分，石崇拜是遍及全球的文化现象。它萌生于远古，至今在世界各地仍有许多遗留。

如：英国的巨石阵、法国布列塔尼石阵、智利复活节岛上的石人、我国西南部分民族的石文化崇拜等等。人类经历了新旧石器时代，青铜器时代，铁器时代……石头在人类文明发展史中功不可没。"我们地球自从有人类以来，人类在不断地探求地球之来历，生命之起源，我们叩问苍天，苍天无语，叩问大地，大地无言。我们叩问石头，石头给了我们许多精彩绝伦的答案。我们从地上的石头，一直问到太空的石头，跑到月球上乃至接近火星，去探求大自然宇宙的生命的奥秘，所以石头可以说是凝聚了自然的精气神，糅合了人类的文明、文化和进步。"

三、观赏石的经济文化价值

（一）价值理论

让我们来看一下最简单的商品经济中的例子：一件商品交换到了一百元钱，那么，我们就说这件商品的社会购买力（即市场价值）为一百元钱。至于这件商品，是劳动产品，还是资本产品，还是自然恩赐的，完全没有关系。研究这个层次的学者（如凯恩斯），他们揭示的是商品经济的一般规律。

我们再来审视一番这个最简单的例子：为什么这件商品能够交换到一百元钱，而不是两百元钱或者五十元钱呢？这就需要引入三方面的研究，即有效需求，有效供给和货币因素。古今中外的学者，对这三个方面的研究，就构成了价值理论研究的历史。

接下来我们研究一件商品甲可以交换到两件商品乙，让我们来分析一下是哪些因素影响它们之间的交换比例。这时候，我们就遇到了劳动价值论者（含马克思）、效用价值论者、生产要素价值论者、供求决定价值论者。这些理论众说纷纭，莫衷一是，如果我们把这些形形色色的价值理论综合起来，我们离正确的价值理论就不远了。

（二）价值理论原理：

1.价值是一个相对的术语。一件物品的价值，是指它能换取的某一其他物品或一般物品的数量。因而，所有物品的价值不可能同时提高或降低。一件物品价值的提高意味着其他物品的价值降低。

2.一件物品的暂时价值或市场价值取决于需求和供给。它由于需求增加而提高，由于供给增加而降低。然而，需求随价值而变化，价值低廉时对物品的需求，一般大于价值高昂时的需求；价值总是自行调整到使需求与供给相等的程度。

3.各种物品除它们的暂时价值外，还有永久价值，也可以称为自然价值，市场价值在经历各种变动以后，总是趋于恢复到自然价值；各种摆动相互抵消，各种商品围绕它们的自然价值进行交换。

4.某些物品以稀缺价值作为它们的自然价值，自然并永久具有稀缺价值的物品，是指其供给根本不能增加，或不能以其费用价值充分满足全部需求的那些物品。垄断价值就是稀缺价值，垄断无非是限制供给，否则垄断是不能赋予任何物品以价值的。大多数物品是以它们的生产费用的比率，即费用价值自然地相互交换。

5.凡供给可以依靠劳动和资本无限增加的商品，都是按生产成本最小的那部分必要供给并把它们运至市场所必需的费用，与其他物品交换的。自然价值就是费用价值，因而，一件物品的费用价值，是指其成本最小部分的费用价值。生产费用由若干要素构成，其中有一些是经久不变的、普遍的，另外一些是偶然的。生产费用的普遍要素是劳动的工资和资本的利润；偶然要素是赋税和由某些生产要素的稀缺价值引起的额外费用。

（三）文化价值的特性

1.价值构成包含文化价值

有一种观点认为：愿付价格可说明文化价值的一切。例如：一个人在美学、精神或其他层面上，给予 A 物的评价较 B 物高，在其他不变情况下，则对 A 物所付出的代价就会较 B 物多。假如当经济学从经济个体的活动中及所形成的组织中排除文化面时，就无法解释或理解人类的行为；但如果考量文化价值后就会对做决策有所帮助，对资源配置造成影响，因此，价值构成就不该忽视文化价值的存在。

有很多理由可说明愿付价格是一个不恰当的文化价值指针。这里从个人偏好形成及表现的角度探讨文化价值特征：第一，个人所关注的文化事务或过程可能所知不多，以至于无法对其形成一个可靠的愿付代价判断。第二，文化价值的某些特征无法以偏好方式来表示。第三，衡量某些文化价值特征所根据的尺度，也许无法转换为货币单位。第四，个人成为群体的成员时（文化经验），利用个人愿付代价作为文化价值的指针，就会产生问题。从交流的角度来看文化价值形成，则是一种协商过程，包括物与物、人与人之间的交换和互动。

不过上述文化价值与经济价值之间会有某种程度的关联时，它也未必完美，文化价值本身就是一个与众不同的现象，有些文化价值与经济价值呈现负向关系。例如古典音乐为具有高文化价值但却有低的经济价值；电视肥皂剧具有高经济价值却有低的文化价值。

2. 文化商品是混合商品

许多文化商品与服务实际上是混合商品，同时具有私有财与公共财的特性。例如一幅凡·高的画，它能被当成艺术品买卖，其私有财价值只属于拥有它的人，同时，这幅画也是艺术史中的一员，它带来广大的公共财利益给历史学家、艺术爱好者及一般大众。

3. 文化商品价值评价应用——观赏石展藏馆为例

将这些概念应用于一个实际的文化现象——"观赏石展藏馆"。其实，这类博物馆不同的人代表着不同看法：艺术家、收藏家——作品藏品的展示橱窗；学者——专业知识的宝库；博物馆学家——传递艺术文化讯息给社会大众；都市规划者——观光和娱乐的朝圣地；经济学家——是一营利或非营利机构。展藏馆的例子是文化商品的一个实际例证，其中，经济价值与文化价值的表现是多方面的，须解构成若干成分才易于理解。

展藏馆的经济价值来自于下列两项：建筑物及馆藏品资产价值，以及这些资产所提供的服务。

展藏馆的文化价值可说是来自于众多不同的源头，为便于分析，将文化价值的成分归类为两种：馆内展藏品所含的文化价值、展藏馆设立本身的文化价值。

（四）观赏石价值构成

综合以上价值理论的分析，结合观赏石文化价值的特性，可有以下表述：

1. 观赏石本身是稀缺资源，具有不可再生性，因此，有自然价值、永久价值、稀缺价值、垄断价值。

2. 观赏石具有经济属性，更具有文化属性，有经济价值更有文化价值。

3. 观赏石作为文化商品出现则是混合商品，具有私有财和公共财的特性。

4. 观赏石的找寻开采、配座包装，有劳动价值。

5. 观赏石需要发现、重在审美，个人偏见偏爱不可避免，"愿付价格""边际效用"因人而异大不相同。

6. 观赏石的文化认知有一个提升过程，文化价值不断提高。

7. 观赏石宣传、参展，提升知名度、美誉度，是收藏者的投资行为，具有投资回报率期待。

8. 观赏石的经营流转，石商有利润率期待。

一般价值构成：成本（C）+ 技术品牌（P）+ 利润（M）= 价值（V）。

依据经济学价值理论可以对观赏石的价值进行分析，我们将观赏石的形成、采集、配装、认知等全过程进行价值分析，得出如下观赏石价值构成因素：

观赏石价值 =V，资源成本 =C，找寻或开采成本 =C1，配座包装成本 =C2，审美发现费用 =R1，文化认知费用（题名赋诗等）=R2，知名度提升费用（宣传、参展、鉴评等）=P，经营商利润 =Mn

因此，观赏石价值构成为：C + C1 + C2+ R1 + R2 + P + Mn = V

由经济学价值理论分析可见，观赏石价值构成：有自然价值、永久价值、稀缺价值、垄断价值；有经济价值、文化价值；有劳动价值；有投资回报率、利润率期待；有私有财和公共财；有"愿付价格""边际效用"；随着文化认知的提升且文化价值不断提高。

观赏石的价值表现是一个费用投入，认知提升，价值提高的过程。同一块观赏石在石农、石商、收藏者手里的价值是不一样的，价值表现为价格时，会受市场影响上下波动，这种波动，理论上不可能背离价值太远，实际上在成熟的市场环境下也不会脱离价值太远。

（五）观赏石价值链

1. 什么是价值链

理论上"价值链"这一概念，是哈佛大学商学院教授迈克尔·波特于1985年提出的。波特认为："每一个企业都是在设计、生产、销售、发送和辅助其产品的过程中进行种种活动的集合体。所有这些活动可以用一个价值链来表明。"企业的价值创造是通过一系列活动构成的，这些活动可分为基本活动和辅助活动两类，基本活动包括内部后勤、生产作业、外部后勤、市场和销售、服务等；而辅助活动则包括采购、技术开发、人力资源管理和企业基础设施等。这些互不相同但又相互关联的生产经营活动，构成了一个创造价值的动态过程，即"价值链"。

观赏石的形成、采集、配装、认知等全过程构成观赏石价值链。

观赏石价值链可采用以下表述：

资源价值【C】+ 找寻开采价值【C1】+ 配座包装价值【C2】+ 审美发现价值【R1】+ 文化认知价值【R2】+ 知名度提升价值【P】

因此，不同的时间，不同的人（石农、石商、收藏家）拥有某观赏石的价值是不一样的，在市场上表现为不同的价格。观赏石价值链中的不同价值可分别设为 V1、V2、V3、V4、V5······

V1 = C + C1

V2 = C + C1 + C2

V3 = C + C1 + C2 + R1

V4 = C + C1 + C2 + R1 + R2

V5 = C + C1 + C2 + R1 + R2 + P

由经济学价值链理论分析可见，观赏石认知提升的过程形成了观赏石价值链，也就是观赏石文化产业链。

2.关于观赏石文化产业

观赏石交易从古玩店，花卉市场的摊点销售，到各地市场的形成，石馆的兴建，再走向商场，进入拍卖。各地石馆、石园、石市、石街如雨后春笋，如广西柳州2004年11月举办的第三届奇石节，参观石展和参加展销活动的人次达42万之众，展销数量突破20万件，7天创下交易额3000万元。据12个中国观赏石之乡的不完全统计，现有市场42个，园、馆、店面14890个，观赏石年营业额达20亿元，从业人员35万人。最近几年，佛山、宿州、临朐、阿拉善等地政府都采取"赏石搭台、经贸唱戏、文商结合"的办展方式，取得显著的经济和社会效益。已初步形成产地采挖、市场经营、配座贩运、奇石收藏的观赏石产业链。"一方石头和谐一个家庭，一方石头汇聚一批朋友，一方石头传承一种文化，一方石头弘扬一种精神，一方石头造福一方百姓"的发展目标正在实践之中。在此，只是根据观赏石的经济文化价值分析，提出以下几点建议。

第一，观赏石是美丽、质朴、天然的，是大自然的馈赠，现代人赏石是"亲近自然、回归自然"的意识表示，更是"保护资源、爱护环境"的意愿表达！现代人为了人类更好生存，我们的思想行为应"道法自然"，就是要善待地球，保护资源，爱护环境。这就是赏石人的崇高境界、精神寄托，也是天然珍贵稀缺的观赏石赏玩的真谛和魅力所在。这是要大力弘扬和广泛宣传的赏石理念。

第二，观赏石石体好比人的自然本体，修饰配座是给它穿衣套鞋，题名赋词是为了增加文化内涵，提升品位，宣传参展是为了提高知名度、美誉度。天然的观赏石经过发现、鉴赏、配座、题名、宣传、参展的过程，观赏石通过人们艺术发现、文化认知、品位提升，而成为有"艺术性"的天然石体，具有"天人合一"的特征。天作人赏的观赏石具有艺术性。所以，审美发现和文化认知就是观赏石赏玩过程。

第三，由经济学价值理论分析可见，观赏石价值构成：有自然价值、永久价值、稀缺价值、垄断价值；有经济价值、文化价值；有劳动价值；有投资回报率、利润率期待；有私有财和公共财；有"愿付价格""边际效用"；随着文化认知的提升且文化价值不断提高。因此，观赏石的价值表现是一个费用投入、认知提升、价值提高的过程。同一块观赏石在石农、石商、收藏者手里的价值是不一样的。价值表现为价格时，会受市场影响上下波动。这种波动，理论上不可能背离价值太远，实际上在成熟的市场环境下也不会脱离价值太远。

第四，观赏石的形成、采集、配装、认知等全过程构成观赏石价值链。由经济学价值链理论分析可见，观赏石认知提升的过程形成了观赏石价值链，也就是观赏石文化产业链。因此，文化赏石是观赏石产业链的核心，重视和加强观赏石文化认知提升文化价值很有意义。

以上也是观赏石能登大雅之堂，能成为地方工作抓手，推动地方经济文化发展的基础和原因。浙江省观赏石协会本着"弘扬石文化，真心交石友，同心创事业，潇洒度人生"和"过程赏石、文化赏石、快乐赏石"的理念，倡导"与石为友、以石交友、亲近自然、回归自然、保护资源、爱护环境"，崇尚道法自然，引领主流赏石，以"石敢当"精神，"做到位、玩到家、雅到底"，追求"石人合一"的崇高境界。认为"观赏石事业发展应以文化产业开发为方向"。应引导"赏石文化产业开发理念"，要统一有组织领导、有理论指导、有媒介引导、有场馆舞蹈，通过加强理论研究，制订鉴评标准，公开出版报刊，举办全国石展等进行系统的开发与推广，从而形成产业化的发展规模、实力及产业链。

（作者系浙江省观赏石协会会长）

苏东坡的英石缘

◎廖　文

　　英石是名石。论者自是不少，溯源而上当推宋人杜绾的《云林石谱》。宋代重文轻武，上至皇帝，下用臣民，迷石者众，同时赏石趋于细腻、含蓄、超脱。杜绾，字季阳，号"云林居士"，浙江山阴人，时风所薰，好石痴石，效法陆羽著《茶经》，历时十数年写成中国第一部论石专著《云林石谱》。《云林石谱》书成于南宋绍兴三年，将有宋一朝的石文化、地理地质科学、博物志提炼总结，含蕴挥发，体现了宋代文人赏石观之精髓。清代编纂《四库全书》时"惟录绾书"，其余石谱"悉削而不载"，足见其权威。《云林石谱》论及：英州、含光真阳县之间，石产溪水中。有数种：一微青色，间有白脉笼络；一微灰黑；一浅绿，各有峰峦，嵌空穿眼，宛转相通，其质稍润，扣之微有声。又一种色白，四面峰峦，多棱角，稍莹彻，面面有光可鉴物，扣之有声……至清代，英石已经位列"四大名石"之一。近千年间，石头还是那块石头，但是人文风韵寄寓其上，英石已经不仅仅是"英石"了。

　　常人熟知北宋书法名家"米颠"米芾与英石的缘分，但是对于北宋另外一位名人苏轼的英石缘知之较少，不妨和大家一起分享。北宋治平四年（1067年），苏东坡出扬州通判。有一天他的表弟程德儒送给他一方绿色的英石和一方白色的英石。这两块英石大小差不多，有"尺把见方"。也许是英石所具有瘦、皱、漏、透的形态之美和绿如茵、白而洁的颜色之美的缘故吧，苏东坡一见便情不自禁，爱不释手，很乐意地收下了这两块英石。有一天，他在把玩英石时，突然想起自己前不久曾经做过的一个美梦，他在一个山清水秀的地方，有人请他到有个高头大门的官府里住。大门的门楣上悬挂着一块门匾。门匾清清楚楚地写着"仇池"两个大字。苏东坡自己在官府里住着象过神仙般的生活。然而，好梦不长，苏东坡很快就从美梦中惊醒。事后，他把这个美梦告诉了自己的好朋友。朋友说"这仙境是道教十六洞天之一的小有洞天"。于是苏东坡想起杜甫曾经写过的《秦明杂诗》中的"万古仇池穴，潜通小有天"的佳句。此情此景，苏东坡联想翩翩。接着苏东坡便用"仇池"给这两件英石作为名字，并为之作序题诗。诗中有"一点空明是何处，老人真欲住仇池"之句。表明英石的美深深地吸引了大文豪苏东坡，并由此引发了他对英石意境高远的深思和深切的向往。

然而，好景不长，过了不久，当朝的权贵驸马都尉王诜听闻苏轼有美石，习文好雅的他向苏东坡提出借英石"仇池"一赏，其实是想夺取英石"仇池"为己有。王诜虽然有文名，但是却有鲸吞之惯，苏东坡是心知肚明的。为了确保"仇池"英石不被王诜所夺爱而去，苏东坡明确表态不借。但是，苏东坡的权位必然不能与王诜相提并论，所以他还是抵挡不住王诜厚颜无耻再三要求"借看"的理由，很不自愿地把英石"仇池"借给了驸马都尉王诜。这个王诜见"仇池"借到手后，很快便暴露出他的真实面目，他要占为己有。他要出手段，先写首诗送给苏东坡，表明自己对"仇池"英石的喜爱。向苏东坡传递，让他主动把英石"仇池"送给他，作为攀附权贵、联络感情的"礼品"的信号。可是，苏东坡坚决不送。但王诜并不死心，再三索要。苏东坡在毫无办法的情况下，想出了明知不可为偏偏要为之的办法来阻止王诜的贪婪之心。苏东坡给王诜写了一首诗，诗中提出"君如许相易，是亦我所欲"。就是说要王诜拿出家里"宝绘堂"里的唐代名家的画作来交换。

王诜也是风雅之士，喜好收藏，在家里修建"宝绘堂"广藏历代书法名画、艺术奇珍，日夕观摩，美于鉴赏。也时常邀约同朝名人雅士黄庭坚、米芾、秦观、李公麟等众多文人雅士，所谓"析奇赏异"，酬诗唱和，李公麟曾画《西园雅集图》以纪胜，传其风流蕴藉有王谢家风气。苏东坡当年也是座上之宾。但是美物入了王诜的手中，他哪里肯出手呢？他不过是想空手套白狼，白拿白要而已。其实，苏东坡只不过是想借此为题，提醒王诜不要夺人之爱。而王诜还是有借无还。无奈之下，苏东坡便不断地向王诜追讨回英石"仇池"，而王诜就不断地耍出各种借口和手段赖着不还。就这样，两人闹来闹去，闹得他们同朝为官的同僚们都很不开心，很不耐烦。于是，有的朋友就讲气话了：说干脆你们两人的东西都不要了，给我算了。还有的朋友说得更不着边际：说干脆你俩谁都不要了，把英石搞碎了，把唐人的画给烧了。当然，这些全是不厌烦的气话。那怎么办呢？后来在强大的舆论压力之下，王诜有些动摇了，于是苏东坡给王诜写了一首诗，诗中说"盆山不可隐，画马无由牧。聊将置庭宇，何必弃沟渎。焚宝真爱宝，碎玉未忘玉"。王诜看到此诗之后，想到强夺英石会带来什么样的恶果后，只好不情愿地把英石"仇池"还回给苏东坡。于是，这场围绕英石"仇池"而发生的故事便结束了。

英石的魅力从这个故事里可见一斑。但是如果深究，故事里蕴含的英石文化的内涵则可以古为今用，为英石文化的现代化传播和市场化推广带来启示。

英石之名早在南宋《云林石谱》面世前的北宋时期就已经是"洛阳纸贵"了，闹得苏东坡与驸马都尉王诜为争夺英石而撕破脸皮，说明英石的审美特性具有独特价值，英石文化符合社会主流文化价值。其实中国画与西洋画风格之迥异，除却表面上看的中国画中之人皆为小人，不足以道。而西洋画中人为主角，占尽篇幅。中国画宣扬的超然意趣和西方文艺复兴之后以现实写实价值泾渭分明。而中国画里的山水之"山"，完全可以借由"奇石"作为蓝本。英石之奇绝险峻，高洁清韵，人生卓识，入画自然是一绝，小石头现大乾坤。文人雅士，如何不能为之倾倒？也难怪专门赞美英石之美的诗篇，历代不绝。这在中国四大名石中的英石、太湖石、灵璧石、雨花石中"成文成诗"地赞美奇石的篇章中算是出现得较早的之一，在此仅录几首加以说明。一首是北宋苏东坡为赞美"仇池石"而作：

至扬州，获二石。其一，绿色，冈峦迤逦，有穴达于背。其一，玉白可鉴。清以盆水，置几案间。忽忆在颍州日，梦人请住一官府，榜曰仇池。觉而诵杜子美诗曰："万古仇池穴，潜通小有天。"乃戏作小诗，为僚友一笑；梦时良是觉时非，汲水埋盆故自痴。但见玉峰横大白，便从鸟道绝峨眉，秋风与作烟云意，晓日令涵草木姿。一点空明是何处，老人真欲住仇池。

另一首是南宋杨万里的七言律诗：

清远虽佳未足观，浈阳佳绝冠南峦。一泉岭背悬崖出，乱洒江边怪石间。夹岸对排双玉笋，此峰外面万青山。险艰去处多奇景，自古何人爱险艰。

这是赞美英德浈阳峡像一座雄奇峻美的英石盆景的诗篇。

其实较早赞美浈阳峡之美的还有唐朝张九龄。他在《浈阳峡》的诗中是这样写的：

舟行傍越岭，窈窕越溪岭。水深先秋冷，山晴当昼阴。重林间五色，对壁耸千寻。惜此生遐远，谁知造化心。

此诗作于距今一千三百多年前，当是较早赞美浈阳峡英石之美的诗之一。

清初朱彝尊写过一首七言绝句赞美英石：

曲江门外趁新墟，采石英州画不如。罗得六峰怀袖里，携归好伴玉蟾蜍……

英石之美，美则美矣。时至今日，如何更好传承激扬英石之美？恐怕仅进行历史文化的简单发掘和园林石景的构建是远远不够的。现代的艺术审美发展需要英石之美与和谐栖居紧密结合，除却浮躁喧嚣，给人以"石我合一，忘我无物"的审美旨趣。提升英石文化的审美价值，传播英石之美，需要系统地进行文化规划。希望地方政府未来能够进一步汇聚学界智囊、英德乡贤、社会新英，立足本乡本土，从战略的高度上为英德英石文化的发展把脉、定纲，制订面向未来的具有可操作性的"英石文化圈""非物质文化遗产"等规划，从制度上确立英德英石文化发展的方向和价值。

古代的英德之地属于偏远地区，交通不便。但奇美的英石还是通过各种渠道流传到了江南、中原等地，说明英石流传之广。更重要的是其中展现了英石的艺术价值，和早在上千年前就已经有成熟的艺术市场。英石北上之路正是有唐以来岭南和中原沟通的重要通道。英德溯北江而上，经韶州梅关大庾岭至于南康贡水，沿贡水会赣江入鄱阳湖，出湖口随大江东去，达淮扬诸州，或仍可沿着京杭运河勾连黄河，西入汴京。这已经是一条绵延数千里的曲折之途。沉重的英石就在船舱和挑夫的肩头之间摇摇曳曳传播四方。把英石作为珍贵的礼品赠与他人，开创了将英石作为珍贵的文化礼品赠送的先河。英石是一种"礼"，雅俗之间，是一种属于全民的文化物产。宋人爱英石，其有千里寄石情谊深重之价。今人恋石，万万不可为了市场而市场，把不可再生的英石资源当做育肥的羊，一刀宰了去。珍重物产，盘活资源，有限开发才是市场培育之道。

著名作家贾平凹写过一篇《说英石》的短文，文末称："英石的名贵在于它的质朴和简约，在于它的整体的气势和细节的奇巧，如车中的'宝马'，用不着装饰，只擦拭干净。它所具有的石文化品格，正大而独特。收藏它，欣赏它，宣传它，不仅可以纠正时下赏石趣味的弱化，也是维护和清正中国石文化精髓的一种责任。"何谓见山见水之别，或许，养一方英石，品摩之后，才能悟得出来。

（作者是华南理工大学思想政治学院博士生）

英石之奇

◎ 高云坚

英石，以"皱、瘦、漏、透"之特性称雄于世。据考证，宋朝始开发，元朝列入"文房四玩"，清朝定为全国四大园林名石之一。英石主要产地在英德市，2005年11月，该市被评为"中国英石之乡"。

笔者自幼长在英德，故对英石并不陌生。记得小时候上英山砍柴，脚下走的就是嶙峋险怪的英石，不过那个时候司空见惯，见奇不奇，见怪不怪，更何况在那个食不果腹、温饱难以为继的年代，在山民的眼中，英石远不如木材有价值，木材至少可以盖房子、可以变卖银元，可以当柴烧。英石，除了砌堤坝，打地基，似乎没有人将它往更多方面想，更不会与文化、审美挂钩，那是个英石沉睡的时代。英石重新焕发出它的光彩，则是改革开放后的事。笔者也正是在那以后，慢慢地重新接触、认识那似曾相识的英石，对英石之奇也有了更多的思考。概而言之，英石之奇在于"形""色""独""神"。

英石之奇在于形。形者，形态也。"皱、瘦、漏、透"说的就是它的形态之奇。皱——具棱角分明、纹理幽深之美；瘦——具嶙峋骨感之美；漏——具滴漏流痕之美；透——具孔眼互通之畅。阴英石（藏于土中者为阴），多以"漏、透"居多，阳英石（露于地表者为阳）则多以"皱、瘦"居多。大凡形之佳美为珍品者，皆兼具这四要素，且四面耐看。珍品之往下顺次为精品、合格品。这种神奇的审美特征，与相当一段历史时期中国传统文化中追求自然、空灵、飘逸的审美倾向不谋而合。英石能传世不衰，首先在于它形状的奇特和怪异并与民族审美情趣相吻合。

英石之奇在于色。色，色泽也。英石的颜色多为灰黑色、青灰色，独具个性，这些色泽的最大特征是不管日晒雨淋，其始终能保持清新、鲜亮的形象，能给人以不俗之感。无论大件者置于公园或小件者摆于几案，都能独立成景，熠熠生辉，十分抢眼和耐看。不像有的石种那样，经不起日晒雨淋，极易变得陈旧、黯淡，不彰显。据国家《关于批准对英石实施地理标志产品保护的公告》载，英石"颜色有黑、灰黑、青灰、浅绿、红、白、黄等，纯黑色为佳品，红色、彩色为稀有品，石筋分布均匀、色泽清润者为上品"。宋代大诗人陆游在《老学庵笔记》中也写道："英州石山，自城中入钟山，涉锦溪，至灵泉，乃出石处，有数家专以取石为生。其佳者质温润苍翠，叩之声如金玉。"由此可见，上好之英石，在于其颜色之稀有、质地之温润、声音之清脆。

英石之奇在于独。独者，独特、独一无二是也。玩石，贵在天然，贵在独特。英石中大都一石成景，无须也不可加工，所以英石的开采都十分讲究，须很小心，以确保其独特的原貌，不得有任何破损。由于每一块英石的独特性、不可复制和不可替代性，因而倍显珍贵。大凡个性彰显、独一无二的东西都有它独特的社会价值，黑格尔说的"这一个"，用在英石上，亦是相通的，因为一块英石就是一个世界。笔者藏有一块名为"国宝"的微型英石，从形态上看酷似站立的熊猫，色泽纹理亦清亮，因为独特，故十分珍爱。"自成天然之趣，不烦人事之工"，正是对英石独特魅力的最好写照。

英石之奇在于神。神者，神韵、内涵也。即人们赋予石头丰富的想象和深刻的内涵从而使石头"开口说话"的种种意蕴。千奇百怪的英石，三分靠象形，七分靠想象。正如"一千个读者，就有一千个哈姆雷特"一样，对于英石的解读，由于所受教育、生活背景和审美情趣等的不同，常有见仁见智之争，见山见水之异。即便同一个人对于同一块英石，从不同的角度观赏内涵也决然不同，往往有"横看成岭侧成峰"之妙。一块命名为"老牛吃草"的英石，倒置过来观赏，则成了"千帆竞渡"的意象，意境旋即迥异，由一曲悠然的乡村牧歌变成一幅充满动感的海上风景画。别小看这简单的

阳英石"象鼻山"（又名"'山'外有'山'"）

一"倒"，它需要英石爱好者广博的知识、开阔的胸襟和超然的心悟。一块命名为"象鼻山"的阳英石，可笔者看到的却是"'山'外有'山'"的境界——左边一个稍微倾斜的象形"山"字，顶上还有一个象形"山"字，"山外有山"，告诫自己时刻不自满，一生需谦恭，似乎比纯粹的"象鼻山"意蕴要深远得多。

英德市迎宾馆大堂有一块名为"铠甲战士"的奇特英石，可笔者无论怎么看，都更像"东洋少女"。石虽无言，但风情万种，无怪乎陆游叹曰："花能解语还多事，石不能言最可人。"是的，人贵有品格，石而亦通之。是故石格如人格，品石如品人，爱石如爱人。玩石与单纯的玩是两码事，与玩物丧志更是相去十万八千里，是故贾平凹说："玩石头却绝不丧志。"中国风景园林学会花卉盆景赏石分会副理事长贾祥云说得更透彻，其认为："追求自然美是赏石的真谛，追求意境是赏石的至极，从石头上读到诗，从石头中看到画，从石头中聆听音乐，从石头中体悟自然的奥妙，从石头中体悟宇宙的玄机，从石头中体悟人生的哲理，天人合一，返璞归真，人石合一，方为真谛。"

而今，英石已成为中国一个重要的文化符号，正为世人所推崇。据载，美国马萨诸塞州、澳大利亚新南威尔士州"谊园"、日本神户国际和平石雕公园等都有作为和平友好的使者——英石的身影。

英石，作为一种历史悠久的石文化，在新的时代，必将更加彰显其神奇的魅力！

（本文发表在《广东外语外贸大学校报》，作者是广东外语外贸大学高级翻译学院党委书记。）

英石文化可持续发展的基本思路与对策

◎ 高云坚

英石文化作为中华石文化的一种独特的文化现象，从宋朝始至今已有一千多年的历史。在这一历史长河中，英石因具有极高的观赏性和收藏性，曾被列为皇家贡品，公认为全国的四大名石之一，更有不少文人墨客诸如苏轼、米芾、杨万里等为之疯狂，留下了诸多佳作佳话。英石文化以其兼具"形"（形态美）、"色"（色泽佳）、"独"（独一无二）、"神"（出神入化）的自然神韵和"天成""嶙峋""古拙""灵动""融通"的审美倾向一直为世人所推崇。改革开放后，英石文化迎来了新的春天，英石文化的活力、张力再度彰显，发展之迅猛超乎人们的想象，前后五年间，出现了长达20多公里的英石长廊，出现了好几个以采集英石为业的暴富村，出现了好几个以英石为鉴赏和交易的大老板，出现了英德茶园路英石文化一条街等。不久，英德奇石协会成立了，英石文化节办了起来。这是好事情，然而，我们也必须注意到，"英石热"背后出现的不容忽视的问题。也就是说，随着"英石热"的不断升温，英石文化可持续发展问题逐渐被人们所关注，它提醒和告诫人们，必须用冷静和理性的视角去探寻英石文化可持续发展的思路与对策，只有这样，英石文化的传承与发展才是持久的、充满生机和活力的。

一、英石文化可持续发展面临的主要问题

1.思维的滞后性

至今仍有不少人认为，文化是"软"的，经济才是"硬"的，因此，在指导思想上仍然是把招商引资、发展经济放在第一位。殊不知，文化的"软实力"在某些时候胜过经济的"硬实力"，而且，两者实际上并不矛盾，关键是我们的领导不能一手软，一手硬，不能重经济、轻文化。所幸的是，现任的英德市领导班子，对传承与弘扬英石文化高度重视，大胆地把"英石牌"亮出来，大力支持兴建中华英石园、中华英石博物馆，举全市之力办中国英石文化节等。笔者认为，发展经济固然是硬道理，发展英石文化同样也是硬道理，只有在观念上、认识上转变了，英石文化可持续发展才能从根本上得到保障。

2. 开采的无序性

英石的宗源在英德北起冬瓜铺、南至望埠莲塘的英山，方圆140公里。仅望埠、沙口两镇，预计就有一两万人从事英石开采、经营活动。目前，由于管理上的相对宽松性，导致了英石开采的无序性。主要表现在：一是有无英石开采资质的人均可以开采；二是只要有英石的地方都可以涉足；三是对英石本身缺乏必要的保护导致缺损而使英石成为废品；四是因开采不当对生态的破坏，等等；这种无序性如果任其蔓延下去，后果将不堪设想。

3. 推介的无常性

英石文化的可持续发展有赖于其传播途径的有效性和稳定性。我们注意到，英德有关部门为了推广英石文化做了大量工作，包括前面已举办过三届英石文化节，取得了很好的效果。但这些举措因种种原因未能作为一种制度长期坚持下去，有虎头蛇尾之嫌，外界很难通过有效渠道认识英石，了解英石文化，更遑论传播英石文化。

4. 流通的分散性

英德虽形成了长达20多公里的英石长廊景观，进驻了近百家的英石文化经营者，但就英石的流通层面，几乎仍停留在单打独斗的个体经营状态，政府的主导作用，"搭台意识"仍未完全建立起来。因此，很难形成经营上的"规模效应"。

5. 鉴赏的缺失性

英石文化的核心在于它的观赏性。现在的情况是，石头是挖出来了，摆出来了，但真正懂得鉴赏的人不多，指导性的书籍更缺，鉴赏的浓郁氛围还未真正形成。

二、英石文化可持续发展的基本思路

英石文化有过它辉煌的历史，在新的历史条件下，如何将之发扬光大，是摆在英石文化建设者面前的一项崭新课题。笔者认为，要做到这一点，必须努力做到三个"坚持"。

1.坚持从严保护与适度开发相结合的原则

英石资源属于有限资源，相对集中在方圆140公里的英山山脉，这些有限资源如不加以保护而过度开发，既不利于英石文化的经久传承，也不利于自然环境的有效保护，其负面效应是可想而知的。国家质量监督检验检疫总局2006年下发了《关于批准对英石实施地理标志产品保护的公告》（2006年第68号），虽然明确了英石为地标性保护产品，也对英石开采作出了明确的、专业的要求，但并未对如何做到从严保护、如何做到适度开发提出指导性意见，这项工作留给了地方政府去发挥作用。为此，我想，作为英德市相关部门应该尽快出台相应的保护与开发措施，使这项工作走上制度化、规范化的轨道。

2.坚持市场交易与文化鉴赏相结合的原则

英石，作为地标性产品，既是商品元素，更是文化元素。我们在鼓励进行商品交易的同时，更要充分发掘英石的文化元素，提高英石文化的鉴赏品位。通过交易品文化，通过文化促交易。

3.坚持精品策略与大众推广相结合原则

英石文化的可持续发展，必须走精品与大众产品相结合之路，精品文化最能凸显英石文化的特点，因此由政府出资建英石博物馆，将英石历史陈列、将历代英石精品和当代精品作为镇馆之宝供世人观赏实乃明智之举。我们甚至还可辟出私人展厅，广罗和展示民间收藏英石之精品。我们要让石友来到英德流连忘返，归根结底，要靠精品的魅力，精品一律只供观赏不予出售。精品策略等于牵住了石友的神经。当然，大众化产品也是需要的，是满足各类石友玩赏需要不可或缺的，应大力扶持和开发。

三、英石文化可持续发展的主要对策

1. 制定英石保护的严格措施

经探测，英德市计有优质石灰石山储量在625亿吨以上，可见能作园林、几案和盆景之用的英石材料是相当丰富的，《奇石大观》的作者刘清涌教授考察英石资源后认为："全国四大园林名石各有优势，而英石的综合实力排第一。"虽说如此，英石资源毕竟属于不可再生资源，因此，严格加以保护实属必要和重要。第一，政府要设立专门机构，专司英山和英石开采的管理，代表政府对英山和英石开采行使管理权、宏观指导与协调权；第二，划定保护和开采范围，出台相应保护和开采措施，对于未开放区采取最严厉的措施加以保护，对于开放区由政府加强指导，以做到开采的计划性和有序性；第三，对采石人员进行必要的培训，以避免采石方法的不当伤及英石，因为英石观赏贵在天然；第四，坚持英石认证制度，加强英石的身份管理。

2. 提升当地百姓的人文素养

英石文化传承的关键是人，人的人文素质的高低将直接影响英石文化的可持续发展。因此，首先是英石文化的推广显得十分迫切，老百姓对英石文化的了解、认同十分重要，否则，就有可能出现"文化断层"的现象，也就是说，很可能会出现父辈热爱英石文化，而子辈却一点也没有兴趣，甚至一无所知的尴尬局面。多年来，原英德市文化广电新闻出版局局长、英德市奇石协会原会长赖展将先生为宣传英石文化、提高英石文化鉴赏水平付出了艰辛的劳动，作出了突出的贡献，是一位名副其实的英石文化传播者，他先后出版了《英石》《中国英德石》等书，主持或参与《英石志》、大型精装画册《中国英石传世收藏名录》等的编撰工作，对英石的起源、开发、利用、保护等作了详尽的介绍，内容丰富、生动，对深入研究和传播英石文化发挥了重要作用。

3. 建树英石源地的品牌形象

英石，宗在英德，源在望埠，中华英石园建在英德望埠，是对"宗"和"源"

的充分尊重。这还不够，重要的是要让石友们知道，买正宗英石到英德到望埠。如上所述，品牌战略对于文化推广十分重要。现在市场上买的正宗清远鸡脚上都是带个铁圈圈的，俗名叫"鸡身份证"，证明这个鸡产在清远，是"正宗的清远鸡"，人们买得放心，吃得放心。石跟鸡虽然不同，就文化层面而言道理却是一样的。因此，笔者认为，已经着手推行的英石认证制度一定要坚持下去，拿出一套切实可行的办法，认证制度最好能前置在源头上，一石一证，交易时证随石走，永远相伴，相当于给英石做了个独一无二的"身份证"，这个"身份证"就是品牌的标识。此外，1997年11月，英德市望埠镇获广东省文化厅批准授予"广东省民俗民间艺术（英石艺术）之乡"称号；2005年11月，英德获中国收藏家协会批准为"中国英石之乡"称号；2006年5月，"英石假山盆景传统工艺"项目又被列入第一批省级非物质文化遗产代表作名录。这些身份特征，都应该在建树品牌形象的一揽子工程中让它绽放光芒。

4.构筑英石交流的一流平台

英石文化的可持续发展，一方面要立足英德，另一方面还要面向全国，走向世界。英石文化，要有本土意识，中国情怀和世界眼光。英德市应将英石文化建设纳入全市文化建设的重要内容加以审视和规划，中国英德英石文化节一定要定期举办，要制度化，而且要越办越有特色，越办越凸显文化味，要逐步引导和推动英石文化由单一普及型向普及型与研究型并重转化；我们还建议多举办英石实地鉴赏会、英石拍卖会、英石石友联谊会、英石文化论坛、英石杂志出版等等；还可以借助便利的网络条件，开辟英石专网，举办网上英石鉴赏会、网上英石市场；有条件时还可以搞英石全国巡展、英石世界巡展，等。总之，全市上下要有信心把英德打造成英石文化交流的一流平台，使英德成为英石文化最强大的引擎和孵化器，使英石文化在可持续状态下得以弘扬与发展，使英德无愧于"中国英石之乡"的称号。

参考文献：

1. 赖展将，《英石》，广东人民出版社，1997.7

2. 赖展将，《英石史话》，英德市人民政府网站，http：//www.yingde.gov.cn/info/1260

（作者简介见第 68 页）

梁园景石、佛山附石盆景与英石

◎ 陈志杰

英石早在宋代开始就名满天下，清代又与太湖、灵璧和黄蜡一起并称四大园林名石，更与太湖、黄蜡和昆石并称全国四大名石。无论从哪个角度看，英石蕴藏的文化艺术内涵和艺术观赏价值，都在历代上流社会和文化艺术名人中备受推崇。明清以来，这种优秀的华夏石文化及传统的赏石文化理念，越来越受国人看重而得以广为传承。

佛山古镇在明清时期已崛起为手工业生产规模宏大的全国四大名镇之一，以海内外贸易中心市场著称的国内东南西北四聚之一，成为南海海上丝绸之路口岸上的重要商品集散地。佛山位居广府文化的核心地域，经济发达、人文荟萃。长期以来，广府文化的聚族而居、宗庙崇祀等独具一格的民间习俗，导致了古镇祠庙庄园、府第园林遍布镇内外，而且随着经济的发展和财富的积累，私家园林日渐增多。与英德奇石关系密切的传统文人园林和盆景艺术，越来越成为当地富商巨贾，尤其是文化艺术界的时尚追求。

一、古镇特色的宅园文化及其提升

宅园是地域经济高度发达以致财富积聚的产物，建园耗资巨大，非有充裕财力的支持，宅园的建设不可能兴盛。明清时期，佛山一隅，手工业生产和海内外贸易繁荣兴旺，明末清初以来更成为岭南繁华巨镇，人口达四五十万之众。据陈徽言《南越游记》记载，此时佛山"夹岸楼阁参差，绵亘数十里，南中富饶之区，无逾此者"。而此时的城镇建设面貌，则因此而带有当地的特色，其中的两种现象就颇为突出，为他处所少见。一是镇内祠堂众多，而且遍布各姓家族的聚居地，成为其庄宅区的主要组成部分；二是家族庄园为数不少，而且各式各样的私家园林错落其间，争奇斗妍，以显示其财势地位。据文献记载及文物普查资料的不完全统计，城镇内较大的家族庄园，至少先后有五十座以上，不仅在城镇之内星罗棋布，周边近郊的开阔地带亦不少。

这种独具特色的宅园文化源于广府聚族而居、祠宅连片习俗，随着经济的繁荣和财富的充盈而提升至更高的层次。古镇的大量史实说明，这种宅园文化的形成、发展和延续，曾经历了由封闭式庭园到私家花园，乃至大型庄园、文人园林的发展历程，是富商巨贾、豪门故吏追求理想家居环境的普遍取向，逐渐成为古镇社会，尤其是上流社会的一种争相效尤的时尚。由此又使古镇风貌呈现出新的渐变，在古老城镇的街道里巷之中，开始出现绿树繁花、楼阁掩映的新景象，使这一岭南经济重镇在热闹繁华之外，平添了许多诱人的文化魅力。

古镇的宅园文化具独特的个性和鲜明地方特色，私家宅园不仅有家族的祠堂和规整的住宅群、具地方风格的园林建筑及其连接组合，并配置有多种变化的庭园空间，以及具当地水乡特征的水面处理、岭南佳果花木的运用等。而其中一些突出的文人园林，则是在传统古典造园艺术和奇石文化的传承中，明显带有文化艺术内涵丰厚、对英德奇石的深厚情结、广府文化的地方特色，以及珠江三角洲的水乡田园风情。

晚清时古镇最具文人园林特征的宅园就是佛山梁园，而梁园正是"岭南庭园"中兼具私家园林和文人园林特征的典型代表。清嘉庆、道光年间，由岭南著名书画家梁蔼如及梁九章、梁九华、梁九图等叔侄四人所精心营造的私家园林，规模宏大，由十二石斋、群星草堂、汾江草庐、寒香馆等四组园林群体组成，原占地两百余亩，被誉为粤中四大名园之首。四组园林群体各具特色，尤为突出的是其独具一格的造园艺术理念，是园主人在深厚文化艺术修养的基础上，由于对传统石文化的偏爱，以致在造园组景过程中得以淋漓尽致的展现，突出地体现了文人园林特殊个性和丰厚的文化艺术内涵。梁九章、梁九华、梁九图等三位园主人均受我国传统赏石文化影响甚深，个个癖石如痴，对传统的四大名石尤其是广东英石、黄蜡石等情有独钟，视奇峰异石的设置与组合为造园必不可少的重要手段。例如梁九华"群星草堂"的"石庭"的组景意念，就受到了苏东坡极为推崇的"壶中九华"奇石的启发，在庭园中通过园路围绕石庭中的各款太湖、灵璧奇石，以及精选英德奇石所展示的峰峦叠嶂、岩壑磴道等九华山奇观的写意再现，以中央的壶亭来点题，与苏东坡所咏"壶中九华"的意境隐隐相合。

特别应该指出的是，十二石斋群体的创始人梁九图，既以诗书画皆能著称，而秉性则又如"米颠"般癖石如痴，将其所珍爱的十二块形态各异的黄蜡石，配以星岩石盆，首创佛山别具一格的石山盆景，支承于相应的石台几，并采用规矩布列于石庭的庭园布局形式，自谓："峰峦陂塘、溪涧瀑布、竣坂峭壁、岩壑磴道诸体，悉备览于庭，则湖山胜概，毕在目前"，在岭南庭园中独树一帜，久负盛名。进而在营建"汾江草庐"群体过程中更另辟蹊径，以大型开阔空间的构思理念，开创了岭南水网池沼地带大面积造园，尤其是大量使用英德景石的先例。以传统山水画中峰峦岩壑的构图和意境，或取名山大川之精华，以独到的艺术眼光，精选太湖、灵璧、英德等大小成形独石，大者置于庭园或房前屋后以至湖水之中，与建筑物及湖池组成幽雅别致的园林景观。其英德景石的运用手段独具匠心：首先是重点区域的造景，在中心景区或重点景区的视线交汇点，设置大型英德景石独石为景观主体，以作为该景区的聚焦点。例如"湖心石"、西门大型障景石屏、正门障景石屏等。其次是在造园组景过程中，尤其注重英德景石的群体组合运用。例如石舫一带以"石滩"构思的"水石庭"、湖畔不规则的乱石驳岸、高低水面之间的大型英石坝，以致湖畔东侧的叠石"瀑布石岩"所营造的"山庭"等。再者是刻意在房前屋后的关键部位，设置英德独立或组合景石，作为对主体景观的对景。其中既有写意式的峰峦山涧，又备岩壑磴道诸体，其创意即如其所说的："湖山胜概毕在目前，省登蹀之劳，极游邀之趣。"梁氏兄弟对传统赏石文化的推崇及其造园实践的文人情趣，从有"汾江先生"之称的梁九图诗句，"垂老兄弟同癖石，忘年叔侄互裁诗"

中可见一斑。以致梁九图的两组园林之内，英石的各种奇峰异石多达数百块，遂有"积石比书多"的美誉。而对小型的英德景石、奇石，则另有创意，将其置于星岩石盆及几座中独立成景。将大自然奇峰异石的微缩景观引入盆景艺术中，独石成形，一石成景，其构思清新脱俗，深受岭南文化艺术界的推崇，因而梁园遂得以石而名。"十二石斋"更以石山盆景誉满岭南。

如上所述，笔者认为可以这样说，佛山梁园不仅是"岭南庭园"中文人园林造园艺术的典型范例，而且又是大量运用英德景观英石造园的成功范例。

入清以来，随着佛山经济的高度发展，岭南工商业都会的繁荣兴旺，人文荟萃，文风日盛，在岭南名重一时的文人雅士，当地先后就有程可则、庞上梓、汪后来、吴荣光、骆秉章、张荫桓、招宝莲等，以及其后岭南画派创始人之一的居巢及其后辈黄少强等。而各地的书画名家、骚人墨客亦纷至沓来，其中不乏出类拔萃的大家。他们当中有侨居者，如岭南著名书画家顺德籍的黎二樵、苏仁山，近代岭南派盆景三家之一的素仁和尚等；有定居者，如书画家梁蔼如、梁九图的得意门生咸丰探花、书法家李文田举家从顺德迁居佛山。而番禺张维屏、陈澧、陈璞，香山（今中山）黄培芳、鲍俊，新会罗天池等亦先后到过佛山。而且这些文人雅士多聚于梁园，以文会友，品石论景赋诗作画，除了品评和流连于如诗如画的景致外，对当地艺术盆景的勃兴，亦起到了颇大的推动作用。

二、岭南盆景艺术突破的灵感

盆景艺术作为中国传统造型艺术的一个特殊的门类，被人们赞美为"立体的绘画""无言的诗歌"，咫尺之间，天工巧夺，展示出作者高超的技巧和艺术素养，以山林古木之情，峰峦沟壑之意，集中体现人们独特的审美情趣和思想感情，更有令人赏心悦目、怡情养性之效，可说是一种局部园艺景致的提炼和微缩。以今天盆景艺术的成就及其所达到艺术境界，是千百年来无数盆景艺术家不断发展和创新的结果。富于浓厚地方特色的岭南派盆景艺术，其风格的创立、发展以至形成自身的体系和特点，亦无不凝聚着岭南历代盆景艺术家的智慧和心血，尤其是英德奇石匠心独运的妙用。

明清时期，佛山经济发达，社会富足，人文鼎盛，各种具地方特色的民间艺术得以蓬勃发展，在盆景艺术的传承发展与创新上，具备了深厚的物质和文化底蕴，是岭南派盆景艺术孕育、发展的沃土之一，在岭南盆景艺术发展史上占有重要的地位。其盆景艺术地方特色的形成和发展，既有广府文化传统的传承关系，亦与英德奇石的运用密切相关。明中叶以来，随着各种为神诞赛会、婚嫁寿筵喜庆习俗服务的民间工艺行业兴旺发达，一种供排场摆设的人物及吉祥图案造型盆景遂应运而生。其中的造型树桩盆景就是一种别出心裁的形式，多以罗汉松、九里香等树种，培植、剪裁加工成高大威风的"守门大将"以及"福禄寿"等吉祥图案字形，既能为神诞祭祀活动增添气氛，亦可供众人观赏而大受青睐，乃至培植制作此类盆景、花卉的园圃居然成行成市。造型盆景制作数百年长盛不衰的事实说明，佛山人早就对盆景艺术的栽培与欣赏情有独钟，并使之与艺术盆景相互促进，交相辉映。

艺术盆景的勃兴与古镇上流社会与文人雅士休闲观赏之风关系密切，佛山商贾丛集，官绅望族亦不少，他们对追求高雅园林、盆景艺术的欣赏雅好，日渐成为时尚。他们不仅"饰其祠室以自榜"，厅堂居室的装修陈设豪华考究，而且为追求幽雅的园林美景，大多在宅内建有花园假山，栽花植树，叠石浚池，以此阶层的风尚，似乎无花园不成府第。例如富商刘、阮两姓的庄宅"刘阮庄"内，曾置有数千平方米的大花园，仅养花工人就有二十多个，园中所培植的两盆银杏，每盆价值白银五十两。由此，又导致古镇盆景艺术的一度繁荣，亦刺激了当地陶都石湾的艺术盆生产。由于陶胎盆在树桩盆景栽培上的特殊功效，各种造型和釉色的艺术盆类需求量大增，遂形成专门生产艺术盆类的一大行业，其专为艺术盆景生产的盆景盆，在广州、佛山、珠江三角洲，乃至港澳地区广为流行，如鼓钉盆、方盆、圆盆、长方盆、海棠盆、高筒等，均为岭南盆艺家们所喜用。此外，由于当地庭园英石假山、石山盆景的广泛流行，用于石山上的亭台水榭、茅寮、小船、渔樵耕读人物等微型陶塑制品的需求量日增，陶业的古玩行中，遂形成了专门制作此类小件的"山公"行业，以不断满足社会的需求。这些经济上物质上得天独厚的优越条件，反过来又进一步促使艺术盆景更为普及，并向更高层次发展。

古镇传统的盆景艺术的突破与提升，与梁园的造园艺术的引领关系极为密切。梁蔼如、梁九图等叔侄四人以其绘画艺术上的素养，不仅创建了岭南独具特色的一代名园，而且还开创了岭南以巧布奇峰异石为特征的写意式庭园；而"十二石斋"石庭的石山盆景艺术，也开创了古镇石山盆景的先河，赋予英石在盆景艺术上的新灵感。随着书画艺术界文人雅士的介入，此后佛山的盆景艺术进入了一个艺术创作层面更多样化的新阶段，逐渐形成了石山盆景一整套选石取型的理论和鲜明的艺术特色。首先，在石材的选择上不拘一格，种类包括黄蜡、英石、太湖、灵璧、钟乳、砂积、珊瑚、树化石等三十多种。在取型上力求石山景观的画意与新颖奇特，形态特点讲究瘦、皱、漏、透的传统美学标准，以期达到写实或写意地展现大自然山石的传统山水画艺术形象。佛山人石材的选用，就以当地就近的英石为多，于是一时间，造型适合的小型英石便洛阳纸贵。在取型标准则因石而异，追求不经人工雕镂而一石成型、独石成景的特殊而又天然的效果，以难得或罕见制胜，其中有峰峦峭壁、异石奇石及象形石等多种类型。相传"十二石斋"黄蜡石"千多窿"即为其典型代表。在设置形式上，既有室外的大型竖石、卧石，也有室内的小型配座石和盆石等多种，大小各适其式，形状千姿百态。由此，石山盆景或独立景石，遂在当地得以日益兴盛，故家巨族、书香门第争相效尤，以至石艺盆艺名家辈出。清末民初，其代表人物就是梁园梁氏的后人梁允恭（字冠澄），他将群星草堂园林中的树桩、英石石山盆景发展至数百盆之多，为一时之盛事。

新中国成立后佛山出现的附石盆景，无疑是石山盆景的一个发展和创新。附石盆景实际上是石山盆景与小型树桩盆景的有机组合，不仅使石山盆景更接近大自然的真实，使之更为充实，生机勃勃。而且还表现了作者所隐喻的不屈不挠、奋发向上的精神，是对盆景艺术真谛的一种新的认知和理解。显然，这正是具特定内涵的英德景石与比例相称树桩的完美组合，无疑也是英德景石赋予的新灵感。有岭南派三家之称的叶恩普先生的作品，就是其中最具代表性者，其附石造型以小巧清秀著称，树石比例恰到好处，选石及造型手法，除汲取了历代山水名画的意境及《芥子园画谱》中树石造型的多种手法外，还根据岭南树石的特点，既取法自然，又大胆创新，以至其作品意境清雅脱俗，虽小巧却耐看，且令人回味无穷。叶老还与孔泰初、素仁、名画家骆介夫、叶少弼、文大肃、麦浪、黄志夫等岭南盆景艺术家一起，组成了名为"玄社"的盆景会社，在佛山东华里的"杨星桓书舍"展示各自的盆景作品，通过相互的切磋交流，促进造型技艺的提高，其在岭南盆景艺术发展与创新上的贡献，世人均有目共睹。时移世易，在改革开放的今天，这种创新的优良传统更得以发扬光大，佛山杨锡祐先生所精心创作的福建茶附石作品"涌云"，获得了1989年第二届全国盆景评比展的金奖，就是这种创新精神的最高肯定。

佛山盆景艺术的发展和创新重要的特点，是向艺术境界更高的层次发展，艺术品位不断提高，赋予石山盆景造型以更丰富的艺术内涵，从而奠定了这一艺术流派发展提高的坚实基础。不少作者还在多个层面上进行了富创新性的研究和探索。颇为突出者，如李广先生以挂盆挂石创作的《菖蒲寿石图》挂幅，造型新颖，不落俗套，亦是一种对英石利用颇有特色的出新尝试。这些有益的探索和实践，不仅得到了海内外盆艺界的肯定和好评，而且对目前岭南盆景艺术的发展和创新，产生了较深的影响。在1989年第二届全国盆景评比展览中，佛山的参展作品，就曾荣获一等、二等、三等及优秀奖等多个奖项。

由此可见，英德的景石英石，不仅在佛山梁园乃至粤中四大名园的造园组景、文化内涵的丰富充实方面，而且还在佛山盆景造型艺术发展创新、艺术品位的提升等方面发挥着至关重要的作用。佛山古镇的大量史实说明，文化艺术内涵多姿多彩的英石，具备多种使用功能的适应性，是英德不可多得的宝贵资源。

佛山古镇上流社会历来对传统的赏石文化推崇备至，基于传统赏石"瘦、皱、漏、透"以及诗、画意的传统审美观，尤其是对英石、黄蜡石情有独钟。以致营造了以英石奇峰异石设置与组合为主要手段的一代名园梁园，誉满岭南；而且还由于对英石的特殊偏爱，在石山盆景国画写意式"峰峦叠嶂""悬崖岩壑""云头乳脚""檀香格"组合等造型而引申的创新灵感中，开创了附石盆景发展的新天地，为盆景造型艺术的创新发展创出一条新路子。

综上所述，英石，对于岭南传统造园艺术和盆景造型艺术而言，可说是一种艺术美的共同载体，只不过是整体真实景观与局部微缩景观的差异而已。作为一种千余年备受国人推崇的传统艺术观赏美，既可有人为的庭园景观、又可塑造为盆景微缩景观等多种表现形式，充分说明其艺术表现力的多样化适应性，尤其在21世纪的现代社会，其利用价值是不可估量的。佛山附石盆景开发创新的成功经验，就是一个很有说服力的例证。因而，如何适应当今社会人群的时尚需求，使之能满足人们更高的欣赏水平和审美情趣，就需要方方面面的共同努力，发挥人类的聪明才智，进一步发掘英石艺术美的潜能，探索英石利用创新之路。展拓英石全新的美好前景，正是国人尤其英德人共同要面对和探索实践的重要课题。

（作者是佛山市奇石协会名誉会长、梁园馆馆长、文博副研究员）

中华奇石文化民族形式初探

◎ 覃守胜

  奇石，作为一种天然物品，本是不存在什么民族形式的，但把它作为一种文化载体就产生了民族形式的问题了。要繁荣奇石文化，不研究奇石文化的民族表现形式，不注意民族文化的审美习惯，其结果不言而喻。从这点说，对中华奇石文化的民族表现形式进行探讨是非常必要的。

  那么，中华奇石文化的民族表现形式应从哪些方面去探讨？笔者认为应从我国人民长期形成的审美习惯、审美理念和心理状态方面去深入发掘，其基本核心包括由历史的沿袭或选择而产生的观念，是人类活动的产物，包含人类群体的一切物质文明精神文化和社会关系。当把目光投向我们的历史源头时，会惊奇地发现在邈远而漫长的历史中，自然形成的奇石文化吸附了人类各种文化动机与行为，它携带着初民们对自然社会和自身认识的痕迹，从根本上带动了人类文化的前进。

  在中国古代，原始社会图腾时代出现了色与线的抽象符号，鱼纹、波浪纹、螺旋纹等，并逐渐将形式变化为图案化了。早期多为鱼蛙及各种动植物，他们将其中一种视作本族的祖先，当作神灵一样而加以崇拜，现在我们沿着这些图案或符号的形成过程追溯过去，就会觉得几乎每一个点和线就像奇石所呈现的纹理一样，反映出它不可言说的观念、想象。

  在人类的早期，因不懂得天下万物成长、消亡之理，加之自身力量微弱，自然觉得天地间的日月星辰，山川江海及各种周围一切之物往往有能力决定自己命运的神奇力量。于是各地的原始部落几乎都产生过万物有灵的观念，奇石自然被赋予各种观念而受到崇拜。但由于世界之大和自然条件的差异，各族群有其不同的生存环境和独特的历史过程，又出现了不同的文化传统。

中国文化传统的一个突出表现就是政教相分离，至汉武帝以后在长达两千年的时间内，又一直以儒家学说为社会的主流思潮，其间虽然一度宗教信仰非常发达，亦只占次要地位。在这样的文化背景下，奇石文化主要受儒、道、释三家观念的影响。从表面看，它们虽然都各成一派，但有一点却是相同的，那就是崇尚大自然，认为"自然是美的，美在自然"的自然观。

一是儒家的基本思想，强调人对自然物的美感与道德感的联系，既要"尽美"，又要"尽善"（孔子《论语·八佾》），反映了自然物的美感是可以通向道德感的。二是道家的美学思想，最早是以"和"为标准，即由天地阴阳变化所形成的美感高于任何人工制作所产生的美。不仅提出美的产生和存在不能脱离人所生活的自然界，而且充分肯定了大自然的"和"与人类精神的"和"的一致性。庄子标举的"天籁"几乎成为美学最高境界的代称。所谓"无听之以耳听之以心""以神遇而不以自视"等，都是要在"忘我"的状态下融入宇宙大化之中去寻求"天地大美"，体现自然大道。三是释家"心生万法""安闲恬静""虚融淡薄""空且静""重天缘"的思想，是人们从另一方面感悟人生的虚幻，命运的无常，从而激起了一种对人生的眷恋与执着，要超越这虚幻与无常而达到一种心灵上的平静与解脱。

显而易见，在人们心目中，一切好的事物都是美的，美是人们对事物的一种感觉，属于意识形态。由于人们所处的环境、地位的不同，对美的认识也是千差万别的。严格说来，对于奇石的美，至今并没有一个公认的统一标准。那么，世界上是否有绝对的美呢？"绝对的美的规范，照我看来是不存在的，也没有存在的理由……人类的关于美的理解是和历史发展过程的步调一起的，无疑地在变化着的。"（普列汉诺夫）这对我们探讨奇石文化的发展变化是有积极意义的。

我们喜爱奇石，源于对自然美的本质认识。虽然每个人的审美情趣都有差别，欣赏的出发点和角度也各有不同。但就奇石文化的美的表现形式的美学价值观来看，"奇"却是共识，但离不开"真"，"奇"也不是离奇，而是意料之外的"奇"。奇石文化的表现形式既体现了个性的自由意志，又在群体中建立了一种平等理想境界与博爱精神——人的生命精神与生命活力的表达。一方面，奇石文化在现实的基础上进行审美传递；另一方面，奇石文化在时间流程中演进，同时有打断了自然时序的顺向流程，其本质形式应当是现实与审美的统一。

从奇石的根源来看，是客观自然界，是自然物本身，但从它的表现形式来看，又是自然物与社会物的统一。我们不能任意地创造出奇石，任意地用主观情趣来解释它，或者单纯用社会性来解释它，真正灵巧优美的奇石不是雕饰，而是自然天成、巧夺天工，甚至是鬼斧神工的。自然科学依靠推理演绎而求出未知数，奇石文化则仰赖联想、想象去获得美的启迪而进入一种美的精神境界，尤其是造型中的英石。

研究中华奇石文化的表现形式，除了研究人们的审美习惯外，很重的一点，是不能不去研究中国的诗词、书法、绘画，不研究，就不能完整地理解中华奇石文化的表现形式。因为命题是中华奇石文化中人合于天的具体体现，是中华奇石文化表现形式的一个重要因素。虽然奇石表面并没有直接或明显的寓意，主要是以对自然美的揭示，给人以崇高情操的陶冶。如果缺少一个用诗的简洁言语的命题，过于直露、浅显、像啥就叫啥，那就会大煞风景，更谈不上什么深远意境可言。当然，不能为形式而形式，而是要通过富有民族特色的表现形式去反映表现时代的内容。

诚然，我们探讨中华奇石的民族表现形式，也不是排斥拒绝外国的好的表现方法，不但不排斥，还应取其精华为我所用。因为中华奇石的民族表现形式也是不断发展变化的，都有一个从普及到提高，由不完善到完善的发展过程，就是不同民族对奇石的欣赏习惯，也不是一成不变的，也会随着国际文化的交流，不习惯的可以成为习惯，而长期习惯的东西也会成为不习惯的，我们探讨的目的只有一个，就是让世人从无意之石中看到有意的人生，从无情之石中引出有情的人生。只要中华奇石被我国人所喜爱，就证明它具有中华民族特色。广而言之，作为中国四大名石之一的英石，其民族符号是显而易见的，中华奇石的民族特色，在世界奇石中就是中国的赏石风格，也就是中华奇石文化的民族形式了。

英石特色特在何处

◎ 廖晋雄

　　广东省英德市的英石，是中国的四大园林名石之一，早已誉满海内外。人们都纷纷赞美英石的奇美特色。那么，英石特色特在何处呢？我搞了30年奇石研究，很荣幸在1996年12月参加了首届"广东英石展销会"，并在英石艺术研讨会上发表了《论英石》的专题学术报告。时隔十多年后的今天，承蒙"中国英德英石文化节组委会"的厚爱，受邀请参加今天2010年12月的"中国英德英石文化论坛"活动。这次我向大家汇报的是，谈谈自己对英石特色特在何处的认识。

　　英石特色特在何处？

　　英石特色特在何处之一是"以石为名"。有人称英德的地名由来即来自英石之名。《辞海》解释"英"字时，称之为"花"一样的美丽，英石绚丽多姿，不就是像灿烂的石花吗？以美丽的"花"作县名，不就是表明这个地方很漂亮吗？以石作为县、州、府之名的英德，是广东省内陆面积最大的县级行政区域，在5671平方公里内储存英石资源竟达625亿吨以上，可谓分布广泛，资源丰富，极为罕见。英德之地，在汉代汉武帝元鼎六年（111年）便设立了县的建制，当时英德境内同时设立了浈阳和含洭两个县，到了五代南汉乾和五年（947年），浈阳县改为州的建制时，以浈阳县东部的英山盛产的英石作为州名称之为"英州"。其后，英德这块神奇而美丽的地方，随着行政建制的变化先后称为英德州、英德府、英德路、英德县、英德市，并且是使用英德之名一如贯之沿用至今。这种以石作为设立县州府建制之名，不但当朝的统治者所喜用，而且也为百姓们所喜欢。这种"以石为名"的现象，在广东甚至全国并不多见。

英石特色特在何处之二是"历史悠久"。不少石友著文称英石悠久的历史时，纷纷引用宋代杜绾所撰写的《云林石谱》中的赏石篇，宋代《渔阳公石谱》中的绉云石记，明代计成的《园冶》中的英石段等等。而我认为最早赞美英石特色的应该有张九龄的份。张九龄是岭南地区在封建王朝的中央集权中担任最高职务宰相的第一人，他是当时的"韶州人"，也是当年"英德人"的同乡。张九龄乘船沿古时北江经过英德之段，看到当地秀美的山水时情不自禁地写出了一首赞美的诗《浈阳峡》。诗中说："舟行傍越岭，窈窕越溪岭。水深先秋冷，山晴当昼阴。重林间五色，对壁耸千寻。惜此生遐远，谁知造化心。"它生动地赞美了当时英石所在地的浈阳峡山水之美。其实，当年张九龄看到的就是英德连绵起伏的石峰，也就是"大英石"的山峦。这就是我们今天所说的英石的盛产之地。张九龄生于678年，逝于740年。张九龄的时代距今有1300多年了。

英石特色特在何处之三是"惊艳中外"。英山上的英石具有"瘦、皱、漏、透"等特点，有的玲珑剔透，有的嶙峋奇巧，有的晶莹可爱，有的憨态可人。它的欣赏价值，它的惊艳绝色，不但中国人很欣赏，连外国人也赞不绝口。宋徽宗政和元年（1111年），朝廷大兴土木建造豪华的"寿山艮岳"的皇家园林，派出官员四处搜集奇石异草。结果英石被他们一下子选中，成为岭南向朝廷进献的重要贡品之一。英石从荒山野岭之上，一下子登堂入室，堂而皇之地屹立在皇宫之中。清朝顺治十二年（1655年），当时朝廷建立不久，海内外交通尚不发达，国内形势亦不大稳定。然而，就是在这样的历史环境下，远在数万里之外的英国人纽浩夫万里迢迢来到英德县境，很快就被英石的特色所吸引，他挺有雅兴地撰写了"关于英石造景的游记"，极力赞美英石的特色美。18世纪以后，在英国、德国、法国等西欧国家的宫廷、富裕人家的花园内，甚至一些贵族的官邸中都可见到广州运去"英石叠山、起拱门、筑亭基、饰喷泉"等。

英石特色特在何处之四是"阴阳结合"。何谓阴阳结合呢？难道英德早期的县名"浈阳"之名中的"阳"字由来也与此有关？尚未查到相关记载，不能妄下结论。但英石确有阴石和阳石之说，这在中国奇石中是绝无仅有的。清代著名学者屈大均先生在《广东新语》中说，"自英德至阳山，数百里相望而不绝"的石峰为"大英石"，"无根"散布的为"小英石"。屈大均认为凡裸露地表的英石称之为"阳石"，而埋藏在地下尚未出土的英石是"阴石"。阴石有什么特征呢？其深藏不露，质地松润，色泽青黛，间有白纹，形体漏透，造型千姿百态，扣之声微。而阳石则长期裸露地表，受到日月风雨的冲刷风化，质地坚硬，色泽青苍，形体清瘦多皱，扣之声脆。在英石中竟然还有阴阳结合在一起的石头，有的阳石在上阴石在下，有的阳石在左阴石在右，人们称之为"阴阳石"，阳石硬度高，阴石硬度低，阳石粗糙，阴石圆润，阴阳结合天衣无缝。这一阴一阳的奇石，在古今中外可说是稀有罕见了吧。

英石特色特在何处之五是"价值连城"。英石的价值如何评价？英石千姿百态，多种多样，五颜六色，异彩纷呈。但为何仅仅在英石盛产地的望埠镇莲塘村背后的"老爷山"中发现全县所仅有的一块稀有的"红英石"呢？而一石两色三峰的英石，被称为"三峰竞秀"的英石，所凸出的"三个山峰"竟然如此相似相等，纹理均为雨滴状，尤其突出的是三个山峰中一个呈暗红色，二个是青黑色，这不是人工之作，而是大自然的鬼斧神工。然而，如此高超的着色水平，大自然又是如何为之增添光彩的呢？有一块称为"孔雀开屏"的英石，孔雀的头颈、嘴、眼几乎是完美的，它的尾巴高高翘起正在展现"开屏"的生动形态，整体形象就像一位翩翩起舞的孔雀，栩栩如生、婀娜多姿。难怪好客热情的英德人会把它作为珍贵的礼物赠送给跳孔雀舞而闻名中外的著名舞蹈家杨丽萍女士。1996年8月11日，日本国神户市长世山幸俊以兴建和平石雕公园市民会会长的身份致函给广东省人民对外友好协会，请求广东省无偿赠送一块一米见方的能代表广东省的石头，安放在"和平之珠"的石群中，其目的和意义是"提醒日本国民对二次大战的反省，珍惜来之不易的和平"。民风纯朴的英德人精心挑选了一块英石送给了日本人民，表达了热爱和平的中国人民的良好祝愿，这是英石无可估量的价值。如果说到英石的经济价值的话，那就是改革开放以来，不少英德人卖英石赚了不少钱，有些人还拥有成千上百万的家产了。依我看，英石的价值，还在于它代表英德人民与全国各地、海内海外的世界各地人民建立起来的友谊，更是"价值连城"的无价之宝，是任何东西也无法相比的。

（作者是韶关市始兴县政协原副主席）

英石赏玩

◎ 凌文龙

  英石，原产于广东省浈阳县东部的英山，那里全都是"喀斯特"地貌。
所以，英石本身就是石灰岩。由于英石，今天之英德市的前身——浈阳，
含匡二县因之而改名为"英州"，后又称"府"，称"县"，称"市"，
都是因产英石的英山的"英"字而起。（详细资料请阅赖展将先生著《中
国英石》一书）可见一石之成名，对产地是有极大影响力的。

  英石是一种沉积岩，一种浅海的化学沉积物经亿万年的沉积而成的岩
石。它的主要化学成分是碳酸钙，间有少量的二氧化硅及其他的一些矿物。
在形成的过程中，由于受到不同的外力作用，所以英石就分别有不同的物
理构造：层状的，条状的（横条、直条），破碎状的、整体状的等等。很
多的英石都间有白纹，那便是二氧化硅的杰作了。石灰岩由于长期的裸露、
经外力的作用、化学的反应及物理的变化，使得裸露部分的岩石断裂、分
层、风化而变成了小块的岩石。在那些小块的岩石中，具有独立审美效果的、
可供赏玩的石块，便被人发现并采集回来，作为独石来赏玩；而其中的大
部分，则被砌成各式假山，成为园林的景观；又有一些置于盘内，注入清水，
放置于庭院回廊，作盆景观看。这些小的石灰岩石块，便是我们今天称之
为"英石"的奇石品种了。

  在亿万年的沉积过程中，由于沉积物的不同，英石就有了不同的颜色。
英石基本上也是以颜色来分类的。传统的英石，有黑英、白英、灰英、花
英等。大多数的英石都间有白色的硅质的条纹，纯色的英石是极为少见的，
因而也最为名贵。改革开放后，奇石热也伴之而至，英石也因此而进行了
大的开发。于是又发现了几个新的品种，有浅红、浅黄、浅青、铁红等，

更有一种含有贝壳类化石的新品种，质、色、形俱佳，更为稀罕。至于《云林石谱》所载的绿色的英石，经笔者及很多的英石玩家和采石人员的十多年的探究，终无发现。看来，这是一个历史之谜了。

英石的质地，是根据其风化程度来决定好与坏的。风化程度越少的英石，其石质就越坚硬，石色就更有光泽，表面更润泽。用手轻扣，其音也更清更响，犹如悦耳的铜声。清代的谢堃著《金玉琐碎》，其"英石"栏目有云："谱言英石为应石。又为音石。盖言其有声。其实真英石无声。有声者，灵璧石也。"他的这个结论，明显是有误的。好的英石，一如灵璧石一样，轻扣之下，会发出悦耳的声音。为什么我国喀斯特地貌的地区不少，但却以英德出产的英石最为有名？清初广东学者屈大均著有《广东新语》一书，给出了答案，其"石语"篇"大英石"目有云："自英德至阳山，数百里相望不绝，皆直石之为怪。而英德之峰奇而野，阳山之峰奇而秀。英德之峰少树，阳山之峰多树。树少故其石尽见，见而数百里间似但有石而无山然者。又一似造物者以此地为无用而尽委之石然者。尽以委以石，于是此地之山皆为石之所掩矣。噫，亦大异甚。"所谓多树之山，即山体老化，岩石风化为土，树有土才生长。故多树之山，其岩石风化程度高，石质就不好。阳山的石灰岩风化程度高，石质就不如英德的好，故而多长树木。同理，广西及湖南的喀斯特地貌地区，也由于山体的老化，其石灰岩的质量自然也较英德的差。反之，英德的山体风化程度低，故尽见石而少见树，所以其石质也必然最好。石质好，其表面的峰棱就更突兀和锋利，其石质就更为润泽，其音质就更加清悦。故要知一块英石的好坏，看看它的表色、它的峰峻，用手轻叩几下，即可心中有数了。

英石的特征，明显的与其他奇石品种不同。因其长期裸露于地表，不断地受到自然的物理和化学的作用，所以尽脱皮毛，突显风骨。故英石的表面特征，呈峰峻突兀，嶙峋峻峭之状。古人谓之"刀山剑树"，又有"英石无坡"之说，都是极为中肯之论。由于英石有这样的表征，故给人的感觉是"瘦"和"皱"。瘦显其秀——秀而奇，秀而雄，秀而险。有形有势，凌空拔俗；皱显其嶙峋，显其峻峭，有如云聚云散，又如波涛翻滚逐浪。英石，玩的就是这样的气势，这样的动感。立于杭州西湖边"名石苑"内的江南三大名石之一的"皱云峰"，被形容为"形同云立，纹比波摇"。正是英石的典范。好的英石，给人以清高拔俗，桀骜不驯之感，正是由于它的"刀山剑树"的特征而形成的。

英石的赏玩，自宋代以来，即形成了多种不同的赏玩方式。《岭南杂记》一书有云："英德石，大者可置园亭，小者可列几案。无不刻划奇巧，玲珑峻削，但不若灵璧石扣之铿锵作声耳。入城列肆多卖石者，然无一中玩。必求之收藏之家，方可得米（芾）袖中物，然亦不浅。语云英石之妙，皱、瘦、透也。"从文中可看出，英石古已有放置园亭及几案之玩。今时赏玩英石，大体还是尊古之风，有如下几种玩法。

第一，园林赏玩。这是最为普遍的玩法。从宋代至今，仍是英石赏玩的主流。英石能荣列全国四大名石之中，其主因也在此。英石本身已是富有变化，更经能工巧匠之手，因地制宜的创作，便形成了变化万千、可移步换景的仿真自然山水。使得人们不用出门，即可欣赏如同自然的美好风光，别有一番情趣。由于这种形式的赏玩主要是制作的功夫，而对每一块英石的形、质要求不是很高，无论片状石，纹石（横、直纹），碎石、大石、小石均可派上用场，因而此种玩法，深受各界人士的认同。尤其在生活条件大为改善的城乡地区，别墅林立，每户都想搞好自家的绿化环境，于是各式园林应运而生，斗奇争胜。英石也由此而有了更大的市场空间和赏玩价值。赖展将先生著《中国英石》一书，其中录有清代邓泰的一首《英石吟》，诗云："无树无山处，人方见石奇。嶙峋嫌地瘦，突兀恐天卑。即向园林老，仍多磊落姿。佳评传四字，尘外宰相知。"又有清代徐良琛作《英石山》一诗，云："一尺足千态，奇峰擅此州。谁知五岭外，别有九华秋。水立壁不动，云顽清欲流。移根种庭下，真作少文游。"正好作为此种玩法的写照。

第二，水盘玩法。据有关人士考证，从宋代开始，奇石便有了水盘放置的赏玩方式，有独石布景的，也有二石或多石布景的。其实这种玩法是园林玩法的延伸，只是此式赏玩更加精细和简明，体量也更小。一般是放置在回廊曲槛之处。这种玩法的石块无论形与质都比园林赏玩的为好。此种玩法在我国从古到今，并不算流行，但也不离不弃。倒是邻国的日本和南韩，却几乎是举国一致的玩法。那水盘也由陶盘而瓷盘、石盘、铜盘，而奇石也是各式各样的山形石和景观的奇石。每日赏玩之时，注清水于石上，看那水慢慢的干，石面干湿的变化，水气蒸发的变化，犹如自然界真山水的水气云烟，有聚有散，变幻无常，给人以无限想象。怪不得在我国大陆玩石热潮初兴之际，有台湾的朋友呼吁大陆的玩石同仁，一定要发展水盘玩石法，还谓之曰与国际接轨。殊不知这接的正是我们老祖宗的东西，叫做归本清源，继承和弘扬古之风尚，却是应该和必要的。

第三，室内独石玩法。此种玩法，古已有之。清代的廖燕有一首诗，名《赠友人英石》，云："几片英州石，携来尚带云。高斋堪作伴，磊落正同君。"他不但道出了英石可在室内（高斋）与人做伴，还赋予英石拟人化的磊落的风骨。在今天已开发出来的奇石品种中，英石的产量无疑是最大的。但真正可单独赏玩的英石，却为数不多，很可能是可赏玩的奇石品种中最少量的。在广东的各喀斯特地区，都有为数不少的石农在搜采英石。但他们只是为了谋生，根本不去欣赏自己拾来的石有无品位，反正是按重量出售的，于是随便的堆集在一起，有很多可单独赏玩的英石，就在采集、运输、堆放过程中损坏了；又有一部分好的，由于无人去挑选，于是又归入了园林砌筑一类。能进入英石玩家之手的英石，因之也为数不多了。好的英石，是值得细玩品味的，看英石那铮铮风骨，清奇拔俗，磊落光明，气象万千的形象，赏玩者本身油然的生出一种敬佩之心，一种振奋之情，一种百折不挠的精神。随着玩石之风不断的劲吹，英石的这种赏玩方式，也会更加大放异彩的。

英石的蕴藏量是极为丰富的。赖展将先生是英德人，他在《中国英石》一书中说："经探测，英德市计有优质石灰石山 80 万亩之广，储量在 625 亿吨以上。"这只是单指英德市而言，若是整个广东省，其储量当为上述数字的几倍。英德市单是一个望埠镇，"就有一万多人从事英石生产，加工和经营活动"，"全镇每年英石（含英石盆景），销量在五万吨以上，产品畅销国内及港、澳、台地区，远销日本、韩国、泰国、新加坡、美国、德国、澳大利亚等十多个国家"（赖展将《中国英石》）。若按赖先生提供的销售额，要完全开采英德的英石，也要几十万年，何况广东全境呢。如此丰富的藏量，我国已知的奇石品种，即使全部叠加起来，也不及其万分之一。现在全国的采石状况，每一个石种的采掘，都是竭泽而渔，刨根挖底的。很多的奇石品种，都已资源枯竭了。几年以后，绝大多数的奇石资源便会完全枯竭。而玩石的人数却逐年上升，那时，英石便会显示它资源的优势。人们对英石的需求便会不断地增加，英石的价值无疑也会翻番的。

英石的开采，一如其他的奇石品种一样，也是竭泽而渔，刨根挖底的。赖展将先生的《中国英石》一书"采石"栏是这样写的："采集英石有三种情形；小件采集，即捡拾拳指之大的小件，集成堆后用箩筐挑回来；构件采集，适当要用铁笔撬，用钢锯割，一人扛或两人抬才搬回大路边；大器和中器的采集，动用现代化的工具如电钻、风割机、滑轮、吊车之类进行施工，在山上安营扎寨，无路开路，无桥架桥，不惜代价用卡车装运。目前百段石有4条生产线，青石有3条生产线，双马山有2条生产线，整座英山拥有9条生产线，青石艺青采石场石山公路达12公里之长。"这样大规模的现代化开采，以及"安营扎寨、无路开路、无桥架桥的壮举"，这样可敬的"不惜代价"及"生产线"的创业精神，可以想象的是：经过这样的开采之后，原来非常灵秀的自然风貌变得面目全非，植被破坏了，岩层结构破坏了，当地的生态环境受到了严重的损坏。这样一来，每开采一个地方，便破坏了这个地方的自然环境。当地的石农们的生活虽暂时得到改善，但之后呢？我国20世纪八十年代的改革开放，由于初期环保意识不足，结果是经济发展了，自然环境却变坏了，于是进入九十年代后，为了改善环保而补交了惨重的学费。经十多年的努力，仍未恢复原来的生态。

我想，这英石的开采，包括其他石种的开采，若政府不相应采取一些政策措施，继续这样听之任之，由此而造成的生态环境的破坏，也是得不偿失的。石道中人，玩石之时，总也得要有一些利国利家利环境的意识及行动，不要让后代咒骂我们才好。

关于英石，自南宋杜绾著《云林石谱》（1133年）以来，差不多九百年了。据笔者对英石的多次考证，及综合一些英石玩家的意见，发现古代有关英石的论述，多有失误或可疑之处。例如，苏东坡的"仇池"石是英石吗？英石有绿色的吗？英石是倒吊生长的吗？英石是"嵌空穿眼，宛转相通"吗？英石无声吗？英石可分为阴石与阳石吗？这诸多的疑问，有待我们去探讨和发掘了。

略谈英石的自然艺术美

◎廖　威

英石，是产自广东省英德市。它是石灰岩经内部碳酸钙分化和外部风化、溶蚀成千奇百怪的自然艺术之美的中华奇石。它最大的美就是天造地设的形态之美和色彩之美的美，这是大自然鬼斧神工的自然艺术美的杰作。

一、英石形态艺术之美

英石的形态艺术之美，是指英石自然形成的自然造型之美。英石的自然造型可以用千姿百态来包括。请看陈列在北京故宫中的明朝中期的英石"奔兔"，高42厘米，那狂奔形态的兔子活灵活现。陈列在北京故宫御花园中的"龙腾"英石，高80厘米，它的颜色青灰，瘦骨嶙峋，龙头俯视，龙尾高翘。其艺术形态完全是活生生的蛟龙形象。英德市一块重400千克，被称为"鹰王"的鹰石，不但形状似一只搏风击浪的雄鹰，而且鹰背的白筋显示出一个"王"字形状，故称"鹰王"。另一块英石白筋呈现的是"龙"字形状。陈列在苏州拙政园内的"相亲相爱"的英石，高70厘米，酷似一对恩爱有加的情人在热烈地拥抱一起，形态逼真，情景感人。在第四届中国国际园林花卉博览会获金奖的彩英石"年年有鱼"，高143厘米，其形态就像活蹦乱跳的鱼。一块在2004年度曾经获得"英石王"的英石"鸳鸯戏水"，高53厘米，两只鸳鸯亲密相处的生动形态更是让人为之动容。同样在2004年被评为"英石王"的英石"飞跃"，高58厘米，它的形象像一只从水中一跃而出的海豚，真可谓妙趣天成。当然还有不少形态像人物中的男女老少和像动物中的猪、牛、羊、马、飞鸟、虫鱼等。这种自然形成的英石形态艺术之美，是任何真正实物形态之美所无法比拟的。因而它深得人们的认可，深受人们的喜爱。明朝嘉靖年间，广西富川人周希文担任英德县令时爱民如子，政绩卓著，受到百姓的拥戴。当他任职期满且告老还乡之时，百姓们自觉送上各种礼品给他，以表达对他的感恩戴德。可是他什么都不要，只要一块自然形成"鹿角"形状的艺术之美的英石带回广西老家留作纪念。后来此石与《英德石纪》的碑文一并存放在他老家的周氏宗祠内供后人瞻仰，并启迪后人。这既是周县令勤政爱民的佐证，又是英石形态艺术之美的魅力所在。原英德市政府招待所前园地上陈放着一条长达7米多、高2米多，似一条乘风破浪地游动的巨龙形象，它的形态之美所展示出的磅礴气势，令人叹为观止。可以说英石如果没有自然形成的形态艺术之美的，就不会有人为它想象出美好的意境。如上述谈到的"鹰王"的英石，如果它没有类似鹰的形态，没有"王"字的形象，它就不可能带给人们"搏风击浪""鹰击长空"，或鲲鹏展翅千万里的那种拼搏精神的丰富想象力，也显示不出它的高雅意境之美。英石之美，除了它石质坚硬的基本因素以外，还需要它本身石体形态的自然艺术之美来"包装"，才能全面展示英石之美。当然，有的英石石体形态高挑俊美，亭亭玉立；有的英石石体形态丰满圆润，秀色可人；有的英石石体形态如花似草，凸凹错落有致，线条层次分明，孔洞玲珑剔透等，其艺术形态同样是感人的。北宋著名的书画家米芾，曾经担任过今英德境内设立的涵洭县尉两年。他多次到县西北40里外的尧山，即今天的石牯塘镇八宝山一带游玩、作画、题诗，玩赏英石，特别是对英石进行了认真的研究后，认为英石的形态之美，具有"瘦、皱、漏、透"的四大特点。从此之后，英石这四大特点，便一直传承至今，广为应用。但是，米芾玩英石玩得有点"过火"，每当得到一块好的英石便手舞足蹈，欣喜若狂，如痴如醉，并常常因此而误时误事。据说他后来被调到安徽无为县担任"无为军"之职时，仍然经常把玩英石误了政事。他玩英石误事之事被朝廷知道后，朝廷还专门派人前往责备过米芾"石痴"的行为。这从一个方面表明了英石形态之美所具有的魅力。现在仍然耸立在杭州西湖畔江南名苑内的英石"绉云峰"，它"形同云立，纹比波摇"的形态艺术之美的奇特景观，300多年来一直为中外游人所赞叹。

我认为，英石形态的艺术之美，能使人爱不释手，百看不厌，联想翩翩，回味无穷。人们在不断欣赏英石形态艺术之美的同时，往往也会被它的那种"没有春荣冬枯、朝华夕殒的俗气，有的是始终如一、坚贞沉静的气节，象征着不屈不挠的精神"所折服。

二、英石色彩艺术之美

英石的色彩艺术美，是指渗透在英石石质中的自然颜色之美。英石的自然颜色可以用五颜六色、五彩缤纷来形容。英石本色为白色，但是经过刀风箭雨的风化以及含有各种矿物质的酸性土壤的侵蚀之后，形成了黑色、青灰色、灰黑色、浅绿色、白色，极个别的有红色、白里透红色等等，最常见的是黑色和青灰色。宋代著名的观赏石理论专著杜绾所写的《云林石谱》中，把英石分为四大类颜色，一是微青色，间带白色脉络，二是微灰黑色，三是浅绿色，四是白色。《辞源》中说英石有微青、微灰黑、浅绿、纯白数种。英石中有一种称为"龙骨"的稀有英石，声音清晰悦耳。但它最为离奇的却是变幻莫测的颜色，石包浆为米黄色，用工业硝酸一涂，立刻变成黑褐色，再在淡酸水中浸泡半小时后则变成橘黄色，尔后擦去表层，用清水洗干净后重新在淡酸中浸上一两个小时又变成青绿色。英德奇石爱好者们把英石中的颜色称为黑色英石、白色英石、黄色英石、彩色英石、红色英石等等。有资料称英石多达十多种颜色。其中人们认为，英石以墨黑如漆的为佳品，以红色的为罕见品。英德市望埠镇莲塘村背后老爷山的英石有多种颜色，其中发现红色的英石仅有一块，重25千克，有波纹形线条，一层深红色，一层浅红色，整体呈现粉红色。除此之外，英石中至今仍难发现单红色的英石。望埠镇庵山新坡村曾发现一件二色英石，被称为"三峰竞秀"的英石，竟然是青黑色和暗红色，黑红颜色集于一石之中的罕见品。还有被称为"孔雀开屏"的英石，竟然拥有灰、白、黄三种颜色，像是绘画大师蓄意绘涂上去的颜色一样，令人百思不得其解，其色彩艺术之美更是令人惊叹大自然之奇妙。而在英德市区北部几公里处的石山上，到处都可见到白色和黑色这两种颜色合为一体的英石，被奇石爱好者们称为"黑白英"。它们中有的是上黑下白，有的是上白下黑，还有的是黑白半边开。黑色和白色界线分明，并都是表里如一，黑色如墨，白色如棉。看后令人眼界大开，人们观赏英石后禁不住会问，大自然的艺术大师们到底是如何把这两种颜色同时"涂涮"在英石上而又互不侵犯，互不融合，界线分明，各自都保持自己独有的颜色之美呢？在北江中段之地的英德望埠镇，出土有"蜡皮英石"，其断面呈现千层线条纹饰状。线条为紫色和灰白色两色相间。石的表面竟然自然形成有各种花纹图案。这种颜色图案的形成完全是不是人为，胜似人为，巧夺天工，鬼神之作。北宋治平四年（1067年），大文豪苏东坡到扬州任职。有一天，他的表弟程德儒送给他一块绿色和一块白色的英石。苏东坡很喜欢这一绿一白的两块英石，有空便独自欣赏起来。有一天他突然想起自己曾经做过的一个梦，梦中在一个美丽的山水环绕的地方有一座官府，官府大门上悬挂着一块写着"仇池"的匾额。苏东坡住入其中，过着一种美妙的生活，好不快乐。于是苏东坡想起杜甫曾经写过的一首《泰州杂诗》中的佳句"万古仇池穴，潜通小有天"。他触景生情，便用"仇池"给这两件英石命名，并为之作序题诗，其中有两句是"至扬州，获二石"，"其一绿色"，"其一玉白可鉴"。可见英石色彩艺术之美自古以来为人们所喜爱。五彩缤纷的英石色彩，也许是人们祈盼过上丰富多彩的美好生活的一种向往、一种追求吧。

由于英石的形态艺术之美与英石的色彩艺术之美的完全结合，使英石的知名度自古至今便传扬海内外。宋代汴京艮岳选用了英石，明代顺德清晖园选用了英石。18世纪以后的英国、德国、法国等西欧国家也有人选用了英石。英石成为古今中外最为优秀的奇石之一，受到海内外人士的青睐。

（作者是广东农工商职业技术学院人文艺术系教授）

层峦叠嶂的英石

◎ 顾鸣塘

"奇峰乍骈罗，森然瘦而雅"，这是明人江桓在获得三峰英石之后发出的赞叹。英石亦为四大名石之一，它开发比较早，在北宋人赵希鹄的《洞天清录集》、杜绾的《云林石谱》中即有著录。陆游在《老学庵笔记》中也写道："英州石山，自城中入钟山，涉锦溪，至灵泉，乃出石处，有数家专以取石为生。其佳者质温润苍翠，叩之声如金玉，然匠者颇秘之。常时官司所得，色枯槁，声如击朽木，皆下材也。"

英石与灵璧石同属沉积岩中的石灰岩，主要成分是方解石，但硬度不及灵璧。英石分为水石、旱石两种，水石从倒生于溪河之中的峰岩穴壁上用锯取之，旱石从石上凿取。一般为中小形块，但多具峰峦壁立、层峦叠嶂、纹皱奇崛之态，古人有"英石无坡"之说。英石色泽有淡青、灰黑、浅绿、黝黑、白色等数种，以黑者为贵。由于当地岩溶地貌发育较好，雨水充沛，山石极易被溶蚀风化，故石表多深密褶皱有蔗渣、巢状、大皱、小皱等状。英石颇具"皱、瘦、漏、透"之状，多峰峦，且有嵌空石眼，玲珑宛转，精巧多姿。英石质坚而脆，叩之有共鸣者为佳。

据《清稗类钞》载，清乾隆时德清徐某曾去考察当时英石开采情况。他登上城南门，只见大山如屏障四遮，小山若峰刃矗立，山中皆可觅得英石。石工们入山择其形势适用者凿取，大者充园囿中假山之用，小者充作清供，或盆景假山、岷山。亦有将不适用的大石切剖为几段的。城中有数家肆专营英石生意。徐某在当地目验了很多英石，最奇者有三峰，一为盐商吴某所藏，高一尺五六，广三尺余，千峰万峰，长亘连绵，底部才有一斜坡，似山脚临水，宛然衡岳排空，汀江水绕，石壁上镌有"南岳真形"四个豆大八分书，十分苍老工致。一为两淮盐运使赵之璧之石峰，高有三尺，上巨下削，石根有三足，恰好嵌入紫檀座，绝似奇峰插天，峰侧镌有篆书"一柱擎天"。另一为梧州太守永常之砚山，亦是峰峦挺拔，岩洞幽深。

英石由于凿、锯而得，正反面区别较明显，正面凹凸多变，嶙峋崎岖，背面往往平坦无变化，若是选取得当，正反皆有可观，则愈益可贵。徐某经眼的三方英石因无正反之别，故被他评为上品。

流传至今的英石品有"皱云石"。此石嵌空飞动，形如云立，高八尺有余，狭腰处仅尺余，黝黑如铁，摇曳空灵。清客见到此石，便摩挲把玩，流连不去，并题名"皱云"。后查尹璜回到老家浙江海宁，只见此石已屹立于屋后百可园中了。原来吴六奇见查甚爱此石，命部下不远数千里昼夜兼程，运至海宁。查逝世后，皱云石曾辗转流至海盐顾氏，海宁马汶手中，后马汶之甥蔡小砚将其移置石门溪镇之福严禅寺。此石现存杭州苗圃掇景园中。

（摘自《华夏奇石》）

英石若画

◎ 肖桂花（汶霏）

　　中国四大神话《牛郎织女》中七公主与董永的美丽爱情故事是传说中的"仙人配"，如今，英石与国画巧妙同框则是现实版的"仙人配"——天人合一。英石是天然艺术，国画为人文艺术，英石本是天然之画，能使国画增景添色、气势雄浑，国画嵌英石，更让英石风姿绰约、惟妙惟肖，两者成为写意传神、相得益彰的完美艺术。

　　英石天生就和画、诗、书结缘。

　　英石以"瘦、皱、透、漏、圆、拙、丑、怪、灵、巧、秀、奇"的形态展现在世人面前；其剔透玲珑，神韵生动，惟妙惟肖，写意传神；气势雄浑，风姿绰约，意境无穷常常让人以无穷霞想。英石的特点和其中直纹石、横纹石、大花石、小花石、雨点石、叠石、幼花石的分类就如同绘画的各种模特、书法的笔法，英石特有的淡青、灰黑、浅黑、浅绿、黝黑色泽几乎与国画的墨法墨色一致。匠人利用英石质地坚硬，色泽青苍，形体瘦削，

峰明

司马光砸缸

表面多折皱，黑白纹相间，形体漏透等特性构思制作假山和盆景，制作出立体的画，加上一些景观英石本身就是缩小版的山形地貌图景，蕴含着艺术意境构思的许多素材，英石特有的形色与平面绘画达到异曲同工之效，也诠释了英石何为立体的画。

拜石图

自古以来英石就和画、诗、书结缘。人们把英石的质朴、雅致与国画的情趣、风韵结合起来，产生情趣交融、雅兴倍增，达到画中有石、石旁配画、画中赋诗、诗中寓石的相互衬托、意境无穷的效果。英石耐人寻味的倩影更赢得历代文人墨客的喜爱和崇尚，自宋代以来从未离开过文人墨客的笔下。宋代"四大家"之一的米芾既是大书画家，也是流芳百代的赏石家，在品评英石方面，他最早提出"瘦、漏、透、皱"四要素，成为后人鉴评英石的标准。米芾将石、文、书、画玩赏得淋漓尽致，可谓前无古人。清代书画家郑板桥常借助于月光，观赏竹子与湖石的剪影，久而久之，月光下的石和竹成为他感悟人生的体验和绘画的蓝本，其画作也出现不少英石的影子。清初诗人朱彝尊以英石赋诗："曲江门外趁新墟，采石英州画不如。罗得六峰怀袖里，携归如伴玉蟾蜍。"把石、诗、画惟妙惟肖地展现在人们面前。

英石是我美术课的第一位老师。

我出生于广东英德英红镇，从小被中国英石之乡的浓浓"石情"所感染。如画的英石连同英德这座小城，给我的童年留下了美好的回忆。我喜欢绘画，英石是引领我走进美术大门的第一位老师，是英石使我成为一位人民教师。每次见到英石都给我无比亲切的感觉，我热爱英石，每当我看到英石与书画一起展出时，见到英石的各种美丽造型，很快就联想起绘画的各种画法、技巧、构图。

2012年我回英德参加英石书画的展览活动，一股浓郁的家乡情扑面而来，英石配画同时展出，英石气势恢宏的无穷意境无不镶嵌于寸尺之间，给我留下了难以忘怀的记忆。作为一名从英德走出来的美术教师，在我的美术教学中，美石与琴、棋、书、画、茶一样都是文化知识讲解的内容，每次我画山水画，花鸟画，人物画，都少不了石，英石在书画作品中，随处可见，都是挥之不去的情愫。由于受我这个老师的影响，学生们每次在校园里、美术馆、博物馆、工厂、居民小区，公园见到英石，就会有一种亲切感，都会细细观赏，抚摸一番，抱上一抱，摄影留恋，同时也为今后的绘画积累素材。现在，在学生的绘画作品中，也常常见到学生画英石，有画做主角的英石，也有画做配角的英石。英石潜移默化地不断提高我和学生们的艺术修养。

英石原本就是一幅画，天然的画，绘画通过画家的笔墨形态来表现天然的景与石，是自然景物的再现，两者巧合成为千年长盛的艺术。英石与国画的艺术，不仅属于赏石界，也属于美术界，更属于世界。

（作者是青年女画家，南海盐步中学教师，广东省青年美术家协会会员、广州市书画专修学院书画研究会会员、佛山市美术家协会会员、南海区女美术家协会理事。）

实景清　空景现
——再谈英石的审美意境

◎ 邹顺驹

　　英石产于广东英德，故名英石。但从"英"字表述的意义看，它更像是一个以美学内涵命名的石种。这种巧合，或许是上苍在冥冥中的一种安排，是"造物主"让英石降生在了一个有美丽名称的地方。"英"在汉语中是花的同义语，如"落英缤纷"。所以，我们在美学上可以把英石理解为像花一样美丽的观赏石。不过，这绝非笔者杜撰，在以"瘦、皱、漏、透"闻名遐迩的古石中，英石比灵璧石更瘦，比昆石、太湖石身上的"脂肪"更少……它"眼梢眉角藏秀气，骨骼清奇非俗流"。中国古代的四大名石，简直就像上帝生的三个儿子和一个姑娘。

　　鉴赏英石的方式多种多样，我们既能从形、质、色、纹的角度，按照现代观赏石的审美标准去鉴赏它；也能从瘦、皱、漏、透的角度，按照古人的思维模式和审美情趣去对它进行鉴赏。在英德地区，人们用特殊的文化语境对英石作出了最具权威性的解读。但是，不管那种鉴赏方式均有各具特色的审美意境，都能从不同的角度去丰富和发展英石的文化内涵。

　　首先，我们来看鉴赏英石的现代文化模式。这种模式其实就是把英石当做造型石和图纹石来进行鉴赏。英石和所有碳酸钙质地的石种一样，在造型上具有明显的优势。因为它们比任何高硬度的石种都更具有可塑性。除了象形类物外，还会更多地出现一些山形景观石，如峰峦、桥洞、悬崖、岛礁等。

　　但是，我们必须注意，不能去刻意追求这种现代审美模式。因为，"形、质、色、纹"都是在围绕着物质实体创造美。尽管它后来又增加了韵，但精神苍白、风格媚俗仍成了时下赏石的主流。英石包括其他观赏石的审美重点，并不在盲目地追求和模仿一种雕塑或绘画的效果。其重点在于形像本身蕴含的自然美和观赏石特有的哲理意境。现代审美模式不是不可以对造型石和图纹石进行艺术加工。但却不能舍本求末，甚至本末倒置。否则，盲目地追求一种雕塑或绘画的效果，只能"画虎不成反类犬"。

英石的现代造型要注重"虚实相生""阴阳相合"。这是由于其形首先是一种"意像中"的形。这种"意像中的形"具有不确定性，即它在"似与不似之间"。其次，很多观赏石往往"神龙见首不见尾"，或只有形像的一鳞半爪，造型和画面大部分被淹没在"云遮雾障"之中，只有借助观赏者的想象才能填补形像的空白，使其成为一件完整的作品。所以，观赏石的造型中含有虚的成分。

在虚与实的矛盾中尤其要把"虚"的审美关系放在突出位置。清代《画筌》中说："空本难图。实景清而空景现，真景逼而神景生。位置相戾，有画处多属赘疣；虚实相生，无画处皆成妙境。"这段话告诉我们，建立在物质之上的"精神美学"多么可贵。老庄是中国"精神美学"最典型的代表。其精髓就凸显了一个"虚"字。"虚"也叫"灵虚"，或"空虚"（空也是一个佛学概念）。中国文化和西方文化最大的差别就是"虚"与"实"的差别。以逸待劳、以少胜多、无为而治、无师自通等等，无不反映了"精神美学"中"虚"字的魅力。宗白华说："八大山人画一条生动的鱼，在纸上别无一物，令人感到满幅是水。"齐白石在旷野里画一只鸟，"与天际群星接应，真是一片神境"。

在观赏石中，"空本难图"是指造型、画面要给观赏者留下能够产生联想的余地。一方面，不对造型、画面求全责备；另一方面，造型和画面上的"计白当黑"又要生得恰到好处，"神龙见首不见尾"要合乎逻辑。所谓"实景清"指的就是"虚"与"实"的合理布局。观赏石不需要形式主义的华丽外貌，它追求的是一种"真景"和"神境"，即"自然之真"和"艺术之真"。只要坚持"虚实相生""阴阳相合"并注重"以虚求实"，始终把英石的"精神美学"放在凸出地位，就会让更多英石好作品问世，让传统名石焕发出现代美的新生机。

接下来，再来看另一种鉴赏英石的传统模式。前面讲了，英石在古代四大名石中是形象最为秀美的一个石种。秀者瘦也，即英石给人最深的美学印象就是瘦。瘦既与古人崇尚的人格魅力"竹韵""风骨"有关，也与今人"瘦身、减肥"的美容习俗有关。所以英石的"瘦美"既有精神象征，又有物质喻义，无论古今它都占尽了风流。

这种"瘦"既不是一般意义上的瘦，也不是一般意义上的美，而是由天地造就而成的一种大美。英石的"瘦"在很大程度上与其生长的环境有关。据说英石的碳酸钙质地中融入了多种矿物元素，不仅能在喀斯特地貌中形成"瘦、皱、漏、透"的奇特造型，而且还会完全裸露在地表，继续受到各种恶劣自然环境的剥蚀。由于英石不能像灵璧石和太湖石那样在水下和泥土中得到保护，"风刀霜剑"的二次侵袭让它更加体无完肤，以致才能"洗尽沉滓、独存孤迥"，为我们留下了秀美苗条、骨骼清奇的形态，留下了灵与肉中最精华的艺术生命。

绝大多枚英石呈现的是一种"瘦、皱、漏、透"的自然状态，缺少现代新派石那种具像特征。"虽为具像"，却不缺意像。英石从"瘦、皱、漏、透"中演绎出来的意像美千变万化，不胜枚举。它对人格魅力的象征，在严酷环境中历尽磨难的顽强生命力，以及它在赏石中将美丑倒置，颠覆了古今的传统美学，以"宇宙加速度"对文以载道的超越等，均具有极高的美学价值和深刻的审美意韵。

"虽为具像，却不缺意像"，蕴含着老庄有生于无和大象无形的深刻哲理。但大象无形并不排除英石自身的自然形态。所谓大象无形是指它不会因为状形类物去单纯地取得美感，也不会以唯雕塑美和唯绘画美而哗众取宠。它可以不借助任何世俗的形态去表达自己超然物外的独特自然美感。

英石为了摆脱自然主义的束缚，创造了很多空灵的供石方式。如"云头雨脚"就是其中的典型之一。它通过虚与实的结合让英石空灵的艺术美感有了安身立命的根基。"云头雨脚"状的英石上大下小，呈现一种"倒山子状"，它在展示方式上呈现出一种逆风飞扬、变化多端的意向美。意向美与具向美均能穿越各自的审美时空，由此岸达到彼岸。例如我们可以从什么都不是的"云头雨脚石"中想象出倒山子状的蘑菇云；再由具像的蘑菇云想象到广岛和长崎民众曾经经历过的苦难；还可借助思想的宇宙飞船神游太空让灵魂出窍，获得更多更新的审美发现。

由此不难看出，意像在英石中具有极高的审美价值。从一般意义上讲，意像在美学上比具像更加耐人寻味，也是人们在英石中得到的最大审美享受。但意像与具像之间并不矛盾，它们有相反的一面，也有相成的一面。二者既有区别又有联系。假若一块具像的英石中，同时又含有隽永深邃、审美价值极高的意像，那将善莫大焉。

最后需要说明的是，解读英石空灵的美学意境与唯美主义和自然主义不是一回事。英石，也包括其他观赏石，与人工艺术作品之间并不存在孰高孰低之争。它们只有审美特殊性的差异。我们既不能用艺术作品的特殊性去否定或取代观赏石的特殊性，又不能用观赏石的特殊性去否定或取代艺术作品的特殊性。一般而言，艺术作品的"形像靶点"比较固定，观赏石的"形象靶点"比较漂移。观赏石可以"横看成岭侧成峰"，艺术作品则不具备这种功能。古代英石中的无具像作品尤其如此。它们如同唐诗宋词和有题跋的元代文人画一样，能唤起人们更丰富的意像创造，挖掘出人性中最深层的哲理意境，其深度和难度往往是今人艺术品很难企及的。我们今天能够做到的，就是要保持英石审美传统的那份纯真、对古石的那份敬畏，以及在浮躁环境中的那份清醒。

（作者单位：中国观赏石协会）

尚疑嵌空间，隐有灵怪伏

——论英石奇妙的石孔赏析

◎ 殷苏宁

英石以造型石呈现，瘦皱漏透是其主要特征，又素以"体态玲珑、嶙峋灵秀、俏形状物、妙造天成"而著称。一般我们在赏石中，对山石多冠以"瘦皱漏透"的美称，对水石的品赏，多以"形质色纹"来表述。人们采用这些相石法，鉴赏的是造型石的外部轮廓和通透的石孔的外部形态，对石孔的成像却少有人注意。在我眼中，奇特造型的英石，不仅美在立体的形态，更美在无言的石孔。一方有形英石的风骨实体，给人一种"摇曳欲坠，曲折多变"的苍劲之感，而有形通透的孔，又给人一种"蕴涵玄机、幽深难测"的灵异之感。我们在赏其"瘦皱漏透"的嶙峋风骨时，更要赏其孔内的成像之美。

一、石孔的成像

英石，在历经亿年中，坚实的岩体在物化侵蚀、挤压、拉伸、撞击中千疮百孔，不雕不刻胸怀透，既是英石品格的写照，也是风蚀多孔英石的写实。英石的石孔，又有小洞、窟窿、孔穴、孔眼、旋涡之分。孔是有形的，也是无形的，有形是孔的轮廓，无形是孔的成像。成像是在有形孔的轮廓下，或模糊、或清晰的物像，是天然成形的英石镂空的物相，或似人物的造型，或似动物的躯壳，或呈万物的风姿。石孔又可称为玄妙之洞。玄，幽远也。玄者可指有形之物，也可指无形之物。世上有形和无形是相对的，万物总是在有形和无形中，相互依存、相互影响的。正如老子曰："道可道，非常道；名可名，非常名。无名，万物之始；有名，万物之母。故常无欲，以观其眇；常有欲，以观其徼。此两者，同出而异名，同谓之玄，玄之又玄，众妙之门。"老子的意思是说：道，说得出，它就不是永恒的道；名，叫得出，它就不是永恒的名。无形无名是天地的始原，有形有名是万物的根本。所以应该从万物永恒的始原状态中观察有形（有名）的端倪。"无名""有名"都来源于"道"，构成"道"的两种不同的形态和境界，指的是同一个真理。从有形的深远境界到达无形的深远境界，这就是通向一切奥妙神秘的总门径。石体为实，宛若天成；石孔为虚，象形状物；在面对大自然赐予的奇石面前，我们观其形（神）、赏其色（彩）、品其纹（理）、爱其质（地）、都遵从着一个"道"，即"天然"。天然指自然成奇的石，遵循天然是奇石欣赏的"道"。是遵循奇石天然的造型、天然的色彩、天然的纹理、天然的质地、天然的孔洞的"道法自然"。奇石蕴含着大自然奥秘，深藏着物化成因的密码。奇特的英石，以其外部的造型，告知人们的是岁月的留痕，其石孔告知人们的是地球的演变，石的外形之奇与石孔的内涵一定有着不为人知的密切联系。石孔的空灵、通透和形态，映衬着石的外形之奇，映衬着英石外形的坚韧和雄浑、苍劲和秀逸之奇。石孔，保留着自然风蚀后原本的形象，呈现出最典型的物象特征，其通透、空灵和惟妙惟肖，令人浮想联翩。一天，我对着一方英石出神，视角停留在石中一孔上。石中的孔眼中，似乎晃动着一个人，下意识地用手去触摸，却穿过孔洞，再细品时，又感觉什么也没有。在这种似有似无中，我看到了孔洞的有形物相，从外到内、从上到下，一种近乎完美的镂空、巧雕及浮雕的艺术剪影，就像一幅幅充满灵性的透视美图不断浮现，令我心花怒放。于是，我上网查阅了带有孔洞的英石图片观赏一番，不看不知道，石孔太奇妙。我称此类的赏析为"剪纸空影"或石孔赏析。

二、"剪纸空影"或石孔赏析

在民间的剪纸艺术中，用纸可剪刻出自然景物，鱼虫鸟兽、花草树木、亭桥风景等美丽的图案。一旦揭去剪纸后，留下的空白，便形成了"剪纸空影"。"剪纸空影"赏析，是对留下的空洞的赏析。在奇石中表现为"石孔、石眼"。我常常在欣赏剪纸的同时，去欣赏"剪纸空影"，因为，揭去剪纸，留存的部分，像似以一种虚无的手法，表现着实体轮廓的空灵之美。一幅精妙的剪纸，给人视觉上的透空感觉，把剪纸的镂空艺术发挥到了极致。英石中的石眼、石孔，正是大自然鬼斧神工的极致之作。

以"剪纸空影"来赏析石孔，是从对奇石的外在有形的实体，延伸至内的无形虚体的赏析。我们把奇石的外部造型比作实体，把石眼比作虚体，实体是说奇石本身；虚则是奇石中呈现出的孔洞、小洞、窟窿、孔穴、孔眼、旋涡等虚有其表的物象。我们对"剪纸空影"赏析，就是指针对石的孔、眼、洞、穴、涡、窟窿、裂隙等形态的赏析，是对其形态，俏形状物、成像的赏析，或称之为奇石的镂空形态赏析。英石的镂空形态，彰显了石的内涵和深邃。俗话说内行看门道，外行看热闹。我们谈到英石的石孔欣赏，是在对英石造型欣赏的基础上，挖掘石孔的形象艺术，通过对石孔的欣赏，更好的解读英石的空灵之美，更好地解读石孔怪异的表象特征，更有助于品赏天工对英石的独特创意。当然，我们在欣赏英石的石孔时，一定要结合英石外部造型的整体欣赏，否则，会喧宾夺主、因小失大，失去英石欣赏的意义。英石的自然孔洞的成像之美，是大自然镂空艺术的杰作，我们常常赞叹英石外形的鬼斧神工，其实，英石的内孔更是独具匠心的天工之作。英石中的孔、眼、洞、窟窿、穴、旋涡等，是名副其实的"天工之眼"。石体中形成的"天眼"，浸润着自然风骨的灵光，有的灵秀飘逸，有的怪异奇特，有的形象丰硕、栩栩如生。石孔，在石体中可称之为"眼"，在虚无的剪影中可称为"气"。有眼就有神，有眼的物体，就有灵魂、有生命、有气息的存在。有"气"就有灵性，书法中讲究"气韵通畅"，棋艺中讲究"气眼"。英石中的"石眼和灵气"多以镂空来表露，古往今来，许多文人墨客，以诗表达了对英石孔洞的溢美之情。如清代彭辂的《英石峰次坡公仇池韵》诗中，就有"尚疑嵌空间，隐有灵怪伏"；宋代苏轼的《双石并叙》中的"万古仇池穴，潜通小有天"；清代诗人陈洪范的"非玉非金音韵清，不雕不刻胸怀透"等，都是对英石石孔的奇异、透漏的最精辟的赏析。

三、石孔赏析的分类

英石中的孔、眼、洞、窟窿、穴、涡等形态很多，按其不同的构图形态、石孔的数量、石孔的呈像，仍可分为若干种类。

1.按石孔的构图形态可分为：

（1）文字类：在英石中，我们仍可通过空洞的形态，在镂空的部位，发现文字的存在（可见第114页图四）。这种机遇虽然少见，但仍有可能。对此类石孔的欣赏，可不要计较其位置。因为，石孔成字，实属罕见。不论其字在何部位，都是非常珍贵的。能发现文字，不仅要懂空心字体的构造，也要有镂空艺术的眼光，更要有石缘。

（2）人物类：英石中的石孔，多以镂空后的留白，呈现出人物特征，有的十分具像。此类呈像，以《芥子园画谱》中的简画人物居多，光头圆背的僧人和夸张的人物面像。欣赏石孔时，应注意其人物的位置与比例，不可牵强附会。（见第113页图二）。

（3）动物类：此类镂空后的留白，形似动物。动物类可作为点景，不必在意其位置，但其形态的朝向，要注意与英石的外部造型，有所呼应，力求融为一体，更为恰当。

（4）风景类：除以上几点外，此类石孔呈现出万物形态，或一叶可为一景，或一山可为一景，位置可不计，但注意整体的远景、近景、中景的位置，不可见孔会意，喧宾夺主。

（5）其他。不在以上之列的石孔艺术欣赏。

2.按石孔的数量可分为：

（1）单孔赏析：指石孔独立存在，石体中唯一的石孔。对单孔欣赏，要十分注重其位置的构图。石孔若与主题不搭配，宁弃勿滥。单孔的位置，有助于提升奇石外部造型的欣赏，但不能破坏其整体的构图和形态。这是石孔欣赏中，必须坚持的衡量标准之一。

（2）联孔赏析：指石孔与石孔之间相连，孔孔相连，融为一体，构图时相连的石孔，或俏形成像（见第113页图二），或左右映衬、独特出形。若呈不规则形状的，视其情境，或无题，或配景赏析。

（3）多孔赏析：指石体中多处出现石孔，或孔孔相连，或单孔存在，或似连非连。若其构图时，呈远景、近景、中景变化的为最好。若一处或多处呈现出形的亦可。若未见其境的，可不考虑。

3.石孔的配景组合赏析

在石界，常常在小品组合石中，采用点景、配景，构成一个完整的故事。在多孔的英石中，我们依然可以在品赏其"石内之趣、石中之趣、石洞之趣"时，根据石孔的不同位置、大小、多少及外部造型的需要，进行配景（见第114页图三）组合赏析。英石的配景组合赏析，是指在石孔的空洞处，点缀外景，如石孔在上，似天窗时，可点缀花枝、日月星辰，也可点缀书画、书法等。点景部分一定要起到烘云托月的点睛之笔，以增强奇石的意境，给观者一种浑然一体的感觉，并从中感悟出有形神韵。下面举例说明（重点为石孔赏析）。

图一：石孔赏析。此石名为《飞龙在天》。若观石中孔洞，看似无形却有形，鉴赏如下：此石的中间部分有三处"剪纸空影"。左侧是一个人物，身体前倾躬腿，双手向前，仿佛捧着什么东西，面向正中间的"雏鸡"。"雏鸡"居中，呈奔跑状，其神态极富动感。右上方雏鸡身后有一小孔，其寓意绵延不断。英石的造型，收藏者命名《飞龙在天》，"剪纸空影"的石孔，整体观之，亦可题名为《飞龙在天待凤出》。南方有鸡比凤之寓意，民间又多以鸡喻凤，如鸡爪称凤爪。

图一

图二：石孔赏析。此石收藏者命名为《孔圣人观日出》。单孔鉴赏如下：此石的右上方有一石孔，孔形如一老者，玉树

图二

图三

图四

图五

图六

临风悬空而立。其背对圈外之人，依然沉稳高洁，令人称奇。若论其有形，手触不可得，若论其无，视之有形亦有神。整体观此石，可命名为《山外有人》。结合石孔，题名为《贤者》。

图三：石孔赏析。此石收藏者命名为《倚云峰》。石孔鉴赏如下：两石并立犹如两人，又似山峰。粗细相当、高低齐平，中间相连。上下皆留有空间。石中两处孔隙，上可见青天，下可观飞瀑。用拟人的手法，可题名为《长相依》。有诗曰："人为山峰意绵绵，相濡以沫亿万年。风蚀瘦骨终不悔，一线飞瀑情相连。"

图四：石孔赏析。石右上石孔如一片梧桐树叶，轮廓清晰，叶尖处如露珠滴翠。亦可作花叶边看。在石孔的背后，可任意增添或文字（静），或花草、兰花等点缀其中，与石合二为一。此品赏法可称为"设景"，或配景组合。底座一处石孔，可不作考虑。

图五：石孔赏析。石体外形英石突兀、钟乳滴垂，内孔如苍天开眼。右下角孔洞有一隶书体的文字"人"。左侧空洞处似一人影，手高举过头。一个是"剪纸空影"的"人"形，一个是文字"人"。似乎寓意着"人"在石壁，洞外擎天。故题名为《擎天》。

图六：石孔赏析。此石多孔，或孔孔相联，或单孔独立。石中部的石孔处，有远景和近景之分。远处如一人背影，中景有两个人物；近景又似两个飞禽相对，欢呼雀跃。整体观赏透

着喜气和空灵。题名为"福洞客来勤"。

（注：此论文中图片均来自网络）

（作者系河南省观赏石协会副会长、观赏石二级鉴评师）

第三章

石乡专家石友品英石

英石的收藏价值

◎ 成云飞

有着"中国古代四大名石"美誉的英石，集瘦、皱、漏、透、质、色、纹、润、险、雅、奇、丑诸美为一身，在源远流长的中国石文化中占有重要地位，是古往今来公认的赏石瑰宝。

自20世纪九十年代中期以来，历史悠久的英石收藏迎来了新一轮高潮。随着人们生活质量和精神文化需求的不断提升，越来越多的人加入到寻石、赏石、藏石的行列，收藏队伍和市场规模蔚为壮观。

英石主要产于广东省英德市境内。主产区在英德市望埠镇。有黑白石、花筋石、雨滴石、五彩石、横纹石、纵纹石、叠石、白英石、黑英石、绿英石、红英石、碎皱石、大花石、水英石、英石化石等。英德市山川灵秀，奇峰连绵，千峰万壑，蔚为壮观！

英石的收藏和赏玩称得上是盛名久享。自古以来，有名的藏石家无不藏有英石珍品，有文献记载的就有苏轼的"仇池石""壶中九华"，吴六奇的"南岳真形"，赵之壁的"一柱擎天"，永常的"研山"，顾鼎臣的"屈子行吟图"，张作霖的"君子之风"，张大千的"颜筋柳骨"，张传伦旧藏的"虎攀岩""惊螭""莲峰并峙""泄月"等。南宋《云林石谱》上记载石品116种，英石被放在第三位。明人文震亨撰写《长物志》，写英石"起峰高优至三尺几寸余者，小山之前叠一小山最为清贵，然道远不易至"。明人江桓写英石"奇峰乍骈罗，森然瘦而雅"，这是对英石由衷的赞叹！清初朱彝尊的"曲江门外趁新墟，采石英州画不如。罗得六峰怀袖里，携归好伴玉蟾蜍"，写到画都不如英石的美丽。清代陈洪范的"问君何事眉头皱，独立不嫌形影瘦。非玉非金音韵清，不雕不刻胸怀透。甘心埋没苦终身，盛世搜罗谁肯漏。幸得砥砥磨不磷，于今颖脱出诸袖"，写出了英石的皱、瘦、漏、透以及当时的盛世搜罗英石，也说明当时得一块英石是极为不容易的。更有米芾、杨万里、王象之、徐经孙、范成大等文人品析赏玩英石。英石受到诸多名士如此钟爱，是因为英石具有独特的魅力：一是无论大小，天然成形，千姿百态，鬼斧神工，并具备了"皱、瘦、漏、透"诸要素，意境深远；二是英石的肌肤往往巉岩嶙峋、沟壑纵横、苍翠温润、古朴拙绝，灵动纤秀，花式十分丰富，韵味十足。三是色泽以黑、灰为主，间有白色、暗红、五彩、黑白色、绿色等，不仅多姿而且多彩。四是有的英石有"玉振金声"的音质，轻击微叩，都可发出玲珑之声，余韵悠长。

一、收藏市场

历史上对英石曾有两次较大规模的开掘和收藏。一次是北宋中后期，先是当地人士采石筑园，或为清供，经苏轼、米芾等称扬，名声愈噪，直到徽宗修筑艮岳石，达到高潮。

此后即少有人问津。元代时间跨度较短，遗留有可考的英石有紫禁城御花园的方台座英石"银壶"和圆盆座英石"曲云"。这些只作为园林石，几案石无从考证。这种局面一直持续到明代。计成所著《园冶》介绍英石的产地、颜色等大体与《云林石谱》相同，但强调了英石的作用"大者可置园圃，小者可置几案，亦可点盆，亦可掇小景"。清代也有大量的名人赏玩英石。自20世纪九十年代中期开始形成的新一轮收藏热应该是有史以来第三次。2000年以后，国内大城市有实力的收藏家，慕名前往英石的主要产地——英德市望埠镇等地，寻觅、挖掘、收购英石。在产地，当时一件上品的石头，价格不过数十元、上百元，运到大城市往往就增值十倍百倍。2008年香港苏富比拍卖行的一件高73厘米的英石拍品，成交价192.75万元。市场价值的飙升极大地刺激了英石的收藏和开掘，当地群众视采石为致富途径，纷纷上山觅石。由于英石多产于山上裸露于地面，捡一块少一块，而且大批的民众上山捡英石，英石资源进一步萎缩，现在的石农已经很难捡得到较好的英石了。

按照收藏市场规律，藏品的市场价值往往由其文化价值和供给情况所决定。英石具备的天然艺术品唯一性和资源不可再生性，也就有了值得期待的升值空间。由于存世的"老英石"多是体量巨大的园林景观，又多保存在如北京故宫御花园、开封大相国寺、苏州拙政园等名胜之地，能够上市的"老英石"十分罕见。因此，现代英石精品价格不断飙升。有藏友五六年前以几十元收购的一件名为"长相依"的小件英石，去年初转让出售的价格是1万多元；至于一些体量更大、造型更好的英石，从最初的几十元、几百元收进到几万元、几十万元转手，市场上早已是屡见不鲜。英石的收藏交易，除了散见于一些拍卖活动和奇石展会、赏石店面外，主要集中在英德市区和江苏、天津、上海等地，尤其是英德市望埠镇在当地政府的大力扶持下，以中华英石园为主的英石市场逐步规范和繁荣。中华英石园近2000平方米的大厅里，展示着500多件大小不同、形态各异的英石，价位从几百元到几百万元不等。这里为进场交易的英石提供专家鉴定，提供鉴定证书，采取专家评估定价和卖主标定最低价两种形式，为买卖双方提供诚信、公平的交易平台。交易中心还进行网上展示、交易，最大限度地方便收藏者。

　　英石如何辨别、从哪里入手、第一点看什么、接着看什么，当即定论是不是英石，然后再鉴赏分析确定它的艺术、经济和收藏价值，这是极为重要而又必须掌握的简单的方法。以上所谈的英石特点多指英德石之中的阳石。其他石种如白英石、绿英石、彩玉石、黑白石等应该说比较容易鉴别，只是多从它的形态、完整性、神似、意境等方面考虑其品位就行了，最难的是本地类的英石与其它有着喀斯特地貌地区产的那类"英石"辨别鉴赏。英石依据它的同位素测定和地理位置的不同可知英石的产地不是单一的，从古代的记载中就得知。广西、贵州、云南、湖南等地均有英石，但造型和石质的不同决定着英石是否来自正宗的产地。英德市所产的英石是温润苍翠的，上手比较温和、润泽，易于手养，易出包浆。从古到今，人们始终认为英德的英石是最具收藏价值的种类。

下面就谈谈具体辨别的方法顺序。

先看该石是否全天然脱落，有些英石是凿出来的，留下的新口清晰可见，有之，也可赏玩，但价值就大打折扣了。

看石肤、石纹。英石的石肤，表层有一层灰黑的天然包浆，极具手感（瘦、皱、透、漏的特点不影响石肤）。石肌中有着特殊的白灰色石纹，其纹理自然清晰流畅。表现出的原始风霜味和音乐韵律感，充分体现了苍古厚重、自然古朴的鬼斧神工造化之美。

弹敲听音。由于英石属于石灰岩岩石，磨氏硬度在4—6度，所以用手指弹敲或用木棒敲打，可听到悦耳清脆的声音。没有声音的就相对差一点了。

以上三条标准，就是辨别英石真伪好坏的首要标准。广大石友在实践中可多向专家请教，多与当地石农交流，便会很快掌握这些辨别方法的，但是随着市场需要，英石热的兴起，一些石农"加工"技术的改进变化，又为我们辨别真伪不断提出新的挑战，因此，辨别真伪的能力也需要不断加强和提高。

二、如何鉴赏英石的品位等次

英石以其质、形、色、润的独特特征和瘦、皱、透、漏、丑、悬、险、雅、奇、纹等千奇百态的丰富变化，而备受古今中外赏石界的喜爱。那么如何掌握鉴赏英石的品位等次的方法呢？在考察以上特点的基础上，更要从以下几个方面来研究评判。

1. 象形类的鉴赏评判方法

形象逼真。英石中尤以象形石居多，又以狮、虎、马、龙、凤、鸡、麒麟、羊、树松等动植物、瑞兽类居多。在观察"象"的基础上，开始考察其结构完整、比例恰当、厚薄合理、肢体齐全等方面如何，然后再考察其动感、神韵即神态如何，以及瘦皱漏透中有几点达到，以上几点基本上达到即可定为神品。

是不是原石。所谓原石，就是天然形成，哪怕个别部分多余或残缺也不要紧，尤其要看关键部分，如头、嘴、脖、眼，越是"象"得很的地方越要特别注意，要十分仔细观察验证，无人为加工或粘制。其他部分主要考察伤残、截底等，总之，不能有一点人为痕迹。

石肤、石肌。温润、细腻、手感好，这对英石品位高低优劣也极为重要。

配座与题名。一方好的英石无论是山峰景观类，还是象形类，必须有稳定感、底平、起座容易，强调配座要稳实、稳重，同时要考察配什么样式的石座，以便能烘托突出英石的等次品位来。还要根据英石等次选择相应的材质，越名贵的木材，做出来的品位就越显珍贵。

石文化作为一种高雅、健康、文明、时尚的象征，起一个什么样的名字，对于提升英石的观赏价值也极为重要。一般地讲，要有文化氛围、文化背景、艺术联想、赋予人间风情、为世原则、育人哲理、赋予时代感，切忌直呼其名，平白无味，又忌过于隐晦，百思不得其解。如美国胡可敏收藏的"状元石"这个题名十分恰当。整体造型像一个书字，状元都是从读书出来的，所以起名"状元石"，这里确实有反复思考比较、探讨、实践积累的过程。命名一定要积极安详、追求美好生活和人间胜境。

2.山水景观类英石的鉴赏方法

一是考察整体效果，再考察变化是否有序，符合人们追求和想象的胜境，或相似现实中名山名水，以及吉祥的植物类等；二是找出主体部分，研究表达表现的主题是什么，是否符合人们的思维方式和欣赏标准、主题健康向上的美德要求。因此，最能说明意义、最能突出特点的在哪里，一定要找出来；三是要看走势、起伏变化，所能代表的意境要多思考、多看、多比较再作评判。凡属精品，都应该具有深刻意境和丰厚的文化内涵。如英德骆清发先生珍藏的《君临天下》《小桥流水飞云间》，英德成先生珍藏的《君临砚山》，朱章友先生的《天台山》，陈作安先生的《高山流水》《蓬莱仙境》当为英石山水景观类的神品，给人以小见大、如临其境、享受自然、放松心情的美妙，使其具有鉴赏价值。

以上所谈英石的鉴赏评判方法，指导思想上是追求自然，放松心情，享受美好生活。所以从整体性、变化性、烘托配座、点睛命名诸方面考虑的，突破了传统的就石论石、针对个别的方法，这也为发现、理解、联想英石的意义、内涵和神韵，提出了思考，也为如何提升英石的收藏价值和鉴赏水平提出了要求与希望。

三、收藏常识

英石的分类过去一直没有统一明确的说法，给藏友收藏带来了诸多麻烦。英石的分类，按体量大小，分为园林石、厅堂石、案头石和把玩石；按色纹分为纹石、黑白石、五色石和其他品类；按形象分为景观石、象形石、禅意石等。上述分类中，除园林石因为体量的因素，一般藏友很少涉足外，其他都可以根据喜好作为收藏对象。值得特别注意的是，英石收藏中的文化因素十分重要，一件藏品不仅要有好的品相，还要有点石成金的"命名"和相得益彰的"配座"。目前藏市中，拣品相之"漏"已经很难，但是高人一筹的文化素养往往可以在藏品的"命名"和"配座"上，收获意外之喜。

与其他热门收藏一样，英石收藏也存在着造假作伪现象。造假者常常对自然形成的石头采用切割打磨抛光、钻孔镶嵌、烧烤涂油等手法。专家指出，由于英石硬度低，很容易切割打磨，容易酸洗，所以要特别注意那些造型十分生动的英石和一些比较大的石盆石砚等。另外，选择象形石，要注意观察象形的突出部分（如手、足、翅、五官等），看其是否与主体浑然一体，是否有胶粘痕迹。至于用电钻电锉斧凿、切面、锯底后，再用细砂磨、盐酸渍来处理的作伪手法，则需要专家进行鉴别了。

"求一石易，养一石难"，收藏英石一定要走出石头不需要保养的认识误区，既要赏石也要养石。专家和资深藏友建议，收藏英石要以石为友，经常用手抚摩把玩，使人气和体润渗入石肤石体，时间长了即可形成包浆，包浆越凝重赏玩价值越高；其次要定期进行清洁，尤其是定期用布加净水抹擦，不仅有利于保持石头的生气，还有利于保持英石独特的意韵。同时，保养英石还要特别注意不能损坏石体，不能用油蜡之物涂抹，否则其观赏价值就会大打折扣。

四、收藏原则

1.精品原则。这是广大石友必须追求的，特别是初涉石友，不要受在哪里的石馆看过,或在书上、画册中见过类似的,模样相近,或者成交出售过类似奇石,甚至卖过多少钱等等因素的影响或干扰。一定要确定,只有精品英石才具有收藏价值和经济价值。所以,在选择或购买时要多比较多观察,最好多听听资深专家和有过丰富收藏经验人士的意见,这种请教和学习十分必要。

2.个别原则。英石种类繁多,如何根据资源稀有情况和个人爱好,明确选择自己所要收藏的方向和英石石种。力求无论在数量上,还是精品档次品位上,要有独立独特的风格,要力争在这个品类中或一个地区范围内有一定影响面,甚至追求"收藏大家",或独占鳌头。如有人主攻象形英石,有人主攻山水景观,有人主攻黑白石,有人主攻碎皱石,有人主攻彩英石,等等。

3.展示交流原则。自己收藏的英石是否属于精品,如何界定,一定要克服"肯定自己、否认他人"的不良心态。要多展示交流,具体地说就是,一要多与资深收藏者交流看法,多请他们来鉴评。二要多看石馆、石展,所谓的标价很高、谈论最多的精品,分析对照自己的藏品可以界定。三要多参加大中型石展,参展参评,要相信专家们在理论上、综合评定方面还是比较准确的,找出自己藏品的品位,不好的可作"商品石"处理,这样既可收回成本,也可集中财力购买更多精品。展示的另一层含义是,精品在家里摆放,如位置、几架、灯光等,亦要考虑最能表现藏品的观赏性,以达到收藏、观赏的双层效果。

4.与时俱进原则。主要是多了解外界包括本地区、其他省份、全国直至国际,对英石收藏的认识、观点、变化趋势,即了解目前各方面的行情,调整自己收藏中的不合时宜的方面,不断提高收藏的准确率和藏品收藏价值。

（作者是英德市观赏石协会秘书长）

保护非物质文化遗产　促进文化英德建设

◎ 范桂典

2007 年，"英石假山盆景技艺"由广东省推荐参加第二批国家级非物质文化遗产名录，国家级非物质文化遗产名录评审委员会根据项目价值进行了认真评审和科学认定，同意将该项目列入保护名录。"英石假山盆景技艺"与江苏省扬州市、泰州市的扬派盆景技艺、安徽省歙县的徽派盆景技艺一同并入"盆景技艺"（序号 870，编号Ⅶ-94）。经过两次的申报，英石传统工艺终于功成名就。而在申报成功的背后，是英德市几年来努力抓好非物质文化遗产项目申报工作的一个缩影，综观英德"申遗"工作，主要体会有以下几个方面。

一、起步早是落实申报工作的前提

2005 年，我国在全国范围内开始了首批国家级非物质文化遗产名录的申报工作，各地根据有关要求，紧锣密鼓地开展了非物质文化遗产的普查和申报工作。清远市也根据广东省的安排部署，积极开展了辖区内非物质文化遗产名录的申报工作，当时参加广东省第一批非物质文化遗产名录申报工作的只有英德和连南两个县（市），第二批以后才将范围扩大至全清远市。

2005 年 7 月 28 日，省文化厅在潮州举办广东省非物质文化遗产保护工程第一期培训班，英德派出文化干部参加，期间确定"英石假山盆景传统工艺"作为申报首批国家级非物质文化遗产代表作。之后，由英德市委宣传部牵头、英德市文化广电新闻出版局具体实施，搜集整理有关英石传统工艺材料，重新梳理有关英石假山盆景传统工艺史。通过逐级申报，2006 年 5 月，广东省首批非物质文化遗产代表作名录经联席会议讨论通过，该市申报的"英石假山盆景传统工艺"被省政府列入"广东省第一批省级非物质文化遗产代表作名录",成为全省78个被列入项目之一;同年5月25日,国务院正式宣布凉茶成为首批国家级非物质文化遗产,广东省21家凉茶企业获颁"国家级非物质文化遗产"证书,英德徐其修凉茶位列其中。这是该市开展非物质文化遗产保护取得的初步成果。

2006年,英德市率先成立专门机构并全面展开非物质文化遗产保护工作。3月1日,政协英德市第九届四次会议上,政协常委、文广局副局长林超富题为《保护非物质文化遗产,促进社会和谐发展》的议政发言,受到高度关注。市委主要领导当场作出重要批示:非物质文化遗产保护工作对于民族文化的发扬光大非常重要,英德义不容辞应把这项工作做好,同时对当地的旅游业包括经济发展各方面都有重要推动作用,此项工作市要成立专门的领导小组予以推动等等;并批示市财政安排20万元专项资金用于启动,指示要加快向国家、省的申报工作,形成一个品牌向外界推介。同年3月13日,中共英德市委办公室下发《关于成立英德市非物质文化遗产保护工作领导小组的通知》(英委办[2006]11号),成立了以市委常委、宣传部长为组长的英德市非物质文化遗产保护工作领导小组,成员由文化宣传部门各有关人员组成。英德成为清远市最早成立"非遗"机构、最早落实专项经费的一个县(市)。随着人员和经费的落实,该市非物质文化遗产保护工作开始迈上正规化轨道。

近年来,英德市委、市政府根据自身特点,提出了建设"山水英德、文化英德、活力英德"的特色化城市目标,城乡面貌发生了显著的变化。非物质文化遗产保护是该市文化工作的重点之一,在该市党委政府的重视下,各有关部门紧密配合,英德市的非物质文化遗产的普查、挖掘、整理工作持续开展,取得了一定的成效,走在了清远市的前列。2006年至今,已申报成功国家级非物质文化遗产名录2项,省级名录2项,市级名录7项,县(市)级名录40项。此外,非物质文化遗产成果还形成了理论成果,结集出版,产生了良好的社会效应。

二、村落文化调查是申报工作的有益补充

英石假山盆景工艺是英德市民间手工艺的一大特色，它是当地的能工巧匠充分利用当地资源，进行整合、加工，以生动的形式，表现人们传统的审美观念、文化态度、生活方式等的一种手工艺术。英石假山盆景制作的工艺还是望埠镇首创的，这种制作工艺史可追溯到明朝，清朝陈淏子所著《花镜》记载山水盆景制作用石"昆山白石或广东英石"，充分肯定英石为制作假山盆景之上乘材料。清朝屈大均所著《广东新语》提出了"大英石"和"小英石"两个概念，其中还记载到英石运至"五羊城"垒为假山，"宛若天成，真园林之玮观也"。英石盆景的制作环节很讲究，专业工匠往往要一丝不苟才能完成。盆景制作好后，可根据个人喜好，或植上树，或种上草，以形成树附石式、石附树式等各种样式。英石假山选用英石构件，一般堆砌成峰林状、悬崖状、岩洞状、叠嶂状等。与英石假山相比之下，盆景选用的构件小得多、精巧得多。传统英石盆景主要有山水式、旱山式、树附石式、石附树式，造型主要有峰、峦、岭、峡、崖、壑、岛、矶、嶂、岫、岑、渚等，用料不多，有的一石成景，有的三五件造成。它的独特的制作流程，进一步拓展了英石的广泛的用途和观赏价值，所以一直以来广受奇石爱好者的欢迎。

不但要做好英石假山盆景技艺等申报项目有关资料的整理，经常性的村落文化调查成为英德非物质文化遗产保护的常规工作，这是英德市在此项工作中的一大特点。

通过重视宣传推介工作，英德市的非物质文化遗产保护工作影响不断扩大，逐渐为社会各界所关注和了解，并得到了大家的支持。这是引导社会力量共同参与保护工作的重要途径。

三、收集整理是申报工作的成果体现

2007年，我国非物质文化遗产保护工作已进入了一个新阶段，英德市在2006年打下的坚实基础上，进一步做好了该市非物质文化遗产保护工作。一是以纪念当年6月10日第二个"文化遗产日"系列活动为载体，动员全社会共同关注非物质文化遗产，全面推动各项活动开展，6月10日前夕，由政协英德市文史资料委员会与该市文广新局共同编辑的《英德非物质文化遗产》专辑出版，全面展示该市深厚的历史底蕴和丰富多彩的文化遗产，这是广东省较早出版的非物质文化遗产专辑。二是《英石》由广东人民出版社作为"岭南文化知识书系"丛书之一种出版发行，标志着在英石非物质文化方面的研究又迈上了一个新的台阶。三是2007年底，历时半年的搜集整理，作为研究英石的首部志书——《英石志》由赖展将、林超富、范桂典编撰出版。该书是在已出版的《英石》《中国英石》《中国英石收藏传世名录》等书的基础上出版的，全书分"英石发展史""英石的表述""英石的文章"及"英石的其他"共四章十三节11万字。该书是英石文化的一个延伸，更是英德非物质文化遗产保护工作中对英石部分的一个小结。四是积极申报国家级名录，2007年，"英石假山盆景技艺"由广东省推荐参加第二批国家级非物质文化遗产名录并最终成功列入国家级非物质文化遗产名录。这也是英德市申报工作的最大亮点之一。

非物质文化遗产的保护工作没有句号，只有逗号或顿号。在英德市委、市政府的重视下，在各方面的帮助下，在各项工作的有力开展下，英德非物质文化遗产保护工作将会亮点纷呈，在"文化英德"的建设中继续发挥其重要而积极的推动作用。

（作者是英德历史文化研究者，清远市民间文艺家协会副主席、英德民间文艺家协会主席）

英石皴法初探

◎ 邓伟卓

天下无处不山，山中无处无石。

英石的宗源产地英德，是属于中国岭南特有的喀斯特地貌。喀斯特地貌又称岩溶地貌，是水对可溶性岩石（大多为石灰岩）进行溶蚀作用等所形成的地表和地下形态的总称。英德虽处于广袤喀斯特地貌的华南、西南地区之一隅，但在古代是岭南与中原联系的必经之路。英德风景如画，民风淳朴，作为中途必经驿站，引无数过客停留。宋代曾丰有诗《乙巳正月过英州买得石山》："飞篷今始转广东，英石不与他石同。"英石始以之独特的品质为世人所知，这种品质是什么呢？

曾几《程吉老抚干以英石见遗层叠可爱报之以此》诗云："如何密密深深地，忽有层层叠叠山。"王十朋《李伯时赠英石》诗云："平生性有好山癖，袖得两峰归故乡。"曾丰《余得英州石山》诗云："小山欲与岳为曹，其末虽危本则牢"，"湖上飞来小祝融，群青在侧一居中"。英石的体量虽然不大，但峰峦起伏、嵌空穿眼的态势极受宋人爱戴。

在古代的文人士大夫中，琴棋书画都是不可少的随身技艺，从玩赏英石的过程中，"密密深深""层层叠叠""袖得两峰"这些词汇正中与古代绘画技法的"皴法"法想契合。

皴法是中国画表现技法之一。古代画家在艺术实践中，根据各种山石的不同地质结构和树木表皮状态，加以概括而创造出来的表现程式。其皴法种类都是以各自的形状而命名的。早期山水画的主要表现手法为以线条勾勒轮廓，之后敷色。随着绘画的发展，为表现山水中山石树木的脉络、纹路、质地、阴阳、凹凸、向背，逐渐形成了皴擦的笔法，形成中国画独特的专用名词"皴法"。

下面用国画的皴法与英石丰富的肌理进行比对。

1.斧劈皴,明代倪端《聘庞图》对应斧劈皴

2.豆瓣皴,宋代范宽《雪景寒林图》对应豆瓣皴

3.折带皴,元代倪瓒《枫落吴江图》对应折带皴

4. 解索皴，元代王蒙《青卞隐居图》对应解索皴

　　中国哲学追求天人合一，道法自然，人对自然敬畏之外，也用自己的生命参与宇宙自然世界。我们重英石的形之外，英石的肌理，皴皱也是亘古的自然岁月留刻于我们不可多得的美学财富，有待我们更深入地挖掘，让英德从形到纹，从意到韵，全方位地呈现于世人。

造型石的地质成因及英石的自然美

◎ 朱章友

奇石又称观赏石、雅石，一般分为五类，即造型石、图纹石、矿物晶体、古生物化石和特种石。英石属造型石，且十分精美。那么英石的美来自哪里，珍贵在哪里呢？本文就造型石的地质成因及英石的自然美小作探讨。

一、英石等造型石的地质成因

造型石形成变化的形态，通常与岩石内部的不均匀构造及差异侵蚀，强烈侵蚀作用，可溶性岩石的溶蚀、剥蚀形成的初始有趣形态，以及各种形态的原生构造等条件和因素有关。

（一）岩石内部的不均匀构造及差异侵蚀

岩石内部的不均匀构造，即岩石中矿物成分或结构的某种不均匀性，导致岩块在地表条件下发生差异风化和侵蚀，从而形成各种变化的形态，岩石自身不均匀性构造是形成造型石的主要条件。

地球所有岩石分为三大类，即岩浆岩、沉积岩和变质岩。沉积岩和变质岩通常发育有宏观尺度上的构造差异性，如沉积岩的层理构造、条带状构造、结核构造、泥裂构造等，变质岩的条带状构造，少数岩浆岩的气孔状和杏仁状构造等。这种不均匀构造，有的表现为层状和条带状的软硬或粗细的差异，有的是随意区块状的差异。在地面风化和侵蚀作用下，较软弱的部分较快被风化和侵蚀，更多地凹进，较硬的部分相对凸出，从而形成千奇百怪的形态，如长江玄武绿。

（二）强烈的侵蚀作用

外动力的侵蚀能力太强或者岩石的抗侵蚀能力较弱，或者二者兼而有之，也能导致岩块的快速侵蚀并形成变化的形态。

即使岩石内部成分、构造均匀、不具有可溶性，在强大水流长期的原地淘磨冲蚀作用下，也能形成各种变化的形态。在南方大江大河的峡谷段最为明显，如红水河上游和长江宜昌以上河段等，这里形成了梨皮石、摩尔石、水冲花岗岩。这几种造型石的构造是比较均匀的，岩体内部不具有可导致差异侵蚀的构造差异性，是强水流的外部条件和复杂的地理因素造成了选择性的侵蚀。

在戈壁地区，风沙的侵蚀对地表附近的石块也有很强的塑形作用，尤其是对不均匀构造的石头造成差异侵蚀留下硬度很大的硅质的部分，形成千变万化的戈壁石。

（三）可溶性岩石的溶蚀作用

发育原生层理及次生断裂的可溶性岩石（如石灰岩），在地下水或地表水的作用下，发生不均匀溶蚀，很容易形成富于变化的形态。

石灰岩等碳酸盐岩是地表分布广泛，并具有微弱可溶性的岩石，出露地表的石灰岩会遭受雨水和地表水流的作用，形成各种侵蚀形态，如云南的石林地貌，地下水对石灰岩的侵蚀作用则更加普遍和强烈。

石灰岩通常发育原生的层理和条带状构造。另外，在地壳运动的作用下，体内经常发育与层面高角度相交的断裂，其中细微的裂隙即使没有将岩体完全分割，也在岩块内部形成一定的薄弱面，而充分错动的断裂构造将完整的岩体切割成彼此分离的岩块，有利于地下水的流动和侵蚀作用。

岩体内各种透水界面（断裂、层理）渗透性能的差异，造成溶蚀作用的差异，流动性强、薄弱的部位，溶蚀作用更强，而且这种差异溶蚀的结果，又反过来使得溶蚀作用的差异更强。因为溶蚀形成的空隙越大，地下水的流动性也越大，导溶蚀速度加快。地下水沿着岩石中断裂和层理的长期流动和溶蚀作用使溶隙扩大，溶隙间便留下各种形态的石灰岩，形成千变万化的形态。甚至富含孔洞的溶蚀石灰岩造型石，如广东英石、安徽灵璧石、江苏太湖石、湖南武陵石。

所以，易于形成溶蚀石灰岩形态石的条件，通常是断裂构造发育的区段。

另外，其层位通常位于地基浅部，因为地下浅部是地下水的垂直运动和水平运动最为活跃的地带，有利于溶蚀作用的进展。而在较深部位，即使存在可溶性石灰岩并发育有断裂，但地下水流动性差，溶蚀作用趋于停滞。

由于白云岩可溶性相对于石灰岩要弱得多，因此形成溶蚀造型石的机会要小得多，但仍有少量造型观赏石品种出现，如北京轩辕石（铁锰质白云岩）和广西都安石（沙质白云岩）。其中都安石形态的形成，除流水冲蚀因素外，还兼有溶蚀作用。另外，安徽宿州的莲花石也是白云岩。白云岩中发育的密集裂隙经过溶蚀后，在其表面形成特殊的刀砍状构造。

二、英石的自然之美

英石之美是多方面的，她是自然美、艺术美、科学美相结合的一种综合之美，这是英石较一般的自然物，一般的艺术品，更具有魅力的原因之所在。英石是大自然的产物，她的美在于自然，妙在天成，风之磨、水之蚀，经岁月的雕琢，创造出无声的自然美。

（一）英石美的本质是自然之物

英石之美在于她是自然之物。地球有近五十亿年的历史，人类的出现不过五百万年，人类本来是从自然中产生的，是"自然之子"。可是当人类社会一出现便与自然形成了一种对立的关系，从原始人类的敬畏自然到现代人类的改造自然，莫不如此。但在人的心灵深处，始终存在着一种回归自然母体的情愫。现在提出的构建环境友好型社会，既是对人与自然的重新审视，也是人类心灵的一种回归。现代环境美学家卡而松则进一步提出了"自然全美"的命题，意思是凡自然之物都是美的，这与中国传统美学中，庄子所言"天地有大美而不言"同出一辙。

英石是自然之物，她的美是自然之美。"清水出芙蓉，天然去雕饰"，对美的自然意味的追求，对自然的崇尚是中国传统文化中源远流长的审美理想。"文章本天成，妙手偶得之"，认为文艺创作若能达到自然之美的高度，便是出神入化之作了。

（二）英石自然美的形式是奇

英石之美还在于她是自然中稀罕之物，从对英石赏析来看，可从立体欣赏、平面欣赏以及平面与立体相结合欣赏这三个方面进行，而这都要把对英石形、质、色、纹等自然属性的考究作为切入点。那么，在自然作用下，英石所特有的常见瘦、透、漏、皱、质、色、纹、韵或其组合就会令人惊叹自然造化的伟大，从而受到一种美的震撼。英石之美，一个"奇"字切中要害，一"奇"惊天下。

在审美实践中，英石和其他观赏石一样，以奇为美是一个普遍的认识，奇到极致便是绝无仅有了。现在全国各地很多收藏、研究观赏石的组织都叫某某奇石协会就是一个很好的印证。英石"美"的近义词是"奇"，其"美"的反义词不是"丑"，而是"一般"与"平庸"。

英石的"奇"所带来的美感，一是惟妙惟肖，妙不可言，让人有惊奇的感受。二是"瘦、皱、漏、透、韵"的奇特、奇巧、奇拙、奇丑，给人一种不可名状的"此曲只应天上有，人间那得几回闻"的恍惚的独特的感受。

（三）英石的自然美具有不确定性和多样性

英石的自然美还在于她的不确定性和多样性，从客观上来说，英石的不确定性和多样性是在"瘦、皱、漏、透"和质、色、韵呈现上的多样性，同一块英石可以从不同的角度来解读，所以有"一石几看"之说。从主观上来说，对英石的美感受赏析者文化背景和审美水平的影响，同一块英石，不同文化背景和审美水平的人会有不同的审美感受，除了特别具象的英石可以众口一致地说它是什么之外，绝大多数的英石，意象的，似与不似，抽象的，天马行空，赏析中的见仁见智已是一种赏石的常态。

英石属造型石，绝大部分为立体赏析，从理论上来讲，欣赏的角度有无限多的可能性，可以达到物移景换的程度。人们都有这样的感受，在某角度看是具象的造型石，因角度的不同而转换成意象的，或抽象的。英石还有一个典型的特点，就是立体意境，人们又称之为意境型英石，一块好的意境石就是一个自然山川景物的缩影，如湖光山色、千峰竞秀、小桥流水、洞天福地等各种各样的自然景观都可以在小小的英石中呈现。在众多的奇石中，英石是最容易呈现和最贴近自然景观的石种。

英石是经漫长的地质作用形成的特殊地质遗物，英石从远古走来，历尽了岁月的雕琢，正因为这样，英石的美才显得奇特、珍贵、恒久，让人百看不厌，意味深长。

（本文参考了中国观赏石协会编《观赏石鉴评师培训教材》）

英石中的奇葩
——浅谈细皱英石

◎ 黄永健

　　仁者乐山，智者乐水。古人用山"岿然矗立、崇高、安宁"的品质和水"阅尽世间万物、悠然、淡泊"的品质来喻人，可见古人对山水的深爱之情。当今，久居城里的人们，每逢假日，总是倾巢而出，驱车野外，或远眺群山，或仰望高山，或箕踞攀山，无不表现人们对山的亲近和喜爱之情。

　　可是，"繁忙"是现代人生活的主旋律，节假日毕竟有限，若备一方细皱英石山子（小山形石），置于办公案台或家中，闲暇之余观摩，其"石小景大，尺寸千里"的意蕴，亦能使人获得跋山涉水、穷顶探幽的享受，从而培养人们热爱自然、珍惜自然的情感。

　　在众多英石山子中，英德市北部出产的细皱山子最具"山""水"的品质。它具有山峻、峰奇、水秀、纹理细而皱的特点，是英石中的奇葩。

　　所谓的"皱纹英石"是英石中的一个品种，由于它的表面布满如锉纹状的石纹，英德人把这种英石亲切地称为"细皱"。

　　一方小小的细皱英石山子，且不说它那迷人的"水路"和那奇峰幽壑、重峦叠嶂和灵动雅致的形态，单是它那细而皱且似有"规律"的"皱纹"，就足以令人惊叹大自然的鬼斧神工了。

　　它形态多姿，意蕴丰富，石小景大，尺寸千里。有的如老君山，端庄大度；有的如香炉山，九天飞瀑；有的如黄山，雄奇瑰丽；有的如张家界，清新雅致。

　　上天赋予细皱英石充分的"瘦皱"品质和沉稳的"山形"特征，却极少赋予它"漏透"品质和"云头雨脚"特征。这与细皱英石的成因分不开的。它的主要成分是碳酸钙（俗名石灰石，化学式 $CaCO$），此外，还含有少量

细皱英石《九天飞瀑》15×8×10 厘米　　英石《月出东山》(背面为佛影仙踪)
19×10×10 厘米

的白云石。白云石的硬度为 2.8-2.9，比石灰石的硬度略低。在千百年来的风化过程中，伴生在石灰石上面的白云石，由于其硬度较低，便率先被风化，从而形成了一条条纵横交错的"小沟沟"——美丽的"皱纹"。那些较粗的呈现条纹状的白云石，便成为"水路"。有的如"古道"，有的如"流水"，有的如"瀑布"；那些较粗的呈现片状的白云石，大多成为"白云""雪山"，甚至成为山顶的"月亮"。

　　皱纹英石是大自然赏赐给英德人民的一份厚礼。据英德的石友统计，自 20 世纪九十年代末开始采捡以来，仅其中的一座方圆不足十平方公里的小山，捡石人就"捡得"三百多万元的产值。现在皱纹英石也已经接近资源枯竭，玩石人都懂得且玩且珍惜！

英石的物质与非物质

◎ 范桂典

英石是英德人引以为自豪的地方特产，它既是全国四大园林名石之一，也是全国四大名石之一。据有关的史料记载，大约从宋朝开始，英石就已被人们发现、挖掘、赏玩、收藏。因此，不独今天，其实在古代英石就已声名远播了。

英石是物质的，又是非物质的。

英石是物质的，指英石首先是作为一种实体存在的。其一是英石的形成是物质的。正宗的英石资源在今天的英德市望埠镇境内的英山。英山位于望埠镇东部10公里处，主峰在该镇同心村东面，海拔561米，方圆140公里。英山是望埠镇和东华镇的分水岭，其余脉向北延伸至沙口镇的清溪，向南延伸至连江口镇的浈阳峡。英山是石灰石山，所产英石是英石当中的正宗资源，它由无数松散的板块构成，受暴冷暴热的气候和风雨影响，风化、腐蚀、发育得极其典型，瘦、皱、漏、透的特点俱全，整座山峰峦耸拔，雄奇峻削，嶙峋怪险。山上、山沟均能采到上乘的英石。其二是英石变化多姿的物质外壳。由于其成因特别，许多英石的形状都呈现出不规则的千奇百怪的外观，或峰峦挺拔，岩洞幽深；或体态嶙峋，棱角纵横，纹理细腻；或嵌空石眼，玲珑宛转，精巧多姿；或刻划奇巧，玲珑峻削……总之，一千个人对英石就有一千种看法。

英石变化多姿的物质外壳诱发了人的想象，每一个看过它的人，都会自觉或不自觉地带着自己的审美观点去审视、欣赏，尤其是文人墨客，更是往往在看过之后容易把它与人的性格和审美情趣切合，从而生发出诸多的感慨。正如当代《英石成名浅议》（凌文龙）文中所提出的观点：古时的文人雅士，一经接触了英石，便发现了英石独特性格，原来竟和自己的性格如此合拍，于是他们视英石为知己，是最自然不过的了。他们不断搜求英石，赏玩英石，英石的名声，也就一传十，十传百，愈传愈响了。从这个意义上说，英石又是非物质的，因为它带给人们的，除了外形，更多的是它所蕴含的只供人感知的艺术享受。

英石的非物质特征还表现在它的另外一种表现形式——园艺方面。英石丰富的观赏价值决定了它不但于室内"可置几案,亦可点盆,亦可掇小景"，还可用于园林布景。我国宋代汴艮岳已选用英石点景，明建清修的顺德清晖园中的狮山和斗洞就是用英石塑成的。岭南历史名园，其主山多数是选取英石叠成，如东莞可园、佛山梁园、番禺余荫园等，其中都不乏用英石垒造的景点和匠心独运的英石盆景。1996年建成并于次年开放的佛山市南海区虫雷岗公园，里面有一个近两公里长的北翠湖和雷岗山，用了一千多吨的上乘英石构件缀景，气势恢宏，成了该公园一处佳境。据初步统计，全国（包括港、澳、台）除西藏、青海外，其余各省区均有以英石作材料的园林景点，如中央党校园林、武汉黄鹤楼园林、广州白天鹅宾馆园林和流花西苑园林等。国外园林，在18世纪以后，英、法、德等西欧国家的宫廷、官邸、富人花园就选用英石叠山、拱门，筑亭基，饰喷泉等。1986年中国援建澳大利亚谊园，部分园林景石就是英德石，现在新加坡国家公园主要景点用的也是英石。

英石假山盆景工艺是英德市民间手工艺的一大特色，它是当地的能工巧匠充分利用当地资源，进行整合、加工，以生动的形式，表现人们传统的审美观念、文化态度、生活方式等的一种手工艺术。英石假山盆景制作的工艺还是望埠镇首创的，这种制作工艺史可追溯到明朝。清朝陈淏子所著《花镜》记载山水盆景制作用石"昆山白石"或"广东英石"，充分肯定英石为制作假山盆景之上乘材料。清朝屈大均所著《广东新语》提出了"大英石"和"小英石"两个概念，其中还记载到英石运至"五羊城"垒为假山，"宛若天成，真园林之玮观也"。

英石盆景的制作环节很讲究。首先是选择适合制作盆景的英石构件，其次是讲究英石构件的选择与表面处理，其三是拌浆，最后是依据构造，根据个人喜好，或植上树，或种上草，以形成树附石式、石附树式等各种样式。英石假山选用英石构件，一般堆砌成峰林状、悬崖状、岩洞状、叠嶂状等。与英石假山相比之下，盆景选用的构件小得多、精巧得多。传统英石盆景主要有山水式、旱山式、树附石式、石附树式，造型主要有峰、峦、岭、峡、崖、壑、岛、矶、嶂、岫、岑、渚等，用料不多，有的一石成景，有的三五件造成。它的独特的制作流程，进一步拓展了英石的广泛的用途和观赏价值，所以一直以来广受奇石爱好者的欢迎，至今望埠镇仍有善于此道的民间工匠。这就是一种非物质的民间手工技艺。

英石的物质与非物质，它们之间不是截然分开的，而是相辅相成、相得益彰的，它们的结合使英石具有许多种无可比拟的综合实力和赏玩魅力。著名奇石专家刘清涌教授曾把英石与其他石种比较之后说：全国四大园林名石各有优势，而英石的综合实力排第一，英石总分全国第一。一般奇石爱好者观赏英石时多为其外形所迷，奇石专家、研究者则被其非物质的内涵吸引。所以，正如研究英石的专家赖展将所说的，英石所体现出来的是一种传统的大众文化，适合不同层次的人群的审美需求，因而容易为大家接受。

望埠民间英石艺术发展状况小考

◎ 邓石全

  望埠镇英石艺术发展历史悠久，长盛不衰，在历史的长河中英石艺术如何发展形成今天的局势，有其独特的条件。我1992年调入望埠镇政府工作，因为对英石艺术情有独钟，利用工作之余，下乡工作的机会对英石艺术的历史状况进行了解。尤其是英德市奇石协会1996年在望埠成立之后，我当选为英德市奇石协会秘书长，利用工作之便，我对望埠英石艺术的状况多次深入农村，寻找英石历史发展的足迹，对望埠英石艺术的状况作调查了解，就了解的一些历史状况向大家介绍。

  望埠开发英石历史悠久。早在五代十国时期，望埠先辈就有开采英石的活动，那时开采英石主要是裸露表面的阳石。到了宋代，由于英石的开采受到皇家的重视，英山的英石被列入贡品，当时英石乡（当时含同心、崦山、崩岗、望河）在英山的半山腰建有一座凉亭，让过往行人中途休息。按最早居住在同心的邓氏家族介绍，他们邓氏家族中，有世代在凉亭卖水的，卖水之余就在凉亭附近捡些小石块，然后挑回家担到河头的老街坪卖给收石的人。这是望埠第一个专门收购英石的商店。据县志记载，苏东坡被贬英州时，有一次从浈阳东行30里，根据多方了解，初步判断是行到迳下（现同心沙坪石山脚）的一泉眼边，有两块一绿一白的石头，爱不释手，他自称"稀世之宝"，从而证实这两块石头来自英山。宋代是望埠先人开采英石的一个高潮。据赤硃乡莲塘邓氏家族介绍，当时该村的大门、下角、棵树头、水楼下等自然村有近10个人每天靠砍柴卖木为生，他们在砍柴时候顺便看到有形态较好的英石就捡回来，捡到有两箩筐时就挑到河头老街坪卖给专门收购的人。当时，英石乡的塘墩、塘尾、同心都有人专门从事英石开采活动，每年秋收之后，有大量的人到山上捡石卖。到明末清初之时，望埠从事英石开采的更为多人，捡英石已成为当地农民谋生的一种手段。据赤硃乡莲塘棵树头村民介绍，明朝时期该村始祖成俊公因家穷每天到大镇贩米回望埠卖，以此赚取差价来谋生，有一次在英山的路旁的一块石头旁捡到银圆，他立即将这块石头一齐挑回家，从此发迹，该村便把这块石头放在村边的路旁，把它作为佛祖来拜。现在这块地方叫佛祖哥，历代把这尊石头作为佛祖，让人们朝拜。在成俊公的带领下，莲塘从事英石艺术活动的人员不断增加，仅大门、棵树头、下角就有30多人长年捡英石卖。到了明末清初由于从事英石艺术的逐年增多，在望埠已有三个专门收购的商铺，济生堂原来是中药店，从店中空出一间房专门收购英石，松德堂则是专门收购英石的，还有百段石的铺子（原来招呼过往英山的店铺），亦空出一间专门的收购英石，开采英石从宋朝的几十人，发展到近百人。英石对外销售也十分活跃，为适应对外销售的需要，在河头专门设英石销售的码头，原来在老街坪，后转移到联合码头上边专设一个码头。每墟都有一船英石销往外地。20世纪九十年代以来，我接待港港澳台同胞知名人士，闲谈中，据香港英德同乡会会长温严平，副会长何学贤介绍，他俩在香港看到有专门卖英石的商店，好奇之下便与店老板攀谈起来。店老板介绍这个地方卖英石有很长时间，可能有几百年了。在英德，不仅望埠有专卖店，在英德打石街、梁氏大楼旁边也有一间专门卖英石的商店。据世代从事捡英石售卖的邓社钦介绍，其祖辈说清代初期在广州的上下九路、十八甫有六七家专门卖英石的店铺，邓社钦父亲也在十八甫开了一间专门买英石的石店。邓社钦20世纪七十年代过世后，他的儿子邓伟卿继续经营石店。直到九十年代中期，望埠镇大量英石销往国内外，小件英石比较难找才停业并转让给别人，自己则专门从事园林英石活动。棵树头邓南然、邓金爵也在广州开有自己的石店。这些石店都是以小件为主，也做一些小盆景，有时还在盆景旁种一些真花真草装饰点缀盆景。

据九十多岁老人邓承介绍，他从小就从事捡拾英石售卖，跟着父亲从蛇斗山捡到英石，挑到济生堂。他父亲说这间济生堂自明朝开始就收购英石，多数按斤收购，特别好的就另外放开单独计价，每斤多一两毛钱。收石的老板也鼓励你捡好的靓的英石。有时一担英石就直接挑到河头英石码头，直接上船。就这样，邓承一直捡英石直至新中国成立初期。

这些英石运往上海、广州，也有一些运到广州之后用船再运销往南洋。他介绍，仅莲塘大门、下角、棵树头等村，每年秋冬季节就有几十人上山捡英石，中间休息时各人还拿出自己的英石来，互相评头品足，欣赏捡到的好的石头。

早在宋代，望埠就出现长年从事捡英石的专业户，逐渐发展到专业村，成为养家糊口谋生的职业。这是望埠民间英石艺术长盛不衰的主要原因之一。

中国英石今昔

◎ 朱章友

　　在广东省的中北部，北江中游有个盛产美石的地方，这就是中国英石之乡——英德市。英德之名起源于英石，英德于公元前111年（汉武帝元鼎六年）建立县制，当时英德境内同时设立浈阳、含洭两县。公元946年浈阳县改州制，管辖浈阳、含洭二县，以浈阳县东部的英山盛产英石而命名英州，以后历称英德州、英德府、英德路、英德县、英德市，始终保留英石的"英"字。

　　英石是石灰岩经自然力长期作用而形成的雄奇突兀、千姿百态的奇石。英石具有"瘦、皱、漏、透"等特点，具有极高的观赏和收藏价值，对陶冶人们的性情和美化家居、庭院、公园、城市具有不可多得的作用。早在宋朝，英石就列为贡品。到了清代，英石与太湖石、灵璧石、黄蜡石齐名，被定为全国四大园林名石。英石主产区为望埠镇的英山，山上、山沟、水中、土中均有，这是英石的宗源，此外在沙口、英城、英红及英东、英西等地均出产英石。

　　英石就质地和形体而论，可分为阳石和阴石两类。阳石裸露地面，长期风化，质地坚硬，形体瘦削而多褶皱，叩之声脆；阴石埋于地下，风化不足，质地松润，色泽青黛，漏透，造型雄奇，叩之声微。

　　在岭南，英石的开发较早。它的功能大致有三，一作园林景观石，二作几案观赏石，三作假山盆景构件。英石作为园林景石和观赏石，自古有之，宋代杜绾所撰写的《云林石谱》中的《英石篇》，宋代《渔阳公石谱》中的《绉云石记》均有记载。南宋诗人杨万里有诗云：

　　　　清远虽佳未足观，浈阳绝佳冠南峦。

　　　　一泉岭背悬崖出，乱洒江边怪石间。

夹岸对排双玉笋，此峰外面万青山。

险艰去处多奇景，自古何人爱险艰。

清初朱彝尊为表达对英石的思想感情，特赋七言绝句：

曲江门外趁新墟，采石英州画不如。

罗得六峰怀袖里，携归好伴玉蟾蜍。

宋代著名书法家米芾（字元章）曾任含匡（今英德市洛洸镇）县尉，是赏石收藏家和评论家。他痴迷英石，以赏石为乐事，甚至达到了忘我的程度。他最早提出相石标准，并以"瘦、漏、透、皱"四要素为鉴评英石的标准。

由于历代文人雅士以及能工巧匠对英石的宠爱和研究，使得文化内涵极其丰富的英石园林长盛不衰，闻名中外。我国宋代汴京艮岳已使用英石点景，北京故宫御花园用英石缀景。明建清修的顺德清晖园狮山和斗洞就是用英石塑成的，同一时期的番禺余荫山房假山也是英石砌的。在东莞可园、佛山梁园，其主景无一不是英石。至于国外园林，早在 18 世纪以后，英、法、德等西欧国家的宫廷、官邸、富人花园就选用英石叠山、拱门、筑亭基、饰喷泉等。1986 年中国援建澳大利亚谊园，部分园林石选用的是英德石。现在新加坡国家公园主要景点用的也是英石。

英石盆景可以说是岭南画派的代表作，华南理工大学邓其生教授在《岭南山石盆景风采》一文中这样论述："英石盆景正应岭南画派之风骨。英石褶皱明快有力，脉纹变化多端，空透灵邃，疏秀遒劲，竖立、横置、斜倚均可成景，独放、叠布、群列均宜，造景幅宽广，不同摆置和组合，易于构成峰、峦、岭、峡、崖、壑、岛、矶、嶂、岬、岑、渚等山形地貌，蕴含着艺术意境构思的许多素材。"

在古代，英石也是一种价值比较永恒的东西。如南宋时期，英德遭战乱破坏，经济萧条，民不聊生，官无俸薪。朝廷钦差大臣杨万里见状，写诗赞颂英石是值钱之物："未必阳山天下穷，英州穷到骨中空。郡官见怨无供给，支与贞阳数石峰。"

千百年来，英石作为一种既古老又新潮的文化给中国英石之乡的英德市带来无限福音，同时又为增进中外友谊发挥了重要作用。英石同时也成为英德人与外地人、中国人与外国人的友谊使者。北宋著名书画家米芾在宋神宗熙宁年间任浛洸县尉两年，公差之余常到山溪沙坑中选择英石，珍之如宝，表现了一个外地官员对英州山川风物无限热爱的感情。明嘉靖年间，广西富川人周希文曾任英德县令，政绩突出，百姓拥戴。当他告老还乡时，送礼者不计其数，而他将金银物悉数退还送礼者，唯有带走英德百姓赠给他的一块鹿角型英石作纪念。此石与《英德石纪》碑文一并存放在广西富川周氏宗祠，作为两地人民深厚友谊的象征。据说，明末清初，广东青年吴六奇流浪到浙江，受到当地士绅查继佐的资助。后来吴六奇官至广东水师提督，便以自己花园内的一座英石峰（皱云峰）赠给恩师查氏，以报知遇之恩。这个故事流传了几百年。这座皱云峰被安置在杭州西湖畔的江南名石苑，成为江南三大名石之一。据有关文章记载，苏东坡、黄庭坚等高官当年都是玩藏英石的行家。凡岭北人莅粤，走时势必携英石而归，可见英石在很早的时候起就成为友谊的使者。

今天英石进一步发挥了使者的作用，不断增进我国人民与世界人民的友谊。1986 年广东省代表中国政府援建澳大利亚新南威尔士州"谊园"，部分园林景石就是从英德望埠镇运去的正宗英石。同年广东省外事部门挑选一块上乘的英石作为中华人民共和国的礼物赠送给美国马萨诸塞州。1987 年广东省代表团访美，把一座中昌工艺厂生产的现代英石盆景赠给沙拉姆皮博迪博物馆。1995 年世界第四次妇女代表大会在北京召开，北京华联电子有限公司赠给世界妇女代表大会四盆龙山厂生产的现代英石山水盆景，表示对大会的祝贺。1996 年 11 月受广东外事部门委托，英德市人民政府挑选了一块优质英石（命名"鸣弦石"）作为广东省礼物赠给日本神户国际和平石雕公园。从此，这块英石与其他国家的名石一起成为该公园的"和平之珠"。

近年来，英德市政府善于抓住改革开放的良好机遇，根据石文化市场的需求，重视英石资源的开发和利用，成立了英石文化开发中心，建设中华英石园，大力推动英石文化的发展。目前，全市有超万人从事英石艺术和生产经营活动，形成了一个有大小奇石展位 100 多个，以英石为主，绵延 30 多公里的奇石展销长廊，产品远销日本、英国、新加坡等 50 多个国家和地区，年收入超过一亿元，由英石带动下的园林工程创造的年产值达五亿多元。主产区的望埠镇已形成许多英石专业村和大批的专业户，以英石带动下的园林石市场成为亚洲规模最大的园林石集散地。

借英石文化打造旅游强市。美丽的英石孕育了英德一方丽山秀水和人文景观，英德大部分旅游景区如岭南明珠宝晶宫、英西峰林走廊、地下河、奇洞温泉、南山都离不开英石的倩影，一些景区还把英石作为特产让游人选购；在英德市区的主要街道、机关单位、学校、住宅小区均有英石的点缀。这个被誉为无声的诗、立体的画的英石确立了具有"石乡特色旅游大市"的发展定位，使英德进入旅游强市行列成为必然。由于英石文化的带动，全市旅游业的软硬环境大大提升。仅 2009 年，英德市就成功举办国际旅游小姐巡游、广东省越野丛林挑战赛等大型活动，全市接待游客 320.6 万人次，同比增长 10.2%；旅游营业收入 8.03 亿元，同比增长 14.4%。旅游业已成为英德经济发展的一大亮点和新的增长点。

英石不仅给英德带来经济上的快速发展，而且还带来了美誉。1997 年 2 月，广东省文化厅授予望埠镇"广东省民族民间艺术（英石艺术）之乡"称号；2005 年 11 月 8 日，中国收藏家协会授予英德市"中国英石之乡"称号；2007 年 3 月 4 日，国家通过对英石实施地理标志产品保护的评审，英石获"中华人民共和国地理标志产品保护证书"，英石有了"身份证"；2005 年 7 月 30 日，英石假山盆景传统工艺列入广东省非物质文化遗产保护名录。

英石，英德有你显魅力，世界有你更美丽！

（作于 2010 年 12 月。本文参考了上海科学技术出版社出版的《中国英德石》和英德市政府统计公报。）

英石与经济社会的协调发展

◎ 成云飞

　　"数家草草劣无多，踮水飞鸢也不过。道是荒城斗来大，向来此地着东坡。""未必阳山天下穷，英州穷到骨中空。郡官见怨无供给，支与浈阳数石峰。"这是宋代著名诗人杨万里在途经英德时写下的其中两首《小泊英州》，诗中对当时遭战乱破坏造成的民不聊生、经济萧条的英州作了深刻描绘。

　　因逢战乱，官无薪俸，于是郡官便"支与浈阳数石峰"——代替薪俸给予下属。众所周知，英德特产英石因具备"瘦、皱、漏、透、丑、秀、雅"等特点，向来为当时的达官贵人所珍视，收藏赏玩者众，此诗正是赞颂英石是值钱之物，而今日英石精品之身价比起当年来身价倍增！

　　古代的人一般很难得到一块英石，是受当时的运输、经济等条件所制约的。所以，我们拥有英石是值得庆幸的，英石可以看作无价之宝，就像清朝顾鼎臣宁可丢掉性命也不把英石换（皇帝以许官职交换）给皇帝。现代，20世纪末和21世纪初，古英石拍卖成交价位不错。2008年香港苏富比春拍英石"逸云峰"，拍出了192.75万元，其余数方英石也同样拍出几十万元。2009年元月，西泠印社拍卖有限公司拍卖古奇石，英石占了大部分，拍卖的英石基本成交且价位不菲。如"烟江迭嶂"成交价为112000元，"飞峰探云"成交价为212800元，"天池石壁"成交价为168000元，"烟雨空灵"成交价为123200元。央视走进英德，评出国宝英石"飞龙在天"，当之无愧成为英德的民间国宝，无价之宝。

　　英石的附加价值，收藏品除了他本身的价值，还会因人和历史而异，形成不同程度和含量的附加值，这就是收藏品的人文价值。英石收藏也不例外。英石是自然物，它的存在及其形态没有人为的成分，人们只是发现了它。但从这发现之时起，英石即渗入了人的因素，从价值形态上讲，即有了附加值。以后，它会因收藏者（或观赏者）的差异和收藏时间（年代）的推移而增添大小不一的人文价值。若得"名人效应"，则会极大地增加该奇石的人文价值，这是为收藏的法则所决定的。英石的收藏历史悠久，宋元明清，代代有流传；收藏文化含量较高，为之诗者有之，为之歌者有之，为之书者有之，为之画者有之。唐之白居易、牛曾儒，南唐李后主，宋之苏东坡、米芾、宋徽宗、范成大、叶梦得、陆游、杨万里、王象之、徐经孙、王十鹏等，数不胜数，可谓"石与文人最相亲"，而且许多英石传承有续。而由一些美学家、文化名人，如张大千、启功、邵华泽、王朝闻、刘人岛、贾平凹、宋祖英、杨利伟、阎肃等收藏的英石价值无限，央视《寻宝》栏目专家团点评过的英石价格上也会涨。

一、英石的现有市场

20世纪末，英德组织成立了英德奇石协会，举办了几届英石展览，在省内外石界产生了一定的影响。向启功、邵华泽、王朝闻、刘人岛、贾平凹、宋祖英、杨利伟、阎肃等文化名人赠送英石也使英石在全国石界产生了一定的影响。1996年11月代表广东向日本神户国际和平石雕公园赠送"鸣弦石"作为"和平之珠"，曾一度引起世人对英石的关注。英石之乡望埠镇继承和弘扬英石文化，把它当作一项文化产业来发展，全镇5万多人口，从事英石生产经营者达1.5万人，专业人员3000多人，就地开设公司、厂、场上百家，到全国各地经营英石的有上百家。现沿英曲公路和望埠街至百碌石公路形成奇石市场长廊长达40公里，成为以英石为龙头的中国甚至世界最大园林景石集散地。前些年，英石盆景厂生产制作的各种盆景远销日本、泰国、欧美及中国香港、澳门等50多个国家和地区。石山也有致富路，英石的开发和加工给当地百姓的致富带来无限商机，这些主要是从事园林石的经销。而厅堂几案英石的发展主要是从2003年起，市区仙水中路出现了十多间经营几案英石的店铺一条街，到现在则发展到三十多间，间间有精品或珍品。而且市区大多酒店都摆有英石，既可欣赏，也可购买。英德旅游景点也摆放了不少英石供游客欣赏和购买。总之，园林石发展相对比较成熟，而几案石的发展相对落后，市场不大，年成交额不多。总体的英石文化也跟不上。

英石如何与经济社会协调发展，笔者认为应从以下方面予以重视。英德市政府部门要高度重视，把发展奇石文化纳入本市国民经济和社会发展计划。市有关部门参与其中，市领导担任协会名誉会长，还应筹措资金，举办展览。市委宣传部、文联、文化等部门，都精心指导，常抓不懈。英德市要在英城镇和望埠镇建立两大奇石基地，数个专业市场，增强辐射能力，打造交通便利、配套完善的办展场地，英德市的奇石交易将更加兴旺，带动地方经济的协调发展。

2010中国·英德英石文化节在省委、省政府、市委、市政府的关心支持下，经过组委会及组委会各工作组全体同志的积极努力，已经产生了巨大的反响，赢得了社会各界的赞誉，取得了良好的效果，对推动英石市场的发展起到了积极的作用。英德市应该以此作为纽带，与国土资源部、中国观赏石协会取得联系，争取得到他们的指导以及经费的支持。也可以发挥民间资本的优势，扶持他们建造奇石交易中心、英石展馆、博物馆等。成立中国观赏石协会英石专业委员会、英石研究会，给予一定的经费支持，大力发展英石文化，定期举办英石文化与经济论坛、沙龙等活动。进一步做大做强以英石为代表的地方特产品牌，打造独具特色的地方名片，推动经济社会的全面发展。

二、英石的市场前景

英石资源还有开发潜力。虽然现在英石资源已经被大量开发了，但还不能说是全部。英石的资源应该说由两部分构成，一部分是指还可以开采的，另一部分是指已经开采出来的。广义的英石产地地域宽阔，随着采石设备的日益更新和技术的不断提高，英石的开采量在近年内还会增加，沉睡在山壑荒野之中的英石将释放出更大的能量，同时亦应注意保护，合理利用资源，注意宏观控制。除了"新资源"，还应注意"老资源"，即千百年来被无数英石爱好者和石玩家收藏的英石，这也是一个十分雄厚的英石市场资源。

英石市场潜力很大。据有关资料反映，中国台湾人口2000多万，目前已有160多个奇石组织，从事石品收藏和石品经营的人多达3000人。再看韩国4000万人口，而奇石联合会成员有120多万人，玩石的人口占全国人口的三十五分之一。日本的奇石协会更是数不胜数。而我们中国大陆人口13亿多，奇石爱好者只是一些城镇中的极少数人，大约只有500万，专业方面的就更少了。随着人们物质文化生活水平的不断提高，欣赏石艺术的人们会越来越多。近年来，在我国以觅石、藏石、论石、展石、换石和集石为内容的藏石热急剧升温，各类藏石团体纷纷成立，藏石馆也不段出现，展览交流活动也日益频繁，各地石市如雨后春笋般的出现。

英石社会需求量与日俱增。特别是改革开放以来，我国经济形势不断好转，人们收入不断增加，提高生活质量和改善生活环境得到了普遍的重视，加之住房制度的改革，花园小区、市民广场、私人藏馆不断出现，使得社会文化环境有了自由发展的空间。园无石不秀，斋无石不雅，水无石不清，山无石不雄。英石是立体的画、无声的诗。用石艺术品装点美化环境和居室已经成为一种潮流。英石市场需求骤然升温，建立文化氛围浓厚的美丽小区、市民广场和典雅居室，为英石走入城市的普通老百姓的家提供了广阔的天地。获取英石不再只是石玩家和收藏家的追求，它将受到越来越多的寻常百姓的青睐。

三、英石的市场培育、经济发展之我见

英石市场悠久，名扬中外，有"米芾拜石"的典故。但是也要注意培育市场，扩大英石贸易和交流，弘扬英石的灿烂文化，促进经济发展。

英石的价格提升，按照收藏市场规律，收藏品的市场价值往往由其自己价值的供给情况所决定。供给情况也就是需求情况，因为英石精品历来是求大于供，供小于求，所以笔者不在此多做探讨。

综上所述，英石贵在天赋之美，贵在稀有珍奇，贵在文化含量。它源于自然又高于自然，集知识性、科学性和艺术性于一体。因此，英石市场价值的高昂也在情理之中。英石具有的经济价值和附加价值，也就使其具有了值得期待的升值空间。

价值决定价格，由于存世的"老英石"多是园林旧藏，上市的"新英石"精品少见，而现代的城市建设、园林工程、人居绿化、家庭装饰和艺术品投资的兴起和繁荣，都促使了现代英石精品的市场价格不断飙升。

四、英石的市场培育

英石闻名遐迩，具有悠久的历史，在未来的前景看好，但也要注意市场培养。笔者认为要争取做到几点：

要利用一切可能的机会和广泛的广告媒体进行宣传，要使更多的国内外朋友了解、认识和喜爱英石，为英石市场贸易和收藏英石热推波助澜。

要经常定期不定期的举行"中国英石展销会""中国英石文化节"不断活跃和扩大英石的销售、交流、交换、收藏活动，树立英石的品牌形象，扩大英石的品牌影响。

要争取政府领导及有关部门的支持和关心，建立广泛而统一的、强有力的英石协会。吸收更多的英石收藏家、理论研究者和经营者入会，组织开展形式多样的经验交流、学术报告等活动。

要扩大好和建立更多的英石陈列馆（包括中国英石博物馆）及英石商店，形成英石一条街，建设规模化和规范化的英石市场。

要在英石产地建立和形成有特色的英石独立产业，使得英石的生产经营系列化和产业化。

要积极支持英石研究和收藏方面的专家、学者、编印英石专著、画册，使英石这门既古老又现代的石文化艺术，得到不断的继承和发扬。

建立中国英石网，英石网站的建立对推动英石文化的发展会起到无可替代的作用，它可以辐射到世界的每一个角落，对"卖世界"会起到一定的效果。

五、英石的经济发展

21世纪在全球社会经济结构瞬息万变的冲击下，中国进入WTO后，各类经营也迈向全球化、资讯化、多元化和知识化的新纪元。如何发展英德市区域内的英石产业，促进经济发展，需要我们重新调整观念、定位及运作方法。笔者觉得要发挥四个优势：原产地优势，地理交通优势，集中经营优势，社会舆论优势。做到三个注意：第一，区域内奇石行业竞争激烈，供给相对过剩，自然形成优胜劣汰，但要注意良性竞争，相关管理机构宏观控制。第二，促进区域内奇石市场、奇石藏馆、经营店铺系列产业的经营管理水平向国际看齐，提高服务质量和售后服务。第三，特色文化越来越受到客人追捧，创建独具特色的店铺形象和行业文化，将成为塑造英德市区域内奇石经济优势品牌的重要部分。

今天，许多专业人士都认为，由于本身具有特殊的魅力和魔力，艺术品收藏将是一个最有前途的投资天地，特别是像英石一类具有悠久传统、深奥学问和不可再造性的艺术品。记得美国著名学者奈斯比特曾预言：未来艺术品投资将取代股票、房地产投资，成为人类主要的投资方式和内容。今天中国的英石市场还处于起步阶段，随着国内人们生活水平的提高、文化修养的提升、交通条件的改善，国内外市场迅速发展，加上外国友人的喜爱，极有可能带来集团资金的投入，英石收藏必然掀起新的热潮，英石经济必将迅猛发展，与社会经济协调发展。

英石的阳刚之美

◎ 邓伟卓

英石，产于广东英德，宋代以来，便以其"瘦、皱、漏、透"之姿而深得文人士大夫所钟爱，并与太湖石、灵璧石、昆石并称中国古代四大名石，从而遍布大江南北御苑名园。

英石主要产地为广东省英德市望埠镇的英山，方圆约140平方公里，主峰百蹬石为英石之宗源。笔者乃土生土长于英山主峰脚下，根据自己赏玩英石多年的经验和所览古典石谱之心得，发现古人所记的英石与真实产地状况有所径庭，其主要有以下两点。

第一，关于英石产于溪水中说。此说源于宋代杜绾《云林石谱》中解释英石的第一句话："英州含光、真阳县之间，石产溪水中。"及"采人就水中度奇巧以錾之。"其实，英石分阴阳两类，阴石藏于土，阳石露于野。从土中出的阴石，其观赏点与太湖石、灵璧石相近，以漏、透为主，有时英石中的阴石甚至可与太湖石相互混淆，以假乱真乃莫能辨之。（故英石中的阴石在本文中不作论述。）在四大名石中，英石中的阳石（下称英石）主要以其瘦和皱的观赏点取胜，其主要成因是由于远古地壳运动，地下岩石裸露地面，常年日晒雨淋、骤冷暴晒、长期风化和自然剥落的结果。只有如此的英石外表才会是峰棱突兀、凹凸嵯峨、棱角峥嵘。

第二，关于英石叩之无声之说。此说肇始于清代谢堃《金玉琐碎》："谱言英石为应石又为音石，盖言其有声。其实，真英石无声，有声者灵璧石也。"英石无声之说盖从此出。也有更多的古人对英石叩之有金玉锵锵声之说，如南宋大诗人陆游《老学庵笔记》云：英石"佳者质温润苍翠，叩之声如金玉"。同是南宋赵希鹄《洞天清禄集》也有云，英石"声亦如铜"。

《米芾之春山》　　　　　《透月峰》　　　　　《仙风道骨》

但散见于各种现代奇石书籍所解释英石有关概念都沿用英石"无声"之说。这是笔者所要澄清的。笔者在产地接触的绉而多纹，透而玲珑，瘦而耸削的英石，虽散落于山间，也分为直露于天和在树荫之下。直露于天者千百年来充分汲取阳光与岭南的和风细雨之洗礼，可算是真真正正百分之百的阳石，自然温润苍翠色泽纯一，而扣之亦有锵锵的金玉之声。而在树荫之下者，因长年累月受落叶腐朽反复侵蚀，亦可以说是介于阳和阴之间的一种过渡，色泽各方面也会稍逊，叩之发声亦较为沉闷。

　　需要澄清的以上两点，我认为是英石有别于其他三大名石的重要指标，因为太湖石多从水中或土中出，灵璧石与昆石则是从土中出；而只有英石完全外露于野，长久的日晒风凌雨润，造就其褶皱的多样与密集的形态和阳性的刚美，正是这独特的另类风格，一直以来，长久且深远地丰富着中国古代赏石文化美学内涵。

（作于 2016 年 12 月 19 日）

千年英石故事多

◎ 朱章友

　　自英石被人们开发、赏玩、收藏至今已有千年的悠久历史，上至帝王，下至草根无不被英石这神奇的艺术所吸引、秒杀，自然也引发出许许多多的故事及其多彩的文化。

　　一、宋代时期的英石

　　在北宋，由于徽宗皇帝对奇石艺术的钟情，园林和赏石文化达到鼎盛时期，北宋时期，英石就成为朝廷贡品。我国最早有关英石的记载出现在宋代。宋绍光癸丑年（1133年），杜绾《云林石谱》问世。该书是我国历史上最早的石谱，从记石进而论石。其中对英石记载甚详，指出英石产地位于"英州浛洸，真阳县之间，石产溪水中"，并且种类"有数种：一微青色，间有白脉笼络；一微灰黑，一浅绿"，"又一种色白，四面峰峦耸拔，多棱角，稍莹彻，面面有光可鉴物，叩之有声"等。

　　《渔阳公石谱》除对英石作全面记述外，还特别介绍了著名的英石"绉云峰"（现置杭州西湖的江南名石苑），写了《绉云石记》专篇并附图。书中记述，节署中有一座石峰，嵌空玲珑，如云飞动，疑为出自鬼斧神工，人们见了摩挲爱玩，日夕不肯离去，遂将其题为"绉云"。

　　著名书法家米芾（字元章，1051—1107年），曾任含匡（今英德市浛洸镇）县尉，是赏石收藏家和评论家。他痴迷英石达到忘我的程度，将英石当作兄长叩拜，史称米芾拜石。在品评英石方面，他最早提出"瘦、漏、透、皱"四要素成为后人鉴评英石的标准。

　　宋代大文豪苏东坡视作"希代之宝"的"仇池石"就是英石。他曾二过英德，获得"一绿一白"两件英石时，晚上梦见"仇池"（今英德市沙

米芾拜石（英石）

米颠拜石图（国画）

口镇与翁源县交界一带）。诗人黄庭坚离任象州太守，得一英石佳品"云溪石"，意费万金载之归，并有"醉梦江湖一叶中"之咏句。

以下录两首宋代文人的名诗。

壶中九华

苏　轼

清溪电转失云峰，梦里犹惊翠扫空。

五岭莫愁千嶂外，九华今在一壶中。

天池水落层层见，玉女窗明处处通。

念我仇池大孤绝，百金归里碧玲珑。

过浈阳峡

杨万里

清远虽佳未足观，浈阳佳绝冠南峦。

一泉岭背悬岸出，乱洒江边怪石间。

夹岸对排双玉笋，此峰外面万青山。

险艰去处多奇景，自古何人爱险艰。

二、明清时期的英石

　　明清两朝是中国古代赏石文化从恢复到大发展的时期，故宫（紫禁城）是明清两代的皇宫，宫内的御花园石峰星罗棋布，大小独立石峰有 57 座之多，真可谓"三步一石，五步一峰"。主要石种有英石、灵璧石、太湖石、钟乳石等，其中英石多达 27 块，且配以汉白玉石座。现存故宫御花园的每八件奇石中就有一块是英石。

　　在清代，英石与太湖石、灵璧石、黄蜡石被定为全国四大园林名石。清代对英石的认识、开发和收藏达到了有史以来的最高峰。

　　清道光年间，盛产英石的望埠建制称英石乡。岭南四大名园顺德清晖园、番禺余荫山房、佛山梁园、东莞可园的主景均用英石布置。

　　明嘉靖年间，广西富川人周希文曾任英德县令，政绩突出，百姓拥戴。当他告老还乡时，送礼者不计其数，而他将金银物悉数退还送礼者，只带上英德百姓赠给他的一块鹿角型英石作纪念。此石与《英德石纪》碑文一并存放在广西富川周氏宗祠，作为两地人民深厚友谊的象征。传说，明末清初，广东青年吴六奇流浪到浙江，受到当地士绅查继佐的资助。后来吴六奇官至广东水师提督，便以自己花园内的一座英石峰（"皱云峰"）赠给恩师查氏，以报知遇之恩。这个故事流传了几百年，而这座"皱云峰"被安置在杭州西湖畔的江南名石苑，成为江南三大名石之一。

　　以下录两首清人写的诗。

题英石

陈洪范

问君何事眉头皱，独立不嫌形影瘦。

非玉非金音韵清，不雕不刻胸怀透。

甘心埋没苦终身，盛世搜罗谁肯漏。

幸得硁硁磨不磷，于今颖脱出诸袖。

英　山

杳慎行

曾从画法见矾头，董巨余踪此地留。

渐入西南如啖蔗，英州山又胜韶州。

三、当代的英石

新中国成立后，特别是实行改革开放政策以来，英石文化发展及其产业的开发势头空前高涨。尤其是从 2010 年起，英德市连续七年举办了中国（英德）英石文化节，英石已成为英德市的一张亮丽名片。奇石展销长廊今非昔比，越来越具规模，北已延伸到沙口镇，东已拓展至东华镇，南已连接大站镇，呈"Y"字形石市长廊。放眼望去，公路两旁，美石林立，十分壮观。长达 40 多公里的奇石展销长廊规模日益壮大，以英石带动下的园林石市场成为亚洲规模最大的园林石集散地，园林石经营户达 200 多个；望埠镇已形成许多英石专业村和大批的专业户，从业人员日益增多；形成望埠镇的英石园、金三角、连江口镇和英德市区开办几案奇石店一百多家。全市从事英石（含园林石）经营者达数万人，专业人员近 3000 人，长期在市外从事园林建筑的公司及大小工程队达 700 多个，以英石为主的园林工程、观赏石产业年产值达 40 多亿元。

作为英德特产和名石，英石声名远播，深受人们的青睐。2013 年以来，英德市全面推广中国英石电子商务平台，英石交易开启电商时代，英石不仅可以在全市开设的奇石场馆观赏，还可以在网上进行交易，成为传播英石文化、促进英石贸易的又一个新平台。2014 年至今，先后在阿里巴巴、百度、北京慧聪网、建材网等平台建起奇石网店，以园林奇石为主，实行奇石开采、销售、货运、安装一条龙服务。据初步统计，全国除西藏、青海外，其余各省区均有以英石作材料的园林景点，如北京万寿路甲 15 号院园林、中央党校园林、武汉黄鹤楼园林、广州白天鹅宾馆园林和流花西苑园林等。英石还远销日本、美国、新加坡等 50 多个国家和地区。

产业的发展也推动理论的进步，英石理论研究果实累累，1996年至今先后出版了中国英石专著九种。

英石除了一块独立成景外，也可以艺术再创作，组合成景，如假山、盆景等。英石盆景可以说是岭南画派的代表作，华南理工大学邓其生教授在《岭南山石盆景风采》一文中这样论述："英石盆景正应岭南画派之风骨。英石褶皱明快有力，脉纹变化多端，空透灵邃，疏秀遒劲，竖立、横置、斜倚均可成景，独放、叠布、群列均宜，造景幅宽广，不同摆置和组合，易于构成峰、峦、岭、峡、崖、壑、岛、矶、嶂、岫、岑、渚等山形地貌，蕴含着艺术意境构思的许多素材。"

今天英石进一步发挥了使者的作用，不断增进我国人民与世界人民的友谊。1986年广东省代表中国政府援建澳大利亚新南威尔士州"谊园"，部分园林石景就是从英德望埠镇运去的正宗英石。同年广东省外事部门挑选一块上乘的英石作为中华人民共和国的礼物赠送给美国马萨诸塞州。1987年广东省代表团访美，把中昌工艺厂生产的一座现代英石盆景赠给沙拉姆皮博迪博物馆。1995年世界第四次妇女代表大会在北京召开，北京华联电子有限公司赠给世界妇女代表大会四座龙山厂生产的现代英石山水盆景，表示对大会的祝贺。1996年11月受广东外事部门委托，英德市人民政府挑选了一块优质英石（命名"鸣弦石"）作为广东省礼物赠给日本神户国际和平石雕公园，从此，这块英石与其他国家的名石一起成为该公园的"和平之珠"。

英石不仅成为英德人民对外交流的友谊使者，而且还带来了许多美誉。

1997年2月，广东省文化厅授予望埠镇"广东省民族民间艺术（英石艺术）之乡"称号；

2005年11月8日，中国收藏家协会授予英德市"中国英石之乡"称号；

2007年3月4日，国家通过对英石实施地理标志产品保护的评审，英石可获"中华人民共和国地理标志产品保护证书"，英石有了"身份证"；

2005年7月30日，英石假山盆景传统工艺列入广东省非物质文化遗产保护名录；

2006 年 3 月，英石落户中直机关大院美化中央首长生活区；

2007 年 9 月，赖展将的英石"西江绝壁"获中国观赏石博览会 2007"走进奥运北京邀请展"铜奖；

2009 年 10 月，由上海世博会事务协调局，中国观赏石协会等单位指导、主办的品赏石·迎世博——"2009 中国国际赏石精品博览会"上，朱章友的英石"天台山"和陈卓安的英石"高山流水"均获"迎世博极品石"称号，入选 2010 年上海世博会；

2018 年 10 月 23 日，习近平总书记视察英德市。在电子商务中心的英德特产展区视察时，他特地走到英石展示区抚摸着一块红色英石，并夸赞说"这些都是好东西"。

精美的石头会唱歌，千年英石故事多。

（作于 2019 年春）

纯说英石

◎ 肖启纯

一、英石魅力

英石具有与天俱来的文人气质与特征，不仅集"瘦、皱、透、漏"四美于一身，更在骨子里呈现出神清骨秀、气韵清雅而折服文人雅士。贾平凹《说英石》更是强调"英石得天地钟灵故能镇园镇宅，得山水清气所以能养心养园"，"它所具有的石文化品格，正大而独特"。

我经常说玩水石是玩石头本身，而玩英石则是玩自己。每个人的学识、历练、感悟不一样，则他对英石的感悟与理解不一样，甚至可以说他对某方特定英石的感情不一样（这也是为什么自古文人雅士为英石癫为英石痴的缘故）。而中国文人受中华传统文化的影响，骨子里向往为社稷为苍民有所作为，有那么一种社会责任感、历史使命感，总认为自己能经天济世，救社稷苍天于水火之中，但现实往往无用武之地，故悲天怨人，酸溜溜。赵德奇老师说英石的最好形象代表是屈原，赵老师是否有刚才我说的这层

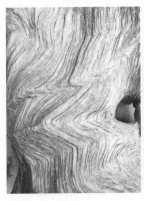

意思我没请教过。但我想：英石的清癯风骨、纹理的苍劲、久经磨难的外表、清爽纯粹的声音，的确是如此。换个角度来说，最能代表屈原的石头又何尝不是英石呢？

其实这些都是古代文人墨客内心的自我表现与自我追求的目标或者说是精神向往，我想这也是老外为什么叫中国古典赏石是文人石的缘故。

二、英石文化内涵分析

英石内在精神表现及与天俱生的文化内涵（马克思说黄金是天然的货币，而我认为英石是天然的文人石）决定了它在中国传统文化中的崇高地位及它与中华文化发展内在必然联系。

中国画与英石有内在的必然联系。中国画是最能代表中华文化的艺术之一，而皴法是中国画的最基础的技能。

清沈宗骞在《芥舟学画编·作法》中说道："皴者、皱也，言石之皮多皱也。"清郑绩在《梦幻居画学简明·论皴》中总结了十六家皴法，包括披麻、乱麻、雨点、乱柴等皴法，全部源自山石的肌理皴法。

俞莹先生说英石是古代四大名石中最具瘦皱特征的赏石，纹理皱褶表现较为突出的，有蔗渣、横纹、雨点、龟纹等多种表现形态，精巧多姿，于各种皴法颇为相似，具体而微，富有生命律动。

因为时间问题在此就不再列举英石实证图像，也不与对应的中国画皴

法作比较了。

同时，英石直接入画的也很多，如现上海博物馆收藏的明朝著名画家徐渭的《牡丹蕉石图》。画中英石纯用水墨泼出，染浓淡墨色，通过交叠渗化，又自然凹凸起伏，隐现出"英石"嶙峋折皱之状，形简析赅，可谓神来之笔，如此可见文人名士对英石的痴迷和诸多审美意趣。

中国园林大量使用英石立件、摆件。明代开国皇帝朱元璋对英石石峰就非常推崇，在建造御花园时皆以石取胜，叠山立石为峰。御花园中星罗棋布的就是英石，有27块之多，体量大的高2米，最小的仅7厘米，大量英石选中入宫。现存故宫御花园的每八件奇石当中就有一件是英石，每方英石依石型大小都配以汉白玉石座。

在古代园林建设和盘景制作中大量使用英石是不争之事实。

三、祥龙石就是英石

从科学的角度来说，英石、灵璧石、太湖石都属于石灰岩，也都是沉积岩，但因具体形成的过程及环境不同，也就生成了石灰岩中的不同种类。

有意思的是，西方中国古代赏石赏玩家们也困惑过，并因此

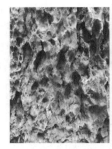

做过具体的研究，这方面在丁文父先生的《中国古代赏石》"绪论"中就明确提到："研究者还试图通过赏石的化学矿物组成建立分类鉴别的技术标准，然而，研究表明……灵璧石和英石都是致密细粒的石灰岩，并且没有一种标识矿物或者含量变化可以明确区分这两种赏石。"

虽然灵璧石、英石、太湖石是一个家族的，但除了"瘦、皱、透、漏"的共性外，仍然有各自的鲜明特征；而这些鲜明特征之石，被有针对性地拿来赏玩，其关键就是赏玩者的文化与道德修养所形成的文化价值和艺术价值需要。

还有一个重要的方面，更多的是在不如意的时候，要满足他内心的心理需要或心理暗示、安慰需要。这正如白居易《太湖石记》所说："苟适吾志，其用则多。"

下面我从"祥龙石"的点、线、面及气四方面来论证"祥龙石"是英石。

第一，先从"点"来分析，这也是"祥龙石"的最大特点之一，也是判断"祥龙石"是什么石种的重要佐证。这里说的"点"实际就是"花"也即"皱"。"祥龙石"的"花"从上图能确定为"雨点花"、"弹子窝"。

从上图大家能明显看到，"祥龙石"的"花"是呈直线排布。所以可以得到一个基本的结论"祥龙石的花是直线排布的大雨点花"，这在英石中有大量的实证。

英石因为其生成环境因素决定了这种"花"大量存在并富有变化。

第二，线，"祥龙石"的线条干净利落，棱角分明。

因为灵璧石与太湖石埋在土里或泡在水里，它们受外在环境的影响是一个固定的逐渐的变化过程，它们与外在环境所发生的更是个化学反应的过程。在这个化学过程中所发生面是向最大化发展的，即向弧形方向发展的，所以它们不可能有这些特征的。反观英石，因为它是裸露山头，太阳暴晒、烈风吹凌、疾雨锤打，更多的是个物理过程，英石这些特征比比皆是。

从以上实物"线"的分析，可以明白地了解到"祥龙石"就是英石。

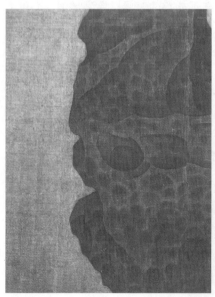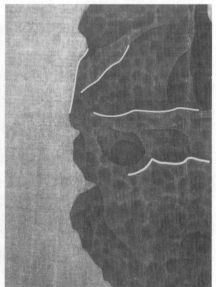

　　第三，面，观"祥龙石"首先跳出脑海的是富有个性的"面"，平面感很强，同时层次感很丰富，达十层之多，具体见图所示。

　　这个"面"有两个重要的概念，一是"平"，二是"多层"，因为前面所说的后天环境的原因，灵璧石与太湖石很难生成如此模样，而英石就大量存在，这主要是与英石中很多种类是团块状灰岩有关。

　　所以从"点、线、面"综合分析，"祥龙石"只能是英石。

　　第四，气。前面说到，灵璧石雄伟宏厚，颇有皇家之气势恢宏；太湖

石玲珑剔透，隐透道家之随意洒脱；英石清瘦傲骨、突显忧国忧民之忠节气质。这实际上就是灵璧石、太湖石、英石的天然气质的外在表露。实际上每种好的石头都有与生俱来特定的气质。能否感受它的气场，关键看能否产生共鸣。

这也正如《芥子园画传·山石谱》中所言："画石起手当分三面法。观人者必曰气骨。石乃天地之骨，而气亦寓焉，故谓之曰云根。无气之石则为顽石，犹无气之骨则为朽骨。岂有朽骨而可施于骚人韵士笔下乎？"

这个物流公司有多厉害？《宋史》记载，"宣和五年，朱勔于太湖取石，高广数丈，载以大舟，挽以千夫，凿河断桥，毁堰拆闸，数月乃至"，宋徽宗老板还赐号"昭功敷庆神运石"。

你还怀疑"祥龙石"上不来？

英石的空灵世界

◎ 成云飞

在中国两千多年的石头鉴赏史里，人们所追求的赏石灵感来源于什么呢？他们在不同的文献里都有过不同的记载。在不同的社会阶层也得到过不同的赞誉。在 20 世纪里，欧洲人把石头作为创作艺术品的灵感的，从石头里启发他们想象出壮丽的山石天堂，而这个天堂，正是中国古典传统文化世界中传说的仙境——世外桃源，或称蓬莱仙境。人们在欣赏一块英石时，从各个角度去欣赏其形状，不论形状大小，都能反映出其居所的环境。这将是通往神秘的人间仙境的通道，看到立体的石头，人们会不自觉地在对石头的想象中添加人物、云霞、溪流等一系列人间存在的东西。

英石变化之大，很难有其他石种所比。这决定它给人们的想象空间就无限宽广，英石的瘦皱漏透每一个特点，都能带人们走进不同的人间仙境。

英石的空灵，可以从多洞的英石中找到。英石，有的洞洞相连，贯穿前后左右；有的上下通连，窝陷绵延。这可以体现出一个空灵的世界，一个洞中的世界。打开这些洞门，进入这个世界，是不是进入了一个世外桃源或仙界圣地呢？这可以在人们的头脑中拼发出一幅幅仙境之所。"灵"，喻为"超自然世界中或隐或显、流露出的精神力量"。英石的"灵"，就体现在它有一股超自然的力量，可以带我们走向空灵的精神世界，寻找人间最美好的仙界圣地，去游历、去旅游。这个旅行的目的地通常是仙境或天堂，叫"仙境之地"，也可以是遥远山尖，所以可以将它比作为"仙山"或万古长青的群山。所谓"仙境之地"，是指长生不老的，充满鸟语花香、欢歌笑语的一个世界，在秦、汉时期的社会里，这种思想得到广泛的发展。秦始皇几次东巡，为了寻找长生不老的仙药，"登崂山，以望蓬莱"。有道是"泰山虽云高，不及东海崂"，于是秦始皇派徐福出海寻找，以求取长生不老药。后来，汉武帝也步秦始皇的后尘，登崂山求仙。崂山位于青岛市的东部，雄踞黄海之滨，气势雄伟、峰峦叠嶂，山海相连、丰姿秀雅，山光海色、瑞霭飘洒。两千多年前道教就在这里萌芽，一些有道家思想的人，特别是燕齐方士们把崂山作为重要的活动地区，进山采药炼丹，避世寻仙。据《即墨县志》记载："春秋时吴王夫差尝登崂山得灵度人经。"所以，崂山在古时候就被称为"神仙窟宅""灵异之府"。通常，长生不老的仙境是指传说中坐落于遥远的东海之上的三座仙山所构成，名为方丈、瀛洲、蓬莱。仙境随潮往来，漂流不定，为神仙居住的地方，自古便是秦始皇、汉武帝求仙访药之处。其上物色皆白，黄金白银为宫阙，珠轩之树皆丛生；华实皆有滋味，吃了能长生不老。从古至今，多少皇帝，多少达官贵人，多少仙道高僧，为了得道成仙或长生不老，都不辞劳苦，寻找世外仙居、人间仙境。

英石，由于变化很大，容易形成各种洞穴，容易形成贯通的通道，让人容易进入一个浮想联翩的世界，想象如何去寻找人间仙境。在汉代期间，道家文化中人间仙境的代表人物同样生机勃勃地展现着庭院中立体的山石美景，这些仙境般的庭院已经使艺术的形态得到淋漓的展现。在公元前104年，汉武帝组织修建了一处大型的池塘，池塘中四座奇山从中间拔地而升，即方丈、瀛洲、蓬莱和壶梁。后来隋炀帝、宋徽宗、忽必烈都修建了传说中的仙境庭院。这些例子都表明，这个仙境文化在持续地、略带神秘、引起人们有兴趣地去开拓、发展。后来的盆景艺术，特别是英石盆景艺术，那种喷雾状的英石盆景，声、色、雾交织一起，加上自然的或堆砌的洞穴，琼楼玉宇，更是对于世外仙境的立体的再现，它们都是长生不老之岛的另一种艺术体现。

英石的山形石中有很多像传说中的仙山，它们像方丈、壶梁、蓬莱、瀛洲。还有各式各样的形状，比如山面垂直而峻峭，人迹罕至，那些地方只有深深的洞穴和蜿蜒的峡谷，有难以想象的高耸美景，有神奇的景观、凤凰仙鹤般的神鸟、盛放着芳香的鲜花、丛丛而立的碧竹、奔跑跳跃的精灵。圣者们到处游历，他们轻快自如的样子像乘着微风，让风把他们带往他们想去的任何地方，他们正是传说中的仙人和精灵。在那儿，左右的石块排列成行，上下参差不齐，每一块都展示出独特的风采，不管是浑圆、尖峭、巨大、瘦小，也不管是远离海角天边，还是近到唾手可得，每一块都有不同的层次感，显示了各自的造型。这样可以提供想象空间，使得观赏者可以准确捕捉到其内在含义。

英石还有一种传统倒挂形的造型。这种上部大、下部小的造型在文人赏石中占的比例很大，是文人洞穴文化的一种延伸。隐退的文人，过着简单清苦的日子，常常将自己的居所描绘成一个简单的洞穴，表示纯真和忠贞，倒挂的英石造型也象征着这样一种持续的理念，表明这是洞穴的入口，可能是通往另外一个世界的入口。另一方面，这种倒挂的悬崖峭壁显示了一个可以居住、生活的洞穴。在这里可能表示着一种纯洁，表达着文人独身自好的愿望，以及古代文人那种坚贞不屈、孤高亮节、铮铮傲骨的精神，还有古代文人那种与世无争、超凡脱俗、不畏权势、品德高洁、意志高远、性格突出、风韵独特的风貌。

英石中还有一种过桥状的造型，也是洞穴文化的一种。碧落洞天就是这类造型所展现出来的结果。碧落是道家称东方第一层天。这种桥下洞穴的用处就是通过此处、再蜿蜒前行以便最终达到另外一个世界的通道。桥下洞穴有潺潺流水，有弯曲蜿蜒的小路，踏着小路进入一个无法看见的内部天地之中，继续前行，隐约看见一束光，这束光在前面指引着，带领人们经过一处隐秘的流溪之后，走向一个神奇的世外仙境。

英石从空灵的洞穴，上大下小的云头雨脚状以及过桥状都能展示出英石的空灵世界，让人们走进一个向往的世外仙境。然而，进入仙境，必须要通过一番艰难困苦的努力。进入这个仙境，就能带给现实生活中的观赏者一种精神上的寄托。这是一个通道，通过想象力让思想、灵魂自由地飞翔，飞到世外桃源去享受神仙般的生活。

藏英石

◎ 马 达

  盛世兴收藏，华夏大地经历了人类五千年的文明史，遗留了大量灿烂的传统文化。英石文化是其中之一。早在北宋时期，英石与灵璧、太湖、昆石齐名，均为中国四大名石，深受文人雅士钟爱，作为贡品上贡朝廷，且流播海外。

  铮铮英石亮风骨，藏它如同藏宝。一块品相好的英石，在人间流传的时间越长，其价值越高。把玩时间长了，久而久之，包浆凝重，温润苍翠，美不胜收。英石除了可藏，还可以赏，可以玩，可以悟，甚至还可以作为传统文化产物的研究、探讨和交流，带动了文化产业的发展。而且在观赏、把玩英石的过程中，感悟其精、气、神，从而达到修身、养性、益智的效果，使身心健康。所谓"观一石，游目骋怀，领略大千气象，怡情悦性，放意于山林；悟一石，心澄志明，洞察人生百态，抚今追昔，慨然于来日；藏一石，勉贞鉴素，如晤杯水知己，契阔谈宴，遥祝于万里"。不亦乐乎。

  收藏英石不仅是收藏奇石，且是一种文化的传承。在这个改革开放政策推动下中国经济复兴、国民生活水平蒸蒸日上的时代中，我们必须把先辈遗留的璀璨文化传承下去，继续发扬光大，令后人更加珍惜、爱护和收藏。

（作者系英德市观赏石协会副会长）

英石美育之我见

◎ 邓坤玺

美育，是指培养人们认识美、爱好美和创造美能力的教育，也称美感教育或审美教育，是中小学校全面发展教育不可缺少的组成部分。

我是一名英石爱好者，也是身在英石之乡英德市从业近三十年的教育工作者，对英石的理解和感悟或许要比一般英德人深一些。在教书育人的过程中，深悟学生对课文的理解之外，也要对生活、对人生、对美要有与年龄相契合的理解，是与学业同样重要的指标。

英石，是上苍赐予英德的一份重要礼物，也是英德重要的名片。我们身为英德人，应为此而感到骄傲。英石，在英德，可能是一种百姓常见而不知不觉的一种自然艺术品，对于英石的常识识别，对于英石欣赏入门，对英石美的理解，可能没有形成系统性的理解。对英石的欣赏和理解，可以通过学习而感悟的过程，这个过程应该从少年开始。我归纳了如下几点。

第一，从地质地貌开始，我们世代所生活的土地的地质在地球上的位置，地质结构，地形地貌。

第二，英石形成的条件，如地质变化（运动）、水、气、植物等对英石形成的影响。

第三，英石的种类。

第四，英石的开采、开发。

第五，英石的审美，"绉、瘦、漏、透"四法。

第六，英石与英德，英石与名人、诗词，英石与米芾、苏东坡的故事。

第七，英石中的名石，如"绉云峰"，故宫中的英石等。

第八，设立英石盆景教学，让学生们从眼看到手动，与英石有全面的接触。

通过上面所归纳的八点，在青少年最亲近的美育教育中，从地质到生活，从历史到实际操作。从小对英石各方面都有所了解，在生活工作中讲起英石来也可以如数家珍，真正引以为傲。

赏石艺术已经列入国家级非物质文化遗产名录，包括有不少高校硕士论文已经从美术史的角度关注到赏石文化史。2005年11月中国收藏家协会命名英德市为"中国英石之乡"；2006年5月，"英石盆景传统工艺"列入广东省首批非物质文化遗产名录；2008年6月，"英石假山盆景技艺"列入第二批国家级非物质文化遗产名录。在英德，首先要让英石鉴赏艺术真正成为一门"显学"，要从青少年抓起，慢慢培养氛围，让青少年在英石丛林的美学中，嗅着英石所开的艺术之花的芬芳中快乐成长。

（作者系英德市望埠中心小学教师，英石爱好者）

我和贾平凹的英石缘

◎ 朱章友

　　我与贾平凹大师素未谋面，是英石之缘让我们相识。

　　因编辑英石文化专著《中国英石传世收藏名录》的需要，约了贾平凹大师写一篇稿子。一个初秋的夜晚，我作为编委委员，随编委会执行主任赖展将（时任英德市文化局局长）来到古城西安贾平凹大师的府上。见到我们，贾老热情将我们迎进客厅，一边招呼茶水，一边问我们何时来到的、坐什么车来的……贾老的热情让我们感到受宠若惊。贾老是享誉海内外的文学大师、西安建筑科技大学文学院院长，日理万机，惜时如金，要会见的圈内圈外人士很多，而我们只是一面之交的县局级小官员，足见贾老的好客之情。

　　贾老喜欢收藏，连客厅都摆满了各类陶瓷、字画、青铜器物，但最显眼的位置却摆放着英石，这使我们颇感意外，一个与英石之乡远隔千里的跨界老人也如此钟情英石。贾老见我们的目光都集中在厅中央的英石上，便抚摸着英石说："这石头得天地钟灵故能镇园镇宅，得山水清气所以能养心养目。它们是中国奇石的正宗，代表了中国石文化的审美趣味。"像贾老对英石如此赏识、推崇，即使在赏石界也不多见，这让我们喜出望外。

　　贾老看我们意犹未尽，继续说道："英石的名贵在于它的质朴和简约，在于它整体的气势和细节的奇巧，如车中的'宝马'，用不着装饰，只擦拭干净即可。它所具有的石文化品格，正大而独特。"

　　是的，古今中外人们对英石的喜好热度不减，英石文化历经千年而不衰，英石是中国奇石的正宗。它代表了中国石文化的审美趣味和标准：这就是英石朴实无华，不需任何雕饰与装扮，自然天成的本性；是英石棱角鲜明、铁骨铮铮，不惧风吹日晒、雨淋霜冻的坚毅气质；是英石黑白分明不与墙头草为伍的品德。正如贾老所说，英石的名贵在于它的质朴和简约，在于它的整体的气势和细节的奇巧，用不着装饰，只擦拭干净即可。它所具有的石文化品格，正大而独特，不像有些石种过分追求怪异，哗众取宠，结果却如昙花一现。

临别时，贾老向我们慷慨赠送了多册他所著的书，并不吝墨宝，一一在送给我们的赠书里签上名。告别贾老，在返回住处的路上，我们一行欣喜若狂，都说此行最大的收获是得到了作者签名的著作——那可是大文豪的书籍！但我认为，最大收获是聆听了贾老对英石的评说，让我更深刻地认识了英石。一路上，贾老的话始终在耳边回响，不禁使我想起元代诗人、文学家、书画家王冕的《墨梅》：

吾家洗砚池头树，朵朵花开淡墨痕。

不要人夸好颜色，只留清气满乾坤。

墨梅由淡墨画成，虽然并不娇艳，但具有神清骨秀、高洁端庄、幽独超逸的气质，它不用鲜艳的色彩去吸引人、讨好人以求得人们的夸奖，只愿散发一股清香留在人间。

墨梅凭这种高尚品格赢得了人们的青睐，英石又何尝不是如此！

第四章

诗咏英石

古人诗咏英石

壶中九华

宋·苏轼

　　湖口人李正臣蓄异石九峰，玲珑宛转，若窗棂然。余欲以百金买之，与仇池石为偶，方南迁未暇也。名之曰壶中九华，且以诗识之。

　　　　清溪电转失云峰，梦里犹惊翠扫空。
　　　　五岭莫愁千嶂外，九华今在一壶中。
　　　　天池水落层层见，玉女窗明处处通。
　　　　念我仇池太孤绝，百金归买碧玲珑。

　　予昔作《壶中九华》诗，其后八年，复过湖口，则石已为好事者取去，乃和前韵以自解云。

　　　　江边阵马走千峰，问讯方知集北空。
　　　　尤物已随清梦断，真形犹在画图中。
　　　　归来晚岁同元亮，却扫何人伴敬通。
　　　　赖有铜盆修石供，仇池玉色自璁珑。

双石并叙

宋·苏轼

至扬州,获二石。其一,绿色,峰峦迤逦,有穴达于背。其一,正白可鉴,渍以盆水,置几案间。忽忆在颖州日,梦人请住一官府,榜曰仇池。觉而诵杜子美诗曰:"万古仇池穴,潜通小有天。"乃戏作小诗,为僚友一笑。

梦时良是觉时非,汲水埋盆固自痴。
但见玉峰横太白,便从鸟道绝峨眉。
秋风与作烟云意,晓日令涵草木姿。
一点空明是何处,老人真欲住仇池。

仆所藏仇池石,希代之宝也,王晋卿以小诗借观,意在于夺。仆不敢不借,然以此诗先之。

海石来珠浦,秀色如峨绿。
坡陀尺寸间,宛转陵峦足。
连娟二华顶,空洞三茅腹。
初疑他池化,又感瀛州蹙。
殷勤峤南使,馈饷扬州牧。
得之喜无寐,与汝交不渎。
盛以高丽盆,藉以文登玉。
幽光先五夜,冷气压三伏。
老人生如寄,茅舍久未卜。
一夫幸可致,千里常相逐。
风流贵公子,窜谪武当谷。
见山应已厌,何事夺所欲。

欲留嗟赵弱，宁许负秦曲。

传观慎勿许，间道为应速。

　　王晋卿示诗，欲夺海石，钱穆父、王仲至、蒋颖步皆次韵。穆、至二公以为不可许，独颖叔然。今日颖叔见访，亲睹此石之妙，遂悔前语。仆以为晋卿岂可终闭不与者，若能以韩干二散马易之者，盖可许也。复次前韵。

相如有家山，缥渺在眉绿。

谁云千里远，寄此一颦足。

平生锦绣肠，早岁藜苋腹。

从教四壁空，未遣两峰蹙。

吾今况衰病，义不忘樵牧。

逝将仇池石，归泝岷山渎。

守子不贪宝，完我无瑕玉。

故人诗相戒，妙语予所伏。

一篇独异论，三占从两卜。

君家画可数，天骥纷相逐。

风鬃掠原野，电尾捎涧谷。

君如许相易，是亦我所欲。

今朝安西守，来听阳关曲。

劝我留此峰，他日来不速。

　　轼欲以石易画，晋卿难之，穆父欲兼取二物，颖叔欲焚画碎石，乃复次前韵，并解二诗之意。

春冰无真坚，霜叶失故绿。

鹪疑鹏万里，炫笑夔一足。

二豪争攘块，先生一捧腹。

明镜既无台，净瓶何用麼。

盆山不可隐，画马无由牧。

聊将置庭宇，何必弃沟渎。

焚宝真爱宝，碎玉未忘玉。

久知公子贤，出语耆年伏。

欲观转物妙，故以求马卜。

维摩既复舍，天女还相逐。

授之无尽灯，照此久幽谷。

定心无一物，法乐胜五欲。

三峨吾乡里，万马君部曲。

卧云行归休，破贼见神速。

伯琬明府年兄和予致字韵诗举英石见遗谨次来
宋·喻良能

久闻英石空流涎，意欲得之无力致。

士衡东头富玲珑，染指独许尝鼎味。

明窗净几拂蛛尘，尤物定自能移人。

报惠惭无百金寿，赠公相好无时朽。

英石铺道中
宋·杨万里

一路石山春更绿，见骨也无斤许肉。

一峰过了一峰来，病眼将迎看不足。

先生尽日行石间，恰如蚁子缘假山。

穿云渡水千万曲，此身元不离岩峦。
莫嫌宿处破茅屋，四方八面森冰玉。
孤峰高绝连峰低，冈者如瘰尖如锥。
苍然秀色借不得，春风领入玉东西。
英州那得许多石，误入天公假山国。

过浈阳峡

宋·杨万里

清远虽佳未足观，浈阳佳绝冠南峦。
一泉岭背悬崖出，乱洒江边怪石间。
夹岸对排双玉笋，此峰外面万青山。
险艰去处多奇景，自古何人爱险艰。

小泊英州（其二）

宋·杨万里

未必阳山天下穷，英州穷到骨中空。
郡官见怨无供给，支与浈阳数石峰。

英山二首

宋·郑庚

其一

刻意出新古，摩挲势欲飞。
一拳如此幻，十袭未全非。
蒲老根同瘦，云生影乍肥。

古苔都脱尽，似我不胜衣。

其二

一入他山咏，嵚崎岂浪名。
与人丘壑想，触物有无声。
蠡测穷千劫，珍传得一贞。
袖中明月影，何事独尝城。

岭外归舟杂诗
清·朱彝尊

曲江门外趁新墟，采石英州画不如。
罗得六峰怀袖里，携归好伴玉蟾蜍。

题英石
清·陈洪范

问君何事眉头皱，独立不嫌形影瘦。
非玉非金音韵清，不雕不刻胸怀透。
甘心埋没苦终身，盛世搜罗谁肯漏。
幸得硁硁磨不磷，于今颖脱出诸袖。

英　山
清·查慎行

曾从画法见矾头，董巨余踪此地留。
渐入西南如啖蔗，英州山又胜韶州。

英石峰次坡公仇池韵

清·彭辂

补天余深青，得宝凝结绿。
一卷奇无穷，十日看不足。
谁施斫山手，镂此吞云腹。
峰连雁齿排，岫叠鱼鳞蹙。
鸿荒几风雨，物色购樵牧。
陨星收光芒，缩地括岳渎。
千寻瀑布水，三洗玲珑玉。
尚疑嵌空间，隐有灵怪伏。
冷官闲无事，山县居久卜。
缅思牛李辈，大力枉微逐。
更怜花石纲，未觇此岩谷。
卧游实天假，探袖得吾欲。
盘盂涌仇池，几案环句曲。
何烦秦皇驱，且视愚公速。

英山石

清·徐良琛

一尺足千态，奇峰擅此州。
谁知五岭外，别有九华秋。
水立壁不动，云顽清欲流。
移根种庭下，真作少文游。

英石吟

清·邓　泰

无树无山处，人方见石奇。

嶙峋嫌地瘦，突兀恐天卑。

即向园林老，仍多磊落姿。

佳评传四字，尘外宰相知。

英　石

（作者不详）

瘦骨苍根各自奇，碧栏十二影参差。

平章妙出诗人手，半傍书帷半墨池。

第五章

媒体报道英石

央视《寻宝》走进英德

2010 年 11 月 28 日～30 日，中央电视台《寻宝》栏目走进"中国英石之乡"——英德。

这次央视《寻宝》走进英德活动吸引了众多收藏爱好者参与，在接受报名的短短 10 天时间里，前来报名参加寻宝海选活动的藏家有 569 人、藏品达 1063 件。报名者除了英德市民外，还有来自省内的收藏爱好者，收藏领域涉及陶瓷、书画、青铜、玉石杂项等。经过海选、专家鉴宝、投票表决等环节，终于寻出英德民间国宝。

经过中央电视台《寻宝》栏目组在英德三天的努力"寻宝"，英德"民间国宝"最终由英石"飞龙在天"夺得。此块英石高 40 厘米、宽 120 厘米，形似一条"在天飞龙"。专家评审团在颁奖词中说："它集天地灵气、日月精华。它天工造物，不是雕刻，胜似雕刻，它是五千年中华民族的象征和图腾，造型生动，寓意吉祥。细观之瘦皱漏透，丑奇秀雅；远观之大气磅礴，如飞龙在天，具有极高观赏、收藏价值。"

盛世兴收藏。英德是中国英石之乡，英石以"皱、漏、透、瘦"四大特色闻名于世，英德人喜欢收藏英石，并以石会友。为提高广大收藏爱好者的艺术鉴赏品位，弘扬收藏文化，英德市与中央电视台《寻宝》栏目合作，举办这次走进英德活动，并依托央视《寻宝》栏目强大的影响力，进一步提高英德市的知名度和美誉度。

节目播出后，栏目有关负责人向英德市政府主要领导发来信息：（12 月）25 日播出的《寻宝》受到观众欢迎，在中央电视台创造了 2.4 的最高收视率，影响远大！真是"一石激起千层浪"。中央电视台品牌栏目《寻宝》走进英德，产生了广泛而良好的社会影响，更是让英石品牌名噪一时。

英石韵

◎ 南方日报

    它来自山野之间，破土而出，历经雨水洗礼；它不假修饰，以本真示人，赢得无数惊叹。它只是奇石家族中的一脉，却以独特外表及多元用途成就千载美名；它犹如一尊尊介于具象与抽象之间的雕塑，天然成趣，给人联想无穷的艺术享受；它来自粤北山城，曾经足不出户，如今却被人们带着穿州过省摩挲赏玩，甚至漂洋过海，联结友谊。它就是英石。

    "一尺足千态，奇峰擅此州。谁知五岭外，别有九华秋。水立碧不动，云顽清欲流。移根种庭下，真作少文游。"一首《英山石》，生动地描绘出英石的宗源地——英山的秀丽峰姿。英山位于粤北半丘陵地带的望埠镇，主峰海拔561米，方圆140公里，是望埠和东华两镇的分水岭，其余脉向北延伸至沙口镇的清溪，向南延伸至连江口镇的浈阳峡。英山是石灰石山，它峰峦耸立，雄奇峻峭，嶙峋怪险，受暴冷暴热的气候和风雨影响，风化、腐蚀、发育得千姿百态。

    若以年龄来论，英石算得上一个长寿老者了。宋朝有个浙江山阴人叫杜绾，字季阳，号"云林居士"。绍兴癸丑年(1133年)，他撰写的《云林石谱》问世，成为我国历史上最早的石谱，体现了宋代文人赏石观石之精髓。此书对英石记载甚详，指出英石产地位于"英州洽洸、真阳县之间，石产溪水中"，并且

英石风姿（黄振生　摄）

种类"有数种：一微青色，间有白脉笼络；一微灰黑；一浅绿"，"又一种色白，四面峰峦耸拔，多棱角，稍莹彻，面面有光可鉴物扣之有声"等等。英石有记载的历史已近千年，那口头传播、民间赏玩的历史不是更为久远吗？

若以名气来论，英石在奇石界的名望也绝不逊色。宋人赵希鹄的《洞天清录集》把英石与灵璧石等"怪石"列入"文房四玩"，体现了英石作为文人石的一大特色。宋代地理学家王象之在《舆地纪胜》说"英之山石，擅名天下"。清代以来，英石更被公认为四大园林名石。载誉一身的英石，经历岁月的风霜雨雪，益发峭拔清劲，英姿勃发。

中国的赏石重立意、富情感、出神入化，追求景物之物、象外之意、不尽之情。米芾是我国北宋著名的书法家，同时也是一个奇石玩家，史传其"天资高迈、多蓄奇石"。他不但玩石，而且玩出了水平、玩出了境界。《吴绮南风物记》介绍了他任含匡（今浛洸镇）县尉时秋天到沙坑中采英石的情景。经多方比较，他指出英石具有"瘦、漏、透、皱"四大特征，一语中的。世人以此为标准，不断捕捉英石的种种神韵：宋杨万里称英石"一路石山春更绿，见骨也无斤许肉"，清陈洪范也道"问君何事眉头皱，独立不嫌形影瘦"，说的都是英石的特点。是的，英石以瘦闻名，而其瘦凸显的是内蕴的力量，以及内在的风骨，这就是它的精髓！正所谓"非玉非金音韵清，不雕不刻胸怀透。"清人赞英石"卑者不相附，高者不相摩，卑者或侧出而多歧，高者必蠢坚而特干"，"瘦骨苍根各自奇，碧栏十二影参差。"特立独行，磊落清正，英石所独有的品格，不也是我们立世的思索和追求吗？

大地之精英，山水之灵秀，孕育出无数天然奇石。换个角度说，件件英石精品都是举世无双的孤品，它那美妙自然的形态是人工无法复制的，这正是其珍贵之所在。英石瘦得有精神、漏得显神韵、透得见空灵、皱得有道理，它富有天工造化之美，任何妙手丹青都不能描绘。天然美已成为英石美学思想的一大基本点，也是区别英石精品与非精品的界线，更是英石作为观赏石本身的精神蕴含，体现了人们接近自然、返璞归真的理念。

有人说，英石也有性别之分。的确，天地有清浊，英石有阴阳。清人屈大均的《广东新语》对此就有精辟介绍：其出土者曰阳石，受雨雪多，质坚而苍润，扣之清越。入土者曰阴石，则反是。此话道出了英石的外貌特征，也指出了英石的刚性特质。古人尚且如此，当代更有识英石之人。2006年早春，中宣部原副部长翟泰丰参观英石后，感叹道："我以前看到的还是小女子，这次看见的英石才是男子汉！"还欣然命笔：英石乃天下之雄石。英石之性别，不是显而易见了吗？！

英德是著名的中国英石之乡，英石的家园就在英德。随着名气的扩大，英石受到越来越多人的喜爱。1996年11月，英石"鸣弦石"作为"和平之珠"，代表广东东渡日本，作为赠礼落户日本神户国际和平石雕公园；而随着英石文化的传播，其足迹甚至远涉美国、澳大利亚等国家，在异国安家落户，架起一座座沟通国际友谊的桥梁。

有言道："英石的家在园林里面。"此话不假，宋代民间园林发展迅猛，形成了"无园不石"的风气。古籍对英石有这样的记载：其大者土人尝载至五羊，以轻重取值，使工层垒为山，连皴接笋，参差相配，卧者为嵩，立者为华，坐者衡而行者岱，千岩万壑，磴道周回，错植花木其际，宛若天成，真园林之玮观也。的确如此，用英石构造的盆景假山，表现出大自然中名山大川的奇、幽、险、秀、阔、雄、峻等诸多美的特征，达到江河湖海、群山万壑俱奔眼底的美好境界，构成峭壁危峰、涧谷幽邃的意境。英石，自然成为当时建造园林的必然之选。宋代汴艮岳选用英石点景，岭南历史名园其主山多数是选取英石叠成，如顺德清晖园、东莞可园、佛山梁园、番禺余荫园等，其中不乏用英石垒造的景点和匠心独运的英石盆景。当代的中央党校园林、武汉黄鹤楼园林、广州白天鹅宾馆园林和流花西苑园林等也不乏英石的身影。十八世纪以后，英、法、德等西欧国家的宫廷、官邸、富人花园就选用英石叠山、拱门、筑亭基、饰喷泉等。1986年，中国援建澳大利亚谊园，部分园林景石是英石，现在新加坡国家公园主要景点用的也是英石。2008 年，英石假山盆景技艺被国务院列入第二批国家级非物质文化遗产名录，再次引起各方对英石传统工艺保护工作的重视。正如一首诗所言：无树无山处，人方见石奇；嶙峋嫌地瘦，突兀恐天卑；即向园林老，仍多磊落姿；佳评传四字，尘外宰相知。字里行间，无不透露出英石是园林造景的首选材质这一事实。"无声的诗、立体的画"，这不正是对英石的最为形象的概括吗？

英石文化的发展迅速，时至今日，在一定程度上，英石已成"英德"的代名词。君不见，在当地的支持下，投资数亿元的中华英石园拔地而起，成为汇集以英石为龙头的名石集聚园区、赏石玩家向往的奇石世界；君不见，银英公路从大站到望埠再延伸至沙口，一条条奇石长廊、大大小小的奇石市场分布其中，琳琅满目的各地奇石汇聚公路两旁，把原本单一的公路装点成的多彩通道，在充分展示英德作为南中国最大的奇石集散地的同时，也让途经的人们流连忘返；君不见，近年来，随着生活水平和欣赏趣味的提高，玩英石的人们也越来越多，英城茶园路、仙水路等已形成了美轮美奂的英石一条街！

英石是古老的，且越老越有韵味，"千奇百怪样样有"；英石又是年轻的，走过千年风烟，依然神采飞扬。英石是美的使者、美的化身，把我们的生活点缀得更加绚丽多姿；英石是英德的一张名片，期待着我们共同把它擦得更响、更亮！

（原载《南方日报》2015 年 8 月 20 日）

英石：天然去雕饰，"点"石可成金

◎ 南方日报

　　50余岁的林超富是英德当地知名的文化人。多年来，他始终不遗余力地推介本土文化品牌，尤其是历史悠久的英石文化。不少政府官员、民间买家都愿意找他品鉴英石，其提出"势、型、景、物、质"的英石审美新标准，更是成为英德当地人赏石、藏石的重要参照。

赏石须观察十大特点，兼具者为真正精品

　　英德视窗：英石的开发、研究、赏玩历史悠久，至今已有近千年，而英德市政府近年也大力推动英石文化产业，但很多人仍然不知道什么样的英石才是一块好英石。

　　林超富：很多人不懂英石的门道，搞不清楚一块英石到底好不好；有些人隐约会觉得某块英石好，但又说不出来好在哪里。事实上，英石的审美在"瘦、透、漏、皱、怪"的基础上，如再具备"势、型、景、物、质"，则为精品中的精品。一件英石，起码身材要瘦削，要见风骨；其次看它表面是否有褶皱，是否有滴漏，是否有孔眼，甚至彼此相通，玲珑剔透。人讲外相，石也讲石相。如果"皱、瘦、漏、透"都符合了，再看形、势、景、物，即看这件英石体形如何，有没有势，能否成为一处风景，最后才看一看像个什么物（东西）。英石的品鉴追求天然，天然为美，除大件园林石需做一些磨刻外，小件几案石不可有人工雕琢的痕迹。

英石是目前最天然、储量最大的"四大名石"

　　英德视窗：与其他奇石相比，英石的市场优势在哪里？

林超富：人们生活水平提高之后，对于精神方面的需求越来越大，要求也越来越高了。玩石头就是人们的一大选择。我们说玩石头，其实不是玩，而是养石头，养了就有灵性了。常言道：山无石，不秀；水无石，不清；居无石，不雅。

我敢说，现在是藏石最好的时代，而英石应在石头产业中占有一席之地。"四大名石"中，目前英石是最具有增值潜力的，投资前景最好。真正的灵璧石和太湖石基本没资源了，市面上新出的大都经过后期加工。而英石仍有六百多亿吨以上的储藏量，可以开采的资源较多，能保证今后一段较长时期的需求。就我看来，目前市场上没有造假的英石。当然，英石是不可复制的资源，具有唯一性，我们也应该现在就开始，合理地保护好英石资源，不要到以后想采都没得采了。

园林石首次纳入英石精品评选

英德视窗：与往年相比，今年的英石文化节有何特色？

林超富：连续五年，英石文化节都举办了英石精品评选及展览展销活动，但以往的英石精品评选都局限于小件几案石，而玩小件英石的80%以上都是散户、是个人藏友，对拉动整个英石产业发展的效果有限。因此，今年除几案石外，还将把大件园林石纳入评选范围，选出十多件园林石金奖。

目前，英德市的大站镇至沙口冬瓜铺及望埠墟至英山脚已形成"Y"字形的、长达40公里英（奇）石长廊，有近400家石档展销奇石，另有长期在市外从事园林建筑的公司及大小工程队达700多个，以英石为主的园林工程创造的年产值达25亿元。由此，园林景观石的市场潜力可见一斑。园林石的背后是园林企业，是园林艺术设计人才，把他们纳入进来，才是真正的"接地气"，才能真正拉动英德的英石产业快速发展。

"点"石为金需人才支撑

英德视窗：您认为英石产业发展未来还需要在哪些方面努力？

林超富：英石产业日益发展的同时，人才紧缺问题逐步凸显，已成为英石产业发展的瓶颈。比如以前开采英石，靠石农捡靠车拉，现在大部分英石都深埋土里，只在地面露出一小块，这就要靠有经验的采石工通过观察或敲打来判断这块石头有多大价值，否则花了半天时间，又机械又人工的挖出来，就是浪费；又比如发展园林石产业就需要一批园林设计人才。

另外，现在有不少石商也开拓网络市场，网上售卖小件英石，或是把生意延伸到家庭园林设计和施工上，向客户推荐适合堆叠花园鱼池和假山的英石，并提供装修方案。这就需要大量的电商人才。

在英德，所有的山、所有的洞都与石文化有关，从英石长廊到溶洞温泉到摩崖石刻都是石头的影子，因此，英石文化产业应与旅游相结合，这又需要一些会"点"石头的人才，向游客"讲英石故事"、"讲英石历史文化"、"讲某件英石的寓意"等等，真正做到"点"石为金。

与此同时，要加大技术的投入，研究和开发英石产业的新技术、新设备和新工艺，如开采、运石、立石、装吊、打磨、刻字等技术；建设英石文化博览园为主体，以英石长廊、英石一条街、英石盆景制作为链条的英石文化产业开发中心；给精品英石戴上"身份证"，对其进行拍照、量尺寸、命名，建立数据库，办理"一石一证"。

记者／焦　莹　特约通讯员／黄振生　何宴伟

（原载《南方日报》2015 年 12 月 10 日）

一石一证一故事，一照一诗一书画

◎ 南方日报

5月10日下午，"中国英石'一石一证一故事，一照一诗一书画'创客大赛"系列活动之英石文化专家宣讲会英德站第一场，在英德市英西中学艺术楼演奏厅举行。

本次活动由英德市委组织部、宣传部、文广新局、奇石协会共同主办，广州茵盟特展览有限公司承办，是英德市委市政府实施人才工程的一个新举措。近年来，英德以省"扬帆计划"和清远市"起航计划"为载体，营造创新团队成长的良好环境，大力发展茶叶、建材、英石等特色优势项目，取得了阶段性成果。

活动以英德城市文化之英石文化为主题，突出一块英石、一本证书、一个故事、一张照片、一首诗歌、一幅书法、一张画作等"七个一"元素，搭建一个英石文化创业创新的公共服务平台，激发草根潜力及大学生的创业激情，实现新型人才及产业与人才的"双孵化"，促进英石新业态与新模式发展，推动英石行业的一些小型企业转型升级和创新发展，全力打造英石文化和商业发展新风向标。

当天的英石文化专家宣讲会首场主讲嘉宾包括英德市奇石协会原会长、中国观赏石二级鉴评师朱章友，英德市奇石专家、英石园总经理邓达意，清远市摄影家协会会长潘赣明，华南农业大学风景园林设计研究院副院长高伟等，专家们分别以英石文化审美、英石特色人才培育、英石题材摄影艺术技和英石园林造景技艺为题展开论述。此外，活动还特别安排以英石为主题的诗歌、书法、绘画环节，进一步深挖英石文化内涵，包装推介英石文化品牌。

英石文化宣传会上展示了英德市部分书法家作品。(焦莹 摄)

"这是英石文化普及工作的一种积极探索，搭建了英石文化数据库平台，借此让更多人了解英石文化、喜爱英石文化。"活动协办方广州茵盟特展览有限公司总经理谭卫表示，"接下来，还有英石盆景、园林制作宣讲及其作品大赛、英石摄影大赛，以及以英石为题的'诗词歌书画'大赛等活动。"

谭卫表示，希望通过本次活动，让英石文化成为家喻户晓的地方名片，让英石这个中国四大名石、四大园林名石之一的原生态不可再生资源产品成为世界名石，从而让世界了解中国英石文化，让中国英石文化走向世界。

据悉，广州茵盟特展览有限公司接下来将在广州、深圳、佛山等10个城市巡回举办英石文化专家宣讲会，同时考虑复制到全国乃至世界各地高校，力争在两三年内将"一石一证一故事，一照一诗一书画"打造成中国乃至世界知名的英石文化传承的赛事与平台。目前，广东各地的奇石收藏、摄影、书画、诗歌等领域有关专家，纷纷向承办单位伸出橄榄枝，表示愿意积极参与此项活动，助推英德英石特色文化发展。

记者／焦莹 通讯员／刘海军

（原载《南方日报》2017 年 5 月 18 日）

"英石文化产业特色人才讲座"圆满召开

◎ 网　络

　　中国英石"一石一证一故事，一照一诗一书画"创客大赛（SSC CHINA）——英石文化产业特色人才讲座英德站第 2 场，于 2017 年 6 月 4 日在英德市文化艺术中心圆满召开。

　　本次讲座由中共英德市委组织部、中共英德市委宣传部、英德市文化广电新闻出版局、英德市奇石协会主办；广州茵盟特展览有限公司、广州华璟文化产业发展有限公司承办。邀请了英德市政协副主席、英德文史专家林超富先生，英德市宣传部常务副部长、英德市文联主席朱增化先生，英德市文化广电新闻出版局局长郭永红先生，英德市奇石协会会长邓艺清先生，广州茵盟特展览有限公司总经理谭卫女士，广州华璟文化产业发展有限公司董事长朱陆海先生等领导和嘉宾，及奇石协会会员、各石友、摄友、诗友、画友、文友、书法类各界朋友约 100 人出席本次活动。

　　通过中国英石的创客大赛挖掘更多新型人才，推动英石创新发展，"英石文化产业特色人才培养"是本次讲座的主题。特邀英德市奇石专家、英

英德市政协副主席林超富发表讲话

石园总经理邓达意先生；英石电子商务专家陈德茂先生；原英德市奇石协会会长、中国观赏石二级鉴赏师、英德市奇石专家朱章友先生；英德市盆景技艺专家彭伙强先生；广州茵盟特展览有限公司总经理谭卫女士作为本次讲座的主讲嘉宾。专家们分别对于英石产业资源整合"英石技艺人才培育"；英石营销人才培育"英石电子商务人才培育"；英石文化"英石审美人才培育"；"英石盆景技艺人才培育"及"英石文化长远战略发展目标分享"五大主题展开了宣讲，让英石企家及各界文创人士了解到当下英石文化产业的现状、英石文化产业与电商互联网的结合、英石文化的审美、英石的价值挖掘以及英石文化产业未来的发展趋势。

广州茵盟特展览有限公司（EMT）作为英石文化项目的运营机构，在英德市政协副主席、文史专家林超富先生具体指导下，通过 EMT 团队多年的努力探索，打造英石文化品牌及推广取得很好的阶段性成果。讲座的第五部分是由广州茵盟特展览有限公司经理谭卫女士分享：从 2013 年茵盟特与英石结缘开始，通过这几年对英石产业形态分析与探索、平台的搭建、整体战略的定位、"七个一"工程战略体系的呈现到 2017 年 4 月 26 日 SSC CHINA 的正式起航，与各位一一作了分享。

总之，英石文化项目的发展将坚持以"七个一"为中心，制定了英石文化产业发展的长远战略目标与计划，成为逐渐延伸出英石产业链的同步发展，主要包括：SSC CHINA 创客大赛平台、出版英石故事荟等各类刊物、策划举办世界英石大会暨一带一路英石文化高峰论坛、英石戏曲艺术的结合、英石文化与园林文化的资源融合以及英石文化与中国 1000 个特色小镇的整合、现有英石园的升级和文化长廊的打造、博鳌级英石鸟巢战略构想等内容；特别提出，2017 年 6 月创客大赛将在华南农业大学林学与风景园林学院落地广州站，之后逐渐走进全国各大高校、走进全国各大企业、走进全国各大社区。整个英石文化战略发展体系的制定，旨在将中国英石文化传承到中国乃至世界各地。

讲座最后一个环节，英德市政协副主席、英德文史专家林超富先生给

主讲专家：英德市奇石专家、
英石园总经理邓达意先生

主讲专家：英石电子商务专家
陈德茂先生

主讲专家 英德市奇石协会原会长、
中国观赏石二级鉴赏师朱章友先生

主讲专家：英德市盆景技艺专
家彭伙强先生

英石文化项目进展与长远战
略目标分享：广州茵盟特展览有
限公司谭卫女士

本次活动做了进一步的指导，特别提出：作为英德三大产业之一的英石文化产业，一直以来是他的夙愿，在探索与发展的路上，英石文化产业就像是悬在他心中的一块"石头"。通过今天的讲座，有来自各界石友、摄友、诗友、画友、文友、书法类各界文创人士踊跃参与，让他看到了英石文化发展更多的希望与信心，各位专家们齐聚一堂共同探讨英石产业未来的发展之路，尤其是广州茵盟特展览有限公司团队针对英石文化战略发展体系和目标的分享，他本人深受感动，直至今天，他毫不犹豫地说出：心中的这块"石头"终于落地了……一直以来，林主席对英石文化产业的发展所付出的心血是有目共睹的，"富哥"也已成为英德文化领域家喻户晓的一张名片，作为英石从业者和英德人都为之感到骄傲与自豪。

本次"英石文化产业特色人才培养"讲座赢得了各石友、摄友、诗友、画友、文友、书法类人士的共鸣，同时也是他们第一次全面了解到什么是七个一，英石文化未来的发展走向以及战略目标。

本次活动中，来自中国书法家协会会员、国家一级美术师陈城明先生作为代表，会后郑重承诺，表示愿意大力支持英石文化发展的战略目标的实现，他本人将尽最大的力量贡献资源，为英石文化的内涵挖掘与价值提升作努力，接下来着力将100个英石打造成为"七个一"的标杆案例。陈城明先生现场还赠予书法作品留念；另外，顺德的石友也在百忙之中抽时间参与，为英德能举办这样的英石文化活动表示喝彩，并特地邀请创客大赛活动走进顺德……这一切都将给予茵盟特团队莫大的信心和鼓励，更是大家前行的动力：相信只要勇敢迈出第一步，彼此相向而行，定能走出一条与英石文化的共同发展之路！

让我们携手共创英石文化更加美好的明天！

（转自网络，2018 年 3 月 13 日）

赏英石、品红茶、游英德

◎ 南方日报

赏英石、品红茶、游英德，12月30日，2015中国英德红茶英石旅游文化节在英德市体育馆开幕，来自全国各地的茶商、英石藏友、专家学者和游客等嘉宾近千人参加了开幕式。本次红茶英石旅游文化节持续至2016年1月3日，期间将举行英德红茶、英石展览展销，茶艺、擂茶、英石盆景体验活动，美食嘉年华以及大型主题晚会等系列活动。

开幕式上，英德市委副书记、市长黄镇生表示，英德红茶和英石是英德的两大特色文化名片，一直以来，英德市委、市政府致力于培育、推广这两个文化品牌，目前已连续举办了五届英石文化节、两届英德红茶文化节，同时注重把文化和旅游结合起来，充分挖掘和利用红茶文化、英石文化，不断提升英德旅游的文化内涵。

"诚邀各位朋友尽情品味英德别具风格的红茶文化和英石文化，领略英德山清水秀的自然风光，也希望广大市民踊跃参与，大家以石为媒，以茶会友。"黄镇生向海内外各界人士发出邀请。

据悉，近年来，英德红茶产业不断向纵深发展。全市红茶种植面积达7.34万亩，今年干茶产量预计超过4000吨，产值约15亿元。2010年至2015年，英德被中国茶叶流通协会连续6年评为"全国重点产茶县"。今年，"英德红茶"公用品牌价值达到17.77亿元，在中国红茶类排名前三位。

对此，中国茶叶流通协会茶叶深加工专业委员会秘书长、产业发展部主任申卫伟在开幕式上表示，在新经济常态下，英德上下结合实际，因势利导，采取多种方式突出抓好市场推广和品牌营销，积极引导茶企向多元化发展，向市场细分转型，走出了一条特色的地方茶产业转型升级之路。

英石方面，英石产业逐步成为英德百姓的一个致富产业，长达 40 公里的英石文化长廊以及中华英石园成为全国最大的英石集散地和英石文化交流中心，园林英石与几案英石年产值达 40 多亿元，以英石为主的园林工程年产值达 25 亿元。

广东省观赏石协会常务副会长兼秘书长张建南表示，此次英石展览有三大亮点：一是首次进行园林石评奖，开创了我国园林石评奖的先河；二是在全国率先采用先进的数码技术为每个奇石建立了电子信息档案；三是在全国率先邀请专业观赏石价格评估公司对部分奇石精品试行价格评估。"这三项新举措对回归英石文化的源和根，弘扬创新科学发展的英石文化，促进英石文化事业和英石产业经济的发展将起到积极的推动作用。"张建南说。

此外，开幕式上还设置了颁奖环节，英德市积庆里茶业有限公司等 5 个赞助单位获颁牌匾，金奖茶艺师廖小琴等 7 名红茶文化大使获颁证书和聘书，15 名几案英石金奖得主和 15 名园林英石金奖得主获颁证书。

此次红茶文化节，30 家本地茶企参加了展销。在英德红茶展销区，茶香四溢，热闹非凡，各个展位前均放置了各式各样的红茶展示，还有各种精致的茶具。游客三五成群，或坐下品茶，或站在各个展架前认真看和听关于英德红茶介绍。

与会领导嘉宾向非物质文化遗产——英石假山盆景注入"三江"（北江、翁江和连江），宣布英德红茶英石旅游文化节开幕。（焦莹 摄）

新选出的英德红茶文化大使现场表演茶艺。（焦莹 摄）

"这茶好香，入口甘醇，好喝，给我来两盒。"一位外地游客在品尝了英红九号冲泡出来的茶后，立即就下单了。据一茶企负责人表示，今天展销区提供高中低档的红茶，满足了不同层次的市民和游客的需求。

值得一提的是，此次展销会，部分茶企以云购创新模式，推出"1元购"、展会体验价等促销优惠活动，最大限度地的推广英德红茶。

在奇石展销区，33家石商将大小不一、百态千姿的石头现场摆售，引发游客围观。来自各地的石商、石友们更是大饱眼福，现场供销两旺。记者注意到，与往年不同的是，今年奇石展销以英石为主，一件件英石被置于桌案或陈列柜，而鹅卵石和黄蜡石则就地摆卖。"英石比较贵气，比较易损，要妥善放置。"有石商表示，销售情况还不错，两个小时卖了2000多元。

另一石商深表认同，"英石确实形状漂亮，很有特色，深受石友喜欢。但唯一问题是不便大量运输，由于其'皱、瘦、漏、透'的特点，一只箱子只能装几块英石，而且要塞棉布、泡沫之类的东西防护，否则运输过程中很容易损坏。它不像黄蜡石、九龙壁等质地较硬，怎么摔打都不怕"。

值得一提的是，活动还特别评出中国版图、弄月、冬天神韵等三件"英石王"。特聘经广东省发改委审批通过、获得首家法定的观赏石价格评估机构——深圳尚宝斋文化传播有限公司的五位具有国家观赏石价格评估资证的专家，对"英石王"进行价格评估。

记者/邓文燕 焦 莹 通讯员/黄振生 石建华

（原载《南方日报》2015年12月31日）

英德举办红茶英石旅游文化节

◎ 南方日报

　　记者从 9 日召开的英德市政府新闻发布会获悉，2015 中国英德红茶英石旅游文化节将于 12 月 30 日在英德市体育馆举行，为期 5 天。活动期间，除开幕式外，将有茶艺师职业技能竞赛、英石精品评选及展览展销、英德红茶展览展销，以及茶艺、擂茶、英石盆景体验等系列活动。

　　主办方称，今年首度将红茶、英石和旅游文化节三节合一，整合资源，重点突出文化创意等元素。英德市文广新局局长邓明华介绍，今年英德市委市政府从"八项规定"的办节要求出发，将英德红茶文化节、英石文化及旅游文化三节合办，除了节省成本外，还能够扩大活动的影响力，以推动英德红茶、英石产业的发展。同时带动旅游、餐饮服务业等兴旺发展。

　　"今年把文化作为整个节的灵魂和引导。"邓明华表示，将充分挖掘英德红茶的发展史，将其融入到产品当中，让游客一目了然。英石方面将邀请专家对获奖作品进行点评，并邀请书法家、画家将英石的美融入到他们的"诗情画意"当中。

　　"英德红茶像一位美女，需要慢慢品尝。英石像一位帅哥，需要慢慢探索。"英德市旅游局李巧玲局长以"帅哥美女"来形容英石和红茶。她表示，红茶、英石与旅游行业相辅相成，将三者结合起来，可以有力地推动英德旅游文化产业的发展。

　　"这里有美丽的茶园梯田，有世界少有偏氟酸的温泉，有英石博物馆，可以看英石，品红茶。"李巧玲向媒体推介了英德仙湖度假区和浈阳坊度假区，她希望媒体多来英德走走，将英德的美传到全国各地。

　　据介绍，2015 年，全市茶叶种植面积 7.34 万亩，产值预计超过 15 亿元。

英石方面，从英德大站至望埠镇已形成 40 公里的奇石展销长廊，成为岭南地区规模最大的园林石集散地，园林英石与几案英石直接销售年产值达 40 亿元。

见习记者/陈咏怀　通讯员/熊成帆　黄振生
（原载《南方日报》2015 年 12 月 10 日）

英石盆景技艺惊艳"国际非遗节"

◎ 南方日报

6月10日至18日，四川省成都市举行第六届中国成都国际非物质文化节中国传统工艺新生代传承人竞技活动，英德市英石爱好者邓建党、谭贵飞、彭伙强代表广东省非遗中心参加盆景制作技艺竞技，其中邓建党的传统英石盆景制作荣获"新生代传承之星"；而谭贵飞、彭伙强则将美术山水画融入英石盆景制作当中，作品荣获"最佳新人奖"。

近日，记者采访到谭贵飞和彭伙强，他认为"英石不仅仅是一种艺术品，它更像是一种需要传承下去的精神，展示英德美的精神"。

创新思路　山水画元素融入英石盆景制作

"其实，我们两个在英德英石界只能算是新人，能够有机会参加这么高规格的活动，感到很荣幸。"6月19日下午，谭贵飞与彭伙强从成都回到英德，稍作休息后，便接受了本报的采访。

谭贵飞与彭伙强是英西中学的美术老师，两人从小就对英石有着莫名喜爱，读书时经常跑到山上去捡石头回家收藏，大学毕业后就尝试自己动手制作英石盆景。

"之前其实都是属于个人爱好，真正系统地去认识英石是在2014年，我们向学校申请了一个关于英石盆景制作的课题，此后才算开始了认真研究。"谭贵飞说，做盆景是个考验脑力的活，从学到会需要很长的时间。就以挑选石头为例，起码要知道哪种石头漂亮，哪种能够做假山盆景。而他们两人虽然真正"认识"英石的时间不长，但由于都是美术老师，对景物的构图、层次和颜色等元素的理解比较深刻，盆景制作很快上手。而在这次国际级别的活动中，两人更是将自身优势发挥得淋漓尽致。

"出发去成都之前，我们考虑到队伍中已有一位传统英石盆景制作的大师，若是还按原本的方法来制作，难以在众多选手中脱颖而出。"彭伙强表示，他与谭老师将美术的山水画元素融入英石盆景制作当中，以一块圆形的大理石作为底盘，前景"山峰"部分由真正的英石粘贴而成，中、后景的山峰则以有凹凸感的薄塑胶粘贴制作，最后在各个山峰上染色，便可制成一个既是山水画又是英石盆景的艺术品。"该幅作品是半立体形式的壁画类盆景，这样处理能够让整个作品有多个层次感，可根据个人爱好来做成春夏秋冬四个季节不同的景色，给人耳目一新的感觉。"彭伙强补充道。

谭贵飞告诉记者，在比赛当天，不少观众对他们这种新型英石盆景感到好奇，有的甚至上前来询问是否售卖。"现在英石大多用于园林摆设和几案观赏等，将英石制成壁画类盆景，也是一种新的尝试。"他表示，这种制作工艺相比传统的盆景制作重量较轻，不仅能够吸引奇石爱好者，美术爱好者同样会感兴趣，能更好地在全国推广英石。

传承技艺　开设第二课堂领年轻人"进门"

早在四五年前，学校有学生知道彭伙强与谭贵飞是英石盆景制作爱好者，便提出向他们学习。后来，消息在学生之间传开了，越来越多学生对此产生兴趣。让两人惊讶的是，学生们大多知道英石，但却不知道英石可以制作成盆景，这让彭伙强与谭贵飞感觉英石盆景工艺已出现断层现象。

"我们接触到的英石工艺爱好者大多有一定的年龄，年轻人少之又少。"谭贵飞说，为了让英石吸引年轻一代人，两人决定向学校申请开设第二课堂，并在2014年开设名为《英石艺术作为美术乡土教材的研究》的课题。

课堂开设后，报名人数出乎意料之多。考虑到盆景制作的成本，彭伙强与谭贵飞不得不从众多学生中筛选出40人。两人每周上一节课，向学生讲授英石发展史、审美和相关的制作方法。

"其实英石盆景制作也能够吸引年轻人，只是他们之前没有一个接触的平台，缺少人引领他们走入行业的大门。"彭伙强感叹道，"除了领进行业之外，有时候一个鼓励或者一声赞扬，都能让学生信心倍增，甚至始终保持对这个行业的热爱。即使现实点来说，这也算学到一门手艺，或许毕业后可凭此找到一份工作"。

　　目前，彭伙强与谭贵飞正准备出版一本关于英石盆景制作的教材，教材将详细介绍英石的历史、传统英石盆景制作和创新英石盆景制作方法等内容。

小课堂

　　英石是我国四大园林名石之一，英石假山盆景传统工艺，是英德的能工巧匠充分利用当地资源，以生动的造型形式来表现人们的传统审美观念、文化态度以及生活方式的一种手工艺术。宋代杜绾《云林石谱》、赵希鹄《洞天清录集》、明朝计成《园冶》、清朝屈大均《广东新语》等书均有论述。英石假山盆景技艺入选第二批国家级非物质文化遗产名录。

　　英石的褶皱明快有力，脉纹变化多端，易于构成峰峦沟壑等山形地貌，蕴涵着艺术意境构思的许多素材。因此，当地人利用英石材料创造出多种类型的传统工艺英石盆景，在方寸之间展现万水千山，涌动千般意境。英石假山盆景的制作工艺以自然奇石为依托，融入工匠的智慧，使英石"瘦、皱、漏、透"的外形，折射出中国佛教和道教的"空"与"灵"。20世纪90年代，民间手工艺者创造性地运用超声波技术融入传统英石盆景中，生产出雾化英石盆景。

记者/陈咏怀　通讯员/朱伟坚

（原载《南方日报》2017年6月22日）

新型英石盆景吸引眼球

◎ 南方日报

    日前，英德市文化馆举办了英石假山盆景作品展。与传统英石盆景不同的是，这些作品以壁挂、白色圆形瓷盘、大理石板等材料作背景，以山水绘画为远景，英石为近景，所创作的山水工艺盆景别具艺术特色。本次作品展持续至 10 月 31 日，有兴趣的市民可前往观赏。

    据了解，本次共展出英石盆景作品 61 件，由英西中学美术课题组的师生耗时三个多月创作而成。作品创作主题以山水为主，在传统英石盆景的基础上增加了绘画背景元素，使得英石山水与绘画、立体与平面、虚与实巧妙结合，增加了盆景的空间层次。

新型英石盆景融入了绘画元素，增强其观赏性。（陈咏怀　摄）

"我们学校在 2014 年开设英石盆景课题，如今新型的英石盆景越来越受人关注。"英西中学体艺处主任陈洋凤介绍，英西中学作为英石假山盆景制作技艺的传承基地，近几年不断创新，在传统英石盆景的基础上，创作了以壁挂、白色圆形瓷盘、大理石板等作为英石壁挂盆景背景的全新盆景。"我们以英石作为近景，以辅助材料作为中景，最后以绘画作为远景，由厚到薄，这样既能展现英石的特点，又能使作品有层次感，成为了一幅'立体的画'。"

　　陈洋凤还表示，传统的英石盆景由于体积大，广泛推广有一定难度，而新型的英石盆景则重量轻且具有较高观赏性，更容易受到大众接受，对英石文化的传播起到积极作用。陈洋凤透露，下一步英西中学计划为新型的英石盆景申请专利，将其打造成英德英石的特色品牌产品。

　　据悉，英石是我国四大园林名石之一，英石假山盆景制作技艺是英德市民间手工艺的一大特色。2006 年，被列入广东省第一批省级非物质文化遗产代表性项目名录；2008 年，列入第二批国家级非物质文化遗产代表性项目名录。

记者 / 陈咏怀　通讯员 / 曾慧芳

（原载《南方日报》2018 年 10 月 11 日）

传承英石文化 需要更多创意

◎ 南方日报

　　日前，英德市文化馆举办了英石假山盆景作品展，作品由英西中学美术课题组的师生耗时3个多月创作而成。这些作品以壁挂、白色圆形瓷盘、大理石板等材料作背景，以山水绘画为远景，英石为近景，在传统英石盆景的基础上增加了绘画背景元素，增加了盆景的空间层次（详见10月11日《南方日报·英德视窗》）。

　　作为称誉奇石界的四大园林名石，英石长期以来已经成为英德的形象代表与名片。近年来，以英西中学为代表的中小学校在传统文化进校园方面做了有益的探索，结出了创新之花，文化传承有了新的发展路径。当前，英石文化迎来新的发展阶段，需要更多的创新理念和创新举措。

　　需要更多解读。诚然，每一种特产文化，除了其自身的"颜值"吸引人之外，多方位、深层次的解读依然不可或缺。英石文化底蕴之深厚已无需赘言，只要查一查相关文献资料便可知悉。粗略检点近年来的研究，大部分仍然只是停留在故纸堆中，对英石文化的本地化、乡土味没有得到应有瞩目。每一种文化都有其生长繁衍的土壤，英石与英德地方息息相关，在历史文化的基础之上，应当积极深入地开展田野调查研究，讲好英石与英州大地的故事，不断丰富新时期英石文化内涵。

　　需要形成产业。20世纪九十年代以来，在历届市委、市政府的重视推动下，英石文化得到了新的发展，一批英石市场应运而生，从业人员逐年增加，在节庆活动的推介下，英石文化的传播半径也在逐渐扩大。而对英石文化的研究与发掘，一众爱好者也在不遗余力地作出努力，推出了一批研究成果。英石终究需要走上文化产业之路，在集散中心的规模化、交易平台的网络化、从业人员的专业化、文化产品的多元化等方面发力，不断完善英石文化产业链，继续擦亮"中国英石之乡"招牌。

需要更广覆盖。英西中学以艺术教育著称，2014 年开设英石盆景课题以来，成为英石假山盆景制作技艺的传承基地，几年间不断创新，在传统英石盆景的基础上，创作了以壁挂、白色圆形瓷盘、大理石板等作为英石壁挂盆景背景的全新盆景，传统文化进校园有了生动的范例，为英石"立体的画、无声的诗"再作新的注脚，成绩有目共睹，值得肯定。目前，英石文化创意作品还比较少，进校园有待铺开，还要积极进社区、进网络、进家庭等等，不断融入社会的方方面面，在装点生活、突出特色的同时，让英石文化传承有更广泛的民众基础，让英石文化在新时期焕发更加耀眼的光彩！

（原载《南方日报》2018 年 10 月 18 日）

英石在中国·石家庄第十六届观赏石博览会大放光彩

◎ 南方日报

在日前举办的中国·石家庄第十六届观赏石博览会上，英德市观赏石协会选送的英石惊艳亮相，14方参展作品，获得2个金奖、3个银奖、9个铜奖，获奖率达到100%，为英德市观赏石界赢得了荣誉，也为英石文化的推广做出了积极贡献。

据了解，此次石博会在石家庄世界湾文化产业基地广场举办，有230个石种共计727方观赏石角逐54个金奖名额。而本次石博会上传统四大名石之一的英石，在现场惊艳亮相。

"英石作为我国四大园林名石之一，应该让全国更多人认识英石的美。"英德市观赏石协会会长柏光辉告诉记者，他与协会其他三人轮流驾车长途行驶1800多公里，直接从英德开车到石家庄世界湾参会现场，决心"让英石走出广东，走向全国"。

此次英德市观赏石协会选出14方作品参加精品展，获奖颇丰，引得不少参观者驻足欣赏。尤其金奖作品《朱雀》，吸引了不少藏家的目光。最终，一位收藏家以68万元洽购商谈，另一位收藏家则看中了银奖作品《玉亭峰》，以23.8

英德市观赏石协会选送的英石作品全部获奖。（通讯员供图）

万元成交。

　　柏光辉表示："如今越来越多人开始收藏精品英石，这无疑大大提升英石的知名度，但也容易造成精品英石的流失。"柏光辉认为，中国四大名石中的灵璧石、太湖石、昆石，所在地都建了省市级的石文化博物馆，现在只有市属英石馆还没建。因此，柏光辉建议英德尽快建立英石文化博物馆，提高全社会对英石文化价值的认识。

记者／陈咏怀　通讯员／成云飞

（原载《南方日报》2019 年 4 月 11 日）

第六章

口述英石

全方位推进英石文化产业链的完善

◎ 范桂典

编者按：2013 年中国（英德）第三届英石文化节暨英德市"三江五原旅游文化推介会"论坛，于 2013 年 11 月 10 日在连江口镇浈阳坊举办。上午举行开幕仪式，下午在浈阳坊艺术馆三楼学术厅举行"三江五原旅游文化"论坛。这是本文作者在论坛上的发言。

各位领导、各位专家、各位来宾，下午好！

从我研究这个文化的角度看，今天收获很大。那就是我们对以后的英德文化的研究，有了方向，尤其是黄伟宗教授提出的三江五原文化的整合，让人为之一亮！我们原来一直都在思索、探讨，理不清头绪，英德文化好像什么都有，现在如果从我这个新闻采编的角度来看，今天我是找到了这个题目了，那就是英德文化的新定位——三江五原。现在，我从这几年从事非物质文化遗产的申报和研究这个方面来谈一谈英石产业发展的问题。我就集中到一点，就是我们现在的英石市场都是观赏石这方面的规模和发展。但是，我们最具文化产品特征的是英石假山盆景技艺，只有它才是一种真正意义上的文化产品。因为它是通过能工巧匠形成人工艺术化的一种产品，经过加工的一种传统工艺。其他观赏方面，比如说清洗、加个座，都不能算是真正意义上的一种文化方面的加工。所以，我们在 2008 年将它顺利成功申报进入国家级非物质文化遗产保护名录。这么多年来，英石成为成功的文化品牌，我觉得英石假山盆景技艺这个文化品牌是最权威的，因为它的公布单位是国务院，它的权威性是不可置疑的，是我们国家的第二批保护名录。所以，现在英石文化的产业化，最缺乏的就是在技艺方面的传承发展。

今天早上，开幕式上靓丽亮相的英石盆景技艺，就是我们的国家级保护名录中的其中的一个作品。但是，现在如果你要去买的话，还是比较困难，因为从事这方面的人比较少，生产平台又逐渐萎缩。实际上，英石盆景技艺在 20 世纪八九十年代很受欢迎，后来因为种种原因，没有与时俱进，使得市场慢慢地萎缩。现在亟须保护和延续我们这个文化品牌。

我觉得，要大力弘扬英石传统文化这个优秀品牌，促进英石产业化的发展，首先就是研究挖掘工作还是需要深化。经过近几年的考察，现在我们所掌握的这方面的文献资料还是相对比较少。虽然我们现在全国的名人当中，都有英石假山，大部分都有这个假山作品，但现在我们这方面的记载还是比较缺乏的。我们要研究它当时是通过什么路线、什么渠道，是哪些人来从事这些方面的技艺制作，我们都还需要进一步的研究。

其次呢，是我们这个专家队伍还是不够大，包括我们英德自己，从事这方面的人还是比较少，很多人虽然很愿意从事这个英石行业，但是在这些人中，做观赏石这方面的人比较多。从事这种低端的贸易的还是人比较多，从事英石技艺高端研究的人就比较少。因为我们这个英石假山盆景技艺，按照全国的经验来说，它的最有效的渠道还是实行生产性的保护。我们现在还没有平台，没有高端的从业人员，那么保护就比较难。

第三是今年英德市委市政府很有远见，把英石电子商务平台弄起来了，现在正在慢慢地完善。所以也亟须把这个英石假山盆景技艺的有关数据、传承体系及其他一些有关的文件资料挖掘、丰富。

第四就是怎样合理利用的问题。刚才我已谈到，实行生产性的保护，还需要有相关文化背景的企业来做这个工作，才能够做到合理利用。那么，我就说到这里，其他就不说了。谢谢大家！

《富哥话英德》之"英石文化"

英德电台《英德故事》之"富哥话英德"节目自 2014 年 8 月开办以来，深受听众欢迎，至今已开办 220 讲。"山山水水，历史典故，风土人情，尽在《富哥话英德》"，这是栏目每期播出时的开头语。栏目主持人吴永全（小全）与特邀嘉宾主讲人林超富（富哥），以交谈、聊天的方式，通过幽默、风趣、诙谐的语言，用接地气的语音，把英德的故事讲出来，达到通俗易懂、家喻户晓的效果。

该节目每讲约 3000 字，内容丰富，其中涉及"英石文化"的已经有 15 讲。以下选载部分对话文字。

✕ **英德电台FM999** ⋯

《富哥话英德》

山山水水，历史典故，风土人情，尽在《富哥话英德》
英德电台fm99.9每周三上午11:30——12:00

【音频节目请点击收听】

米芾拜英石

◎ 林超富　吴永全

广播公众性节目：《富哥话英德——米芾拜英石》
节目策划、主持：吴永全
节目编写、主讲：林超富
首播时间：2014 年 9 月 3 日

【片头】：山山水水，历史典故，人情风物，尽在《富哥话英德》。

小全：各位听众朋友，大家好，欢迎收听我们这一期的《富哥话英德》。在节目当中呢，都会有小全和我们的富哥，和大家一起分享一些英德的风土人情，历史文化故事等等。说到富哥，相信很多朋友都很好奇，究竟是何许人呢？今天首先介绍一下，富哥是来自我们英德市政协文史委员会主任——林超富。说到我们英德一些风土人情、历史文化故事，富哥对此是非常熟悉的，他基本上走过英德大大小小的不同的地方。对于很多听众朋友来说，通过看电视、宣传片可能对一些著名的景点比较熟悉，但是对于我们常见的这些景点、风俗民情，你们深入了解多少呢？可能是一知半解。但是这不重要，在节目当中我们会请富哥和我们一起去深入了解英德的风土人情和历史文化故事，我也在学习当中。好的，事不宜迟，我们请富哥来到我们的直播室当中。富哥，和大家打声招呼吧。

小全：富哥，你好！

富哥：小全好！各位听众好！

小全：富哥，这一期你给我们分享的主题是什么呢？

富哥：今天和大家说的是关于宋代一位书画家——米芾，关于米芾这个名人，我要考考大家。米芾之所以出名是因为他和他的书法被世人称为"米癫""米狂""米草"。我想问问大家，知道米芾书法的启蒙老师是哪位吗？其实，米芾书法的启蒙老师和我们英德有关。这样说，大家可能以为我们在吹牛，那我就从几个方面来说明。米芾在宋代熙宁年间任英德的浛洸县县尉，在位两年。他来到后便觉得这里的山山水水很漂亮，特别时那些古怪的石头，他非常喜欢。工作之余，他对浛洸、阳山和英德出产的古怪石头进行玩赏，凡是看见古怪的石头，他都会很高兴地抱回来，高兴之余就喝上两杯酒，然后倒两杯酒在石头上请它们"喝酒"，与其称兄道弟。由此，历史上便流传着米芾对英德的石头情有独钟，他玩石被称作"石痴"，有个故事叫做"米芾拜石"。

小全：这个故事我听说过。

富哥："米芾拜石"最早就是拜我们英德的石头。

小全：最早是拜英石。

富哥：所以，第一，米芾一生中喜欢古怪的石头，其中有三种石头是最古怪的，即英石、太湖石、灵璧石，他喜欢的三大名石包含了英石。第二，三大名石的观赏中，唯有米芾到过英石的故乡，即在浛洸县工作过两年。第三，米芾任浛洸县县尉时在英德留下三首诗赞美英德文化，第一首是当时浛洸县西边有座高山，叫尧山（现在的石牯塘），这首诗写道："信矣此山高，穹隆远朝市。署木结苍荫，飞泉落青翠。"如今，我们到尧山石牯塘天门沟半山再读读这首诗，就能感受到它的意境了。

小全：现在天门沟可以看到这首诗吗？

富哥：天门沟现在有挂着这首诗，描绘的就是这样的环境。大概的意思是我相信这座山很高，离市区较远；树木繁茂原始，山上瀑布之下，水汽喷洒在树木上，"飞泉落青翠"。

小全：形容这个地方有好山好水好风光。

富哥：米芾当时还到过浈阳县，北江河边有一座非常雄伟的楼，相当于岳阳楼，叫做烟雨楼。当时米芾在楼里吃饭，看风景，看到北江河与瀚江河的河水交汇处异常美，意境一来，诗兴大发，便写了第二首诗《烟雨楼》："歧路分韶广，城楼压郡东。伎歌星汉上，客醉水云中。"首句是看到北江河和滃江河交汇处沟通着韶州和广州，第二句是烟雨楼坐落在浈阳城的东边，比浈阳城还高大雄伟，第三句是歌女的歌声还在天空中回响，所以第四句是客人醉在水中云中。

小全：我想问烟雨楼现在的具体位置。

富哥：具体位置在英德人民大桥往南大约 50 米防洪堤处。

小全：当时那里是有座山吗？

富哥：是的，当时那里是有座山比较高，叫大庆山，再往西边走就是浈阳城。

小全：还没到南山？

富哥：没到，是到现在的汇和大厦背面处。

小全：当年那个位置是有座大山的？

富哥：是的，当时那里是有座泥山。汇和大厦背面较高，老一辈英德人都了解，就是当时的旧商业街。

小全：旧城商业街？

富哥：旧商业大楼处。

小全：那我大概也知道是哪里了，就是刚好是往城南旧城交界的位置。当时那里有座烟雨楼，对于很多老英德或者是城南的听众朋友来说可能会有所了解，但对于我们年轻人来说是真的不知道烟雨楼的存在。好的，富哥，米芾除了留下两首诗，还有第三首呢？

富哥：第三首是因为望埠镇河头那边有个传说，民间叫"望夫岗"传说。

小全：望埠名字的由来是不是和这个"望夫岗"的传说有关？

富哥：有关。传说，丈夫外出做生意，妻子日夜盼望，却一直没等到丈夫归来，最后变成了石头。现在河头江边还有几块石头，被称作"望夫石"。米芾到了这里很感动，就写了这首诗："望夫冈上望，浅滩石粼粼。相思不相见，空做望中人。"

小全：现在是不是因为有飞来峡、白石窑等工程导致这几块石头被淹了呢？

富哥：是的，被水淹了。你马上就想到这个可能了，所以现在很多人都看不到这些石头了。虽然失去了这个景点，但是这个美丽的传说还是流传下来了。米芾是名人，当年在浛洸县做县尉时还非常年轻，年仅23岁，但米芾的书法盛名是到其50多岁是才开始的，他在离开英德后，在官场上、朝政上任职的人羡慕米芾，便请米芾题字，其中有一个题字是"宝藏"的真迹，是赠送给英德的，已保留几百年，但因为朝代的更迭，到清代后期至民国时期遗失了。现在在襄樊的米南宫博物馆和北京故宫还保留有这幅字的拓片。真迹在英德这边，但是遗失了。从米芾留下的三首诗和题字的文化元素来看，这是英德一笔珍贵的文化财产。这是我们说的第三点。第四，米芾喜欢古怪的英石，以英石为标准，对英石、太湖石、灵璧石提出了"四个字"的审美标准，即"瘦、皱、漏、透"。

小全：瘦、皱、漏、透。

富哥：对，看来小全对我们米芾的英石审美观挺熟悉的。我研究了一下，米芾的书法是突破了传统的正楷体，形成狂草，所以米芾的书法也叫做"米草""米狂"。米芾书法的共同点就是"八面来风"，变化无穷，想想我们的英石"瘦、皱、漏、透"，同样是变化无穷。因此，我认为米芾的书法风格和英石"瘦、皱、漏、透"的风格在某些方面有相似之处，而且，米芾是在年轻尚不出名时在英德浛洸工作，且喜欢玩石头。虽然历史上记载着"米芾拜石"中资料并没有说是英德的某块石头，但我可以肯定的是，米芾年轻时喜欢古怪的石头，所以书法上受其影响，于是他看见石头就拜，拜石为兄，书法上就受其影响。可以这样说，米芾书法的启蒙老师就是英石。大家觉得我这个观点是否正确？

小全：听了富哥说到"米芾拜石"这个典故，其实最早是拜英石。

富哥：最先拜的是英石。

小全：刚刚听您说，米芾的三首诗以及题字和英石有相似之处，他来到浛洸做县尉，与周边的浈阳县有交流，看到很多好风景，为英德留下深厚悠久的文化底蕴。对于我们很多英德人来说，你一定不可以不知道什么是英石，同时不能忘记米芾，通过对英石和米芾的认识了解英德，对英德这座历史文化名城有深刻的认识。

富哥：是应该了解的。

小全：富哥围绕着英石和米芾系列的故事，讲述了米芾留下的三首诗。除了这三首诗，还有别的更深入的故事吗？

富哥：米芾此人很有才华，但他的仕途并不是很畅通，他的第一次升官是到浛洸县做县尉。作为广东人，我们对古时到广东的文人名士都很熟悉，但是他们大部分因与朝廷高官政见不同而被贬谪，包括刘禹锡、苏东坡被贬到南方，都叫贬官。但是米芾不属于贬官，而是升官，因为他有位亲戚在宫里做事，德高望重，他受到亲戚的推荐（古时做官除考取功名外，还有一种方式是得到位高权重或德高望重的人的推荐）而任职，这类人较少，需有才华才有可能被推荐。米芾因这特殊关系，同时在音乐、书画等方面都很有成就，所以被推荐当了浛洸县小小的县尉。在浛洸，他除了特别喜欢英石外，还对身边百姓的生活、建筑等方面进行关注。其中他最喜欢尧山，风景优美，所以他经常到此处，一为体察民情，二是休养身心。石牯塘镇石霞村西面有座山叫雷劈山，半山上有个比较出名的寺，叫"万善院"（现称天星寺），在古时是非常热闹的，于是米芾也经常到那里。在那里烧香、养身，所以，那个地方现在都人杰地灵。

小全：听您这么说，当时并不像现在这样科学、发达，我们现在喜欢去哪里玩都可以坐高铁、飞机、火车或自驾到处去玩，娱乐项目繁多，但在古时只有琴、棋、书、画、烟、酒、茶可以消遣。

富哥：当时的话，烟比较少，但是酒是少不了的。不喝酒的话，米芾就不会拜石为兄的。

小全：不知道是不是你们收集到的资料是这样的，当时米芾是喝了酒才会吟诗、拜石。

富哥：没错。喝酒到最佳状态时是如梦如幻。我们看英石时，你看像狗，我看像牛，别人看又像狮子，英石形态本就变化无穷，而米芾的书法就在英石的启发和米酒的触动下，开始有了境界。天门沟、大草原、尧西风光，米芾为这里写了诗。尧西是以前的西京古道必经之处，水陆路起点浛洸，经过石牯塘，再到韶关乳源，由岭南到长安即现在的西安。现在各处正打造西京古道文化。

小全：我想请问，这古道是指我们现在的省道或高速公路吗？是通往天子脚下的路？

富哥：是的。因为当时没有车，是用马的，而官道有驿站，所以天门沟也叫"九州驿站"。起点浛洸，再到天门沟驿站换马，送加急文书时到驿站换马再继续跑。

小全：在当时，去京城不是一件容易的事情。

富哥：是的，不容易。

小全：好的，这一期就和大家聊到这，同时非常感谢富哥。再见！

富哥：各位再见！

作者介绍：

林超富，1963 年 2 月出生，华南师大中文系毕业。现任英德市政协副主席。担任社会工作有：珠江文化研究会理事、北江文化研究会副秘书长、英德电台《英德故事》之"富哥话英德"栏目特邀主讲人。

长期对英德区域的历史文化、民间民俗文化进行挖掘、整理、研究。个人著作有《北江女神曹主娘娘》，编写《英德历史文化》《英德摩崖石刻》等 35 本英德文史图书。

多次到国内外参加文化学术交流，发表论文 20 多篇。获"广东省十大优秀书香之家""清远市优秀社科工作者"等称号。

吴永全，1981 年 10 月出生，现任英德市广播电视台电台台长，资深节目主持人。从事广播工作 20 年，主持过新闻资讯类、生活娱乐类、互动类等多档不同类型的节目，具备丰富的主持人经验。工作努力、严格，逐渐打造了《英德新闻》《英德大小事》《富哥话英德》《新闻早报》《谈车轮驾》等品牌节目，得到广大听众认可。

从2014年8月起，主持每周一讲《富哥话英德》节目，让人们全面地了解英德山山水水、历史文化、风土人情等，得到了社会好评。多个工作品获省、市奖。

英石审美十字新解

◎ 林超富　吴永全

广播公众性节目：《富哥话英德——英石审美十字新解》

节目策划、主持：吴永全

节目编写、主讲：林超富

首播时间：2015 年 5 月 13 日

〔片头〕山山水水、历史典故、人情风物，尽在《富哥话英德》。

小全：富哥，你好！

富哥：小全好！各位听众好！

小全：富哥，这一期给我们讲一下英石审美吧？

富哥：现在说到英石，很多人都知道是英德一大成熟的文化品牌，英石主要产区是英德，英德属喀斯特溶林地貌（石灰岩地貌）。英石历史文化底蕴丰厚，在宋朝时有两位名人推介，一为米芾（在浛洸县做过县尉），看中石头，提出"瘦、漏、透、皱"四字审美观，后来苏东坡到英德，看到石头，觉得这些石头怪丑怪丑的。所以我们以"瘦、漏、透、皱、怪"为审美观，现在，这种古怪的观赏石审美标准就是以这个为基础。

小全：其实，富哥，说到英石大家都很熟悉，但是可能外地的朋友就不清楚英石是什么石头。其实英石又叫做英德石，这可以说是英德独有的石头。在英德的英山产出这样的石头。

富哥：英山是比较特别，整个英德的中部、西部和阳山部分地方都有这种石头。太平盛世，很多人收藏石头、玩石头，摆放在家里的门前门后。人常说："山无石不秀，水无石不清，居无石不雅。"

小全：对，没错。

富哥：因为有这种说法，所以很多人来玩英石，特别是很多外行人对英石不了解，一看到就觉得这块好看，那块也漂亮，但是到底怎样的好看？如何对英石进行审美收藏呢？那今天我就和大家说一说英石审美的十个字。

小全：没错，英石被誉为我们中国"四大园林名石"之一，在宋代时也被列入为皇家贡品，所以说英石在当时并不是普通人能玩得起的。

富哥：是的。

小全：2006年，国家质监总局批准了英德英石地理标识的保护，可以这样说，英德是因为英石而出名。

富哥：英德的名字与英石有关。

小全：今天我们更深入去探讨刚才富哥的话。

富哥：得到的石头是如何美观？很多人都这样问我。还有一些人对我说："富哥，我得到的这些石头像狗、猪、猫，很漂亮。"总说如何价值高，结果我一看，发现其实他们都是在对英石审美时是没有把握好英石的特点，导致错把一般的石头当做价值高的藏品，真的很漂亮的石头他却没感觉到漂亮。我结合这几年简单玩石头经验及传统英石审美的基础上，经过各方面的摸索，总结了英石审美最简单的方法，即英石审美"十字"。根据这十个字，当你在奇石界、去到石头店铺、见到玩石家及收藏家时，得到一块石头时，或者爬山时随意捡到的石头，掌握这十个字，都可以有"点石成金"的知识。

小全：听您这么说，这十个字也不是这么容易能做到的。就随便拿一块英石来说，以前审美是四个字，抓住"瘦、漏、透、皱"这四大特点就行了，但现在增加了六点，如果说一块石头融合了这十大特点呢？

富哥：如果一块石头融合了这十大特点，实际上就是"石王"啦，国家都会收藏，是不可能的。但是，每块石头都有它自己的优点，有些石头可能就是某个字的特点突出。

小全：比如说"瘦"字。

富哥：我现在先说前五个字，即传统英石审美观，是米芾最早提出的"瘦、漏、透、皱"。首先说"皱"字，石头不要选太大块、太臃肿的，因为英石不同如蜡石、玉石，英石是越瘦越好，要苗条、高瘦、高挑，给人一种仙风道骨的审美观。这是第一点，追求"瘦"。

小全："瘦"的定义就是这样，那种纤瘦、秀丽的感觉。

富哥：是的。第二点就是"皱"。

小全：就是像纸一样越皱越好？

富哥：就像是某样东西起鸡皮、起皱。第三点是"漏"。比如说像我们英石长期被雨水冲刷而形成的水痕或水沟，这些痕就是"漏"，呈漏斗状。这就是"瘦、皱、漏"。还有第四个字是"透"，假如拿起一块石头，石头身上有洞可以看透望向对面的，就为"透"。所以，米芾最早提出的观赏石的四字，现在英石审美常用的顺序为"瘦、皱、漏、透"。因为英石与其他石头不同，英石是越丑越怪，就越漂亮。

小全：哦，这样的吗？

富哥：苏东坡用丑怪审美学来提升他的审美观，丑到极致为美。所以越古怪的石头就越是奇石。"瘦、漏、透、皱、怪"这五个字便是传统的英石审美。近几十年间，英德民间百姓、企业家都喜欢开发、挖掘、收藏英石，特别是近几年举办了英石文化节，让外界对英石有所认识。中国传统名石中，英石有两个方面美称：一方面是英石因具有园林石的功用，获得中国"四大园林名石"的称号；另一方面是小块的英石可用于桌面放置物品，这与黄龙玉、灵璧石、太湖石等都可以放在桌面作为几案石，这就是英石被称为中国"四大名石"的原因。对比其他三种石头，英石就是用"瘦、漏、透、皱、怪"这五个字来衡量的。我玩英石的十几二十年间，觉得如果每个都用"瘦、漏、透、皱、怪"来评判追求英石的话，也不是很完美，觉得很难要求每个如此，本来一块石头很漂亮，"瘦、漏、透、皱、怪"却不是很明显，而这块石头甚至连收藏家出价都很高。所以在这个基础上，我认为需要对英石审美进行创新，于是我便总结出另外五个字，与前五字合起来，就能找到很好的英石。

　　小全：这五个字是富哥在多年来对英石的研究和了解英石文化后自己提出的个人意见。

　　富哥：这不仅仅是我提出的，是大家玩石时都喜欢这样要求的。

　　小全：哦，英德玩石界都会有这个共识是吗？

　　富哥：当我们拿到一块石头时，不要把它当作石头，而是要把它当作你的朋友、宠物、物件，这时你对这个石头就有亲切感。这块石头如何放置才好看呢？玩英石的人追求原始、原貌，不喜欢人工雕琢的痕迹。那么，首先摆放石头很关键，一般我们喜欢摆上高下小、云头雨脚，这样放置就很有气势。如果这石头摆放下大上小，就全无气势，摆放时上面有山峰，外人看起来就很有气势。所以，第一个字是"势"。

　　小全：气势的"势"？

　　富哥：是的。

　　小全：好像我们石头摆放360°，从不同角度、不同的人、不同时间去看，都有不一样的效果？

　　富哥：英石就是这样的效果。不同的人有不同的审美观，因英石气势不同，变化无穷。

　　小全：就像我刚才说的不同的时间、不同的心情去看这块石头，效果都不同。

　　富哥：对，都不一样。

　　小全：虽然自己对英石没什么研究，但也有几块收藏。

　　富哥：你的应该都是好石？

　　小全：也不是什么好的石头，都是一些普通的石头。但是我有时候看这些石头在不同的时候有不同的感觉，譬如我将其摆在阳光下和背光下，又或者是日落西斜时去看，都是不一样的效果。

　　富哥：斜放的英石不好看，要竖起来，像高山一般有气势，所以这个"势"是第一个字。第二个是"形"，形状的"形"。"形"是指外貌，石头要讲究外形。如果石头的石相、石貌不是很好，那么这件石头就不漂亮了。如果这件石头竖起来时往一边倒，不对称，就不是很完美。如果石头摆放出来时斜向一边，整体上不完美，这面好看，另一面不好看，前面看好看，但是左右看却缺角缺块，背后看也没有奇峰，这个外形是不完美的。这就是第二个字"形"，看外形，就像看人就看外貌一样，高矮胖瘦，身体残缺导致外形就没这么好看。

小全：说到"形"的话，我有个人的见解，也不知道对不对？先不说看石头，石头都是独一无二的，在这个世界上，我认为一块奇石不可能再找到第二块和它一模一样的。

富哥：没错。

小全：包括人也是一样，即使是双胞胎，他们也会有不同的地方。

富哥：石貌人貌都不同。就像人貌，长得好看的就是不同，别人也会多看几眼。这个石头看起来这么好看，又瘦又高，像小姑娘一样好看，让人喜欢。

小全：所以"形"很重要。

富哥：有这两个字之后，第三个字就是追求石头是否像一座山峰，像不像英西峰林，像不像桂林山水、黄山等很多山峰，或者一个湖，如长湖、西湖等的湖景或山景的景，所以第三个字就是"景"。

小全：是指这个石头的景色？

富哥：一块石头能成景。

小全：哦，一石成景。

富哥：一石成景就是一块石头像一座山峰，像南山或其他山。

小全：就是说它有很多不一样的山峰？

富哥：追求"景"，一石成景。如果一块石头不像山峰，不成地貌，不成峰林，那这块石头就不是很好。

小全：我身边一些朋友，或者是我也接触过玩石界的朋友，他们真的会收藏到像富哥您说的"一石成景"的石头吗？

富哥：现在英德比较多了。

小全：是很多，因为它就是一块大的石头，当然是有大有小的，有些还互联着三四个山峰，或者是几个山峰包围在一起。

富哥：没错，如果一块石头有几座山峰，山峰里又有一座主峰，主峰特别高，其他峰都围绕着它，那么这块石头是好石头。如果这块石头有几个山峰，但是主峰并不突出，山脉也走了，就像是走了龙脉一样，这块石头就不是很好的了。有时也讲究风水学，一石成景。

小全：有时看石头也是看得出来的。

富哥：一块石头一座山，石头的地貌来作代表，查看周围完整，也像某个地方的一座山峰，有几条山脉，还有山沟和山溪水的痕迹流动，这就是很好的石头。

小全：英石的轮廓其实变化很大。

富哥：是的，很大。

小全：从不同的角度去看都是不一样的。刚才说到"一石成景"，这很难得。

富哥：是的，很难得。

小全：并且是很难得去拥有它。

富哥：一般看石头是看形状、有气势、要对称、要有主峰，主峰要有一条山脉，甚至有黄土高原外貌一样的山脉，还有高山流水的景色，那么就是"一石成景"了，很完美的。第四是"物"。很多人第一眼看石头都要求要"物"，这第四个字"物"才是最高境界。如果一块石头既有气势，也有石貌，外貌尚可，但没形成风景，形成一些动物，比如像狮子、老虎、龙、白鸽、猫（动物有灵气），也是好石。

小全：就是像某种物质、物品？

富哥：像某个动物。

小全：富哥有没有看我刚才发给你的微信呢？是只鸡。

富哥：哈哈哈，看到了。

小全：我收藏到的是一只竹丝鸡。

富哥：竹丝鸡好啊。一般情况下，很多人都是追求石头像老虎、龙、牛、龟等的寓意，但这种石头追求的是什么呢？石头如果不能完全像动物的形状，你非要说像某种动物，这是没办法要求，人工雕琢之后石头像动物就没用。经过几百年、几千年风雨日晒的石头而形成动物形状，这才是很完美的石头。记得在2012年英石文化节的时候，有一块小块的石头被专家评选为金奖。

小全：为什么呢？

富哥：石主和我说："我当时买这块石头才几百元钱，后来有人出价3000元想买这块石头，但是我觉得这块石头很好看，很有灵气，像动物，我就要价5000元，过了一段时间又有人出价8000元，我又觉得标价10000元的话也会有人要，没卖，现在这块石头被评为金奖后，马上有人出价48000元，就卖了。"这块石头美在哪里呢？它就像动物中大湾的舞火麒麟活动中的"麒麟"一样，是独角的，一看上去，有头、鼻子、脚，却不是人工雕琢出来的，是天然形成。这就像动物，有灵气，恰好收藏家喜欢这种动物，所以就成交了。

小全：就成交了？

富哥：对，成交了。

小全：一块石头能卖出48000元，也不是很容易的事。我们有很多英石，在英德可开发的英石资源有六亿吨，位居全国四大名石之首。六亿吨是什么概念呢？大家想想。

富哥：所以太湖石、灵璧石等已无可开采的资源，而目前英石可开采资源的量比较大。

小全：六亿吨的量。

富哥：六亿吨的量就有很多奇石，就像刚才说过的那块石，他自己没觉得此石很美，但被专家评为金奖后并点评后，这些石头就像我们考古学红山文化一样，出土的第一块红山玉的形状，英石就是有文化内涵。石头像某种文化、某种景点，所以石头有"瘦、漏、透、皱、怪、势、形、景、物"，还有一个字是什么呢？

小全：是什么呢？

富哥：是"质"，质量的"质"。如果石头的石质不好再好也是没用。

小全：英石的石质是比较脆弱。

富哥：如果有好的石头，敲击后声音是"噔、噔、噔"的清脆声就是好的石头。如果摸上去会断、崩落的就是石质不好。就是"势、形、景、物、质"这五个字。

小全："势、形、景、物、质"，"质"就是质地的意思。说到英石是要说到它的质量。如果它质地不好，摸两次或者观赏一段时间后就脱落了，这就没有价值了。

富哥：是的，什么价值都没有了，那些泥沙质地的石头就没有什么用。

小全：所以真的是不听不知道，一听就学到东西了。

富哥：你把握好这十个字后，以后可以"点石成金"了。再次强调"瘦、漏、透、皱、怪、势、形、景、物、质"这十个字。

小全：富哥，我是很容易记得这十个字，到真正要用到的这十个字，那我在英石界也是可以玩石了。

富哥：是的，这样你也有可能是专家啰。

小全：我刚刚学会，比起我们富哥和玩英石的朋友来说还是太嫩。我们刚刚介绍过的这十个字是值得我们广大的听众朋友或英石爱好者去了解的。

富哥：真的要去认识英石。

小全：通过这十个字，我们可以很直接、直观去了解到英石的文化内涵，"瘦、漏、透、皱、怪、势、形、景、物、质"，没错吧？

富哥：对，没错。

小全：我都怕我自己记错了。再加上一个吧，就是《富哥话英德》。

富哥：哈哈哈。

小全：这一期就和大家聊这么多，关于我们英石的文化内涵、故事还有很多，今天只是和大家简单分享一下赏石的方式。好的，下一期同一时间，欢迎大家继续收听我们的《富哥话英德》，拜拜！

　　富哥：拜拜！

英石产业

◎ 林超富　吴永全

广播公众性节目：《富哥话英德—英石产业链》

节目策划、主持：吴永全

节目编写、主讲：林超富

首播时间：2015 年 12 月 23 日

【片头】：山水水水，历史典故，人情风物，尽在《富哥话英德》。

小全：欢迎各位收听我们今期的富哥话英德，各位朋友大家好！我是节目主持人小全。在今期的节目当中继续请到我们的老朋友来到直播室，跟我们一起分享英德的好山好水好风景。马上请出富哥。富哥，你好！

富哥：小全好！各位听众好！

小全：今期富哥准备带我们去哪里玩玩、看看、走走？

小全：富哥，你好！

富哥：小全好，各位听众好！

小全：今期富哥讲哪个故事呀？

富哥：这期讲英石特色文化产业。

小全：英石大家都是很熟悉，获国级地理标志保护产品。

富哥：很多人都知道英石，有些人都会利用自己的节假日去山上捡两三块英石摆在几案上，英石就是一种文化。

小全：那些叫做几案石？

富哥：是观赏石，实际上英石有两个品牌。

小全：两个品牌？

富哥：一个是观赏石方面的中国四大名石之一，另一个是中国四大园林石之一。至此，英德市举办了六届英石文化节，使英石在五年前可能卖三千元，到现在可上升到三万元，实际上好多玩观赏英石、园林石的人，都没有想到会升值如此快。我认为英石要打造品牌，统一打包形成一个产业，所以今天要讲的是英石特色文化产业这个课题。

小全：嗯，那么这个特色文化产业是多大的一个课题？富哥这个话题，我就很难去弄得清楚，不如找一个切入点，用哪个细节讲起比较好。

富哥：那么，从大站镇到望埠，去东乡百段石或者望埠上沙口冬瓜铺，都会发现公路两边都会有摆放什么呢？

小全：黄蜡石、英石以及一些奇石。

富哥：对，黄蜡石、英石。你有没有想过望埠镇石场的那些大石头，不是政府也不是某个单位叫农民把大石头摆放一起，而是石农各自摆放石场的？

小全：石场老板。

富哥：但是你长期生活在英德，或在英德生活一段时间会发现，每次经过都会发现这个石场的石头还是放在这里，那么他们怎么赚钱？这石头摆这么久都没有卖出去，在路边没有人来买，赚什么钱？

小全：哦哦，每次路过都是看到这些石头。

富哥：摆来摆去还在那里，他们靠什么赚钱？石农也要赚钱呀。

小全：他们通过什么经营方式来赚钱呢？

富哥：小英石我就不说这么多了，今天就讲园林石，轻则两三吨，重则几十吨，甚至一百多吨。那么，这些石头从地里挖出来，从山上运下来，而且摆放在公路两边，他们是怎样把石头"种"起来的？这么大的石头放了那么久还是在那里，那究竟是怎么回事？

小全：怎么讲呢？

富哥：其实，我觉得每个石场摆放大的石头，都是门面石。我了解到，每个石农摆放一大石头，刻上某某石场、联系电话。每个石场都有一个工程施工队，这些工程队多数是外出做园林假山。我们说的假山不是"假货的"假山。英德的假山特点，将一块细小的石头砌成一座山，一座微型的山，想砌成黄山也行，英德南山也行，碧落洞也行。英德人通过园林艺术砌成特色的山型，是一门艺术。

小全：特色山型？

富哥：假山园林。

小全：就比如去一些特色酒店、山庄、农庄等，都会看到有山有水，都是英石一块块砌成的假山。

富哥：这个做法从宋代延续到现在。北京故宫御花园有几座假山都是英石砌的，全国各地用英石砌的假山保留下来的有不少。古代砌假山的大部分是英德人，有得天独厚的条件。当今英德人卖石头，接工程，接到一个工程项目，把家里捡到的石头用于砌假山，逐渐发展形成英石产业链。

小全：说实话，那些石头我也去问过价格，一块石头几万、几十万甚至过百万元，或者做一个园林工程几万、几十万元真的会有，所以一块石头都可以供一年的生活费用。

富哥：所以，这种情况之下，我作了调查了解，从大站镇到冬瓜铺村，望埠镇到百墩石，公路两边都摆满石头，以英石为主，后面再选择一些黄蜡石、水石，形成整个华南地区最大的园林石集散地。华南地区很多建筑、小区，市政建设需要大的园林石陪衬，一般都会来英德采购。在网上一查园林石都是显示英德的园林石，因为这个石场需求量大，所以很多农民将村里的大石头搬到路边展销，从农民变成了"石农"，"洗脚上田"，朋友带动朋友，看到做园林那么赚钱，也去学砌假山，手艺差一点做的工程也差一点啰。

小全：砌假山的水平就会参差不齐。

富哥：在外面做工程，每个人的门路不同、水平不同，手艺好的注重艺术文化，新手就差一点咯。有些石农只要接到工程就用英德的英石，除了英石，还有黄蜡石、水石等，所以这种情况下，你会看到整个望埠石场的石头摆来摆去都是在那里，那是门面。

小全：应该自己石场的品牌石一般都不会卖，除非很好的价钱才买。有很多的石场有不同形状、不同造型的英石、黄蜡石、水磨石等。

富哥：水磨石是通过打磨做出来，原装石是原生态，又不是大块的石头，有几十吨重。你说放石炮那些，那些是吨位石，按吨出售。黄蜡石、水磨石不大不小的也是按吨出售。但是往往一块石头形成山峰，瘦、透、漏、皱都有的英石，就是精品。

小全：这样的就是英石精品。

富哥：往往砌的园林假山都会有一件主体石，比如我承接的这个园林工程，造价三百万元，肯定要拿出一个成本三万元左右，但是售价三四十万元的石头，包运输起码要卖三十万元给客户。三百万元的工程，以三十万元的价格的主体石去做，再用其他石头去做辅助，这样就形成一个工艺。

小全：这个就是我们英石带动形成的产业链，通过假山师傅的手艺建筑建设。

富哥：岭南四大名园，即东莞的可园、顺德清晖园、佛山梁园、番禺余荫山房以及古代的名园，很多假山都是用英石砌成的。现在，你只要去珠三角的南海、番禺、顺德等地方走走，在好多漂亮的公园，园林假山都由英石砌成。

小全：是的。

富哥：可以说大部分砌假山是都是英德人，就是英德工程队。我现在了解到，有一批工程队去到上海、江浙一带，比较注重园林里的小桥流水，这种工艺用英石砌成是最好最适合的，所以就形成了山清水秀。你知不知道大概有多少个工程队？

小全：应该是每个石场都有一个工程队？几十个应该有的吧？

富哥：不止。

小全：大概有几多呢？有没有统计？

富哥：没有具体统计，应该将他们拧成一股绳，通过协会的工作将这些平时很少来往的工程队负责人联系起来互相交流，目的是让他们以后出去做假山多一点交流。据我不完全的统计，整个英德大概有七百多个工程队。

小全：七百多个工程队？那就超过一万多人，所以这个产业是很大的。

富哥：形成产业链就是因为英石，有英石特色的文化产业。英石的特色，其他奇石无法比及。

小全：嗯。

富哥：黄蜡石、玉石等，石质圆润，可以雕刻。但是英石不是圆润的，每块英石都不一样，是大型园林景观石，也是几案观赏石。每一块可以说如诗如画，也就是说你可以根据这块英石画一幅画。

小全：是的。我也发现了，随便到一家石场，看到的每一块石头都是独一无二，都有自己独特的一面。

富哥：英石可以作画。你这块英石很美，给它命名"吉祥如意"。诗人再喝两杯酒有醉意的时候作一首诗，你观赏它时也可以作一首诗。诗人可以作一首好诗，书法家可以以这首诗的内容写一幅书法作品。

小全：富哥，刚才说的那个话题，我想再深入了解多一些。刚才说到我们英石在全国全省全市都有不同造型的英石？

富哥：当然有。

小全：你印象当中有没有造型比较好的，比较有特色的英石？

富哥：就当今的英石来说，原来市政府办公地摆放的那条飞龙就很漂亮。

小全：那条飞龙还在不在那里？

富哥：那条飞龙还在。还有汽车站前面那块英石——"狮子滚绣球"。这些都是主体英石。

小全：哦，那些是一石成景。

富哥：所以，一块英石可以作画作诗、写一幅书画。把一块英石拿出来观赏，如果你不会欣赏，把它当作废石，我会欣赏就会摆成一头雄狮，我会绘画就绘一幅画，会写诗就会写一首诗，会书法就根据这首诗写一幅书法。这样的话，英石就形成特色文化产业，这些也就是文化的特色。

小全：是的。

富哥：要形成一个产业，去发展才行，各个石场之间互不认识，各顾各的，零零散散，所以我觉得英石产业统计有好多个亿的产值。我们有时开玩笑，对好多做园林假山的人说：你们做园林假山的税收达不到一定的标准。他们说：富哥，不是的，我们的园林公司都是纳税大户，我们的公司多数在外地成立，但是我们需要石材都是在本地开税票纳税。这也是一个税收的重要来源。但是这么多年来，从事英石园林行业的以及小件英石观赏销售的，在英德真正还没有相关部门管理指导这个行业的发展，没有像其他产业那样，如水泥就有工业局管，茶叶就由农业局管。

小全：那么，英石是谁管呢？

富哥：我就不知道了，所以就是这个问题。

小全：所以要形成规范性发展。

富哥：形成规范性，我就想到，英石产业也可以通过英德市奇石协会起到协调作用，将这些资金统领起来，进行打包，形成产业。怎样打包呢？首先园林工程，园林工艺你比较擅长，我比较差一点，大家进行交流，以老带新学习园林工艺，全面提升英德园林工艺水平。

小全：就是这样慢慢提高园林工艺水平。

富哥：这些石场之间怎样联系，你要有个协会起到协调、联络、互相学习、培训，或者政府有资金的时候，给些资金举办园林工艺设计大比武。

小全：对了，又可以利用这个平台，同时将我们英德的工艺全部整合在一起。

富哥：组织一批画家以英石为主题，画一批画出来做宣传，大家就认识英石了。

小全：毕竟我们在做一些有文化底蕴的工作。

富哥：组织一批摄影家拍摄英石，广为宣传后会越来越多人来观赏英石。所以我们要用文化包装英石，才能形成英石特色文化产业。举办英石文化节时，我觉得这个主题更加进一步从产业方面打造英石是有前途的，应该可以当做英德的一个主导产业来打造。比如，英石是怎样开采出来的，将近一百吨重，这个需要技术，没有怎么能运出来？怎样运输？吊机勾机怎样吊装？要懂力学才能将石头吊出来。这个石头埋在地下挖出来，因为这些园林石往往很多孔洞，越多孔洞就越值钱，假如你没有这个技术，你随便挖个石头就会亏本。有这个技术的人拿条铁杵敲石头不同的地方，通过声音传播的特点来判断石头，这个叫做探石工。

小全：能听石的呀？

富哥：我现在接触几个师傅，有空就到不同的石场玩。石农在山上找到石头就叫他们去敲一敲，判断石头值不值钱，这个石头大概有多少孔洞。

小全：哦，原来这样敲一敲都可以成为师傅的。但是这样的技术不是一般人能够做到，而且这些探石工应该不多。

富哥：一百吨重的大石头，你不懂力学，用吊机你都不知道怎么吊，他们却有技术将石头从深山里运出来。

小全：这个我很好奇，一百吨大石是怎样从深山里运出来路面，还要经过这么陡峭的山路。

富哥：我这几年兼管英德市奇石工作，准备明年有机会将这帮师傅的技艺整合起来。我们通知玩英石的石友来参加培训，让大家了解。你也来听听课，就知道大石头是怎样运出来的。

小全：好的。好了，多谢富哥跟我们分享了那么多关于英石产业的信息。其实对于我们好多朋友来说，可能只是局限于知道一些很出名的英石，我们英石发展出来有哪一系列的产业链，其实不多人了解。包括，我们还有之前也说过的石头底座，专门做木座，这个也可以做成很大的产业链。

富哥：是的，英德也有很多人做底座的。

小全：这些也可以说是在英石的带动之下，通过英石带动整个英德的经济发展。好了，先聊到这里了。拜拜。

富哥：拜拜。

英石那些事

◎ 林超富

采　集：英德市档案局
主持人：林先菅
口　述：英德市政协副主席　林超富
录　制：英德市巨人文化传播有限公司　郑忠楼
时　间：2018 年 10 月 25 日

主持人：大家好，很荣幸请到英德市政协副主席林超富，我们的富哥，跟我们一起说说有关英石的话题。欢迎富哥！

富哥：英石与英德的地貌、地质结构有关，是由此带领起来的一种特产。英石也叫英德石，是因为我们英德的地貌属喀斯特溶洞地貌。岭南地貌一般是丘陵地带，而我们这里是喀斯特溶岩地貌，是由云南、贵州、广西延伸到广东境内的怀集、连州、阳山进入英德，形成这样一个地貌带，这个地貌带就叫喀斯特溶岩地貌。在这个地貌带的尾部，就是英德。在英德境内，这种石头在形成的过程中往往是由于溶岩岩浆爆发形成时，埋藏于地下的起泡岩露出地面，受风吹日晒侵蚀。当这种石头脱落为一块较小的石头，脱落在山上，经风吹日晒形成一石成景、一石成物，人们将此构件取出来把玩，这就成了艺术品，这就叫英石。为什么叫英石呢？因为这种石头开花，天然的就像一朵花一样，"英"就是开花的意思，所以叫开花的石头。对英石最早的记载是在宋代的《云林石谱》，最早提出叫英石，在此之前都叫石花、花岗石等等各种叫法。自《云林石谱》以后，这种石头慢慢就作为皇家贡品把玩，被人们传颂。尤其是北宋四大家之一的米芾，他到过现在英德境内的浛洸，当时叫浛洸县，任县尉，他对此奇峰异景形成的一石成景、一石成物，对这种石头很爱惜。在浛洸与阳山之间，这些地方的山峰、河流都有很多这种石头，他捡起来看，认为这种石头就是一个艺术品，他是搞书法艺术的，所以他就把玩。他最早对这种石头的审美观是"瘦、透、漏、皱"，所以在中国四大名石中，英石、太湖石、灵璧石就是以这种审美观"瘦、透、漏、皱"的英石为标准提出来的，在此之后，特别是在元、明、清以后，慢慢形成了英石作为四大名石之一。有两个四大名石的说法，一个是中国四大名石——英石、太湖石、灵璧石、昆石，另一个是四大园林名石——英石、太湖石、灵璧石、黄蜡石，都包括英石。英石发展到现在，得到了地方政府的重视，尤其是对英石的推介方面。2005 年，英德市被中国收藏家协会授予"中国英石之乡"，所以我们经常说的"中国英石之乡"就是这样来的。还有就是在 2006 年 3 月，英德地方政府推介把英石的国家地理保护标志划定在英石区域，申报成功了。2006 年 5 月，"英石假山盆景传统制作工艺"成功申报成为省级非物质文化遗产项目。2008 年，又再次将"英石假山盆景传统制作工艺"成功申报成为国家级第二批非物质文化保护遗产。英石的发展通过申报，取得了各种称号，英石就形成了一个产业，现在已成为英德文化品牌的一个亮点。

主持人：刚才林副主席介绍了有关英石发展历史的大概情况，下面再请富哥介绍一下英石的分类大概是怎样的。

富哥：英石的分类要看从哪个角度来看。如果从花纹方面来看，有小花英石、大花英石；从颜色来说，有各种颜色，以黑色为主，红色的、白色的英石也有，我们就叫它红英石、白英石，主要是黑色为多。同时，英石与灵璧石、太湖石有区别，有人喜欢把埋藏地下的挖出来，大块的园林石和小块的园林石，有的当地人（石农）就叫太湖石或假太湖石，其实不是假太湖石，是有点类似太湖石。地下挖出来的那种与太湖石有什么区别呢？最大的区别就是，我们的每块英石上面都会有很多石脉，有花纹和白色的条纹，而太湖石往往是灰白色，灵璧石往往是纯黑色，而我们的英石各种颜色都有，都会有石脉或石筋。石脉在英石关键地方有两条白色的就叫云，山峰的云在飘动，这就是英石与其他石的区别。就英石来说，我们一般将大块的作为园林工艺用于砌园林假山，叫园林英石；小块的，形成一石成景、一石成峰、一石成物，又有比较明显的"瘦、透、漏、皱"这一类，又有它的石身景物，这些景象都有的，一般人们喜欢把小块的放在几案上，我们叫观赏石，即几案观赏石。还有一种分类，地下埋藏出土的叫阴类英石，太阳光直接照射、风吹日晒、山上形成脱落出来的这一类叫阳类英石，所以英石也分为阴类、阳类两类英石。从不同的分类、不同审美观、不同要求来进行的，并不是一系列地分类下去，有不同的讲述。

主持人：刚才富哥给我们介绍了英石的分类。从英石的用途来说，刚才你也说了一下，能不能更具体的给我们介绍一下英石的用途呢？

富哥：英石的用途很广，最早开发是在宋代，作为皇家园林的贡品。宋代以后，特别是元、明、清，我们到北京故宫看到那里的园林假山，也有不少是用英石砌上去的。据现在我们了解，真真正正的园林英石在故宫，大大小小有27件，而且在故宫、颐和园里面的主要园林都放了英石作山峰。英石在做园林景观时有个好处，一块英石竖起来就是一座山峰，所以在做园林时英石能够作为收峰，收得起，如果用鹅卵石、黄蜡石的话，山峰收不起来。鹅卵石、黄蜡石容易摆放，但是很难收峰、起峰。英石摆放不太好摆，但竖起来，一块、两块或三块放在一起，就是一座很美丽的山、一个景色，所以人们喜欢园林假山用英石来做，而且有些英石还可以做成叠山。叠山，叠起来做成的，一般在靠近池边的地方做，这就是园林英石的工艺。作为观赏性的英石，与玉石、其他石的硬度是不可比的，用手轻轻一弄就可能断了，但英石在观赏时有一个最大的好处，一块石头摆在这里成了一座山峰，从不同的角度看又成了另一个山峰，不同人的审美观也会有不同的效果，变幻无穷。英石就有这个好处，它与玉石不同，一块玉石圆圆的，雕刻上什么东西，就是这个物像，谁看都认可。但一块英石，不同人的审美看法不同，喜欢观赏收藏，觉得很有灵气，所以，英石要保持没有人工雕琢，一石成景、一石成物，保持那种原生态的观赏。这样一来，就需要有审美观了。米芾提出"瘦、透、漏、皱"，苏东坡来到（经过）英德把玩石头，提出"丑、怪"，所以我们说很"丑"很"怪"，丑到极时佳为美。这样，英石就形成了"瘦、透、漏、皱、丑"，用这样的审美观去要求它，就是一种很好的美感了。有这种"瘦、透、漏、皱、怪"或"瘦、透、漏、皱、丑"，英石就能让一个文化人受启发，给一块英石起一个名，灵感来了就写一首诗，英石是写诗的最好素材。或者根据英石的变化题写书法，就像米芾写的书法，会跟着英石的形象，书法也受到启发。英石就是一幅画，一幅山水画，画家也会对着它作画。英石可以成为作诗、作画、写书法的最好素材。

主持人：刚才富哥给我们介绍了英石的用途。接下来，请富哥介绍一下对英石的开发和保护。

富哥：英石的开采、保护开发方面。因为英德这样的地貌有 5670 平方公里，三分之二的地貌都是属于喀斯特地貌，英石的储存量是很大的，大部分的山脉都是石灰岩地貌，都可以从那里拣回一些脱落出来的开花的石头。在资源储存量方面，太湖石、灵璧石的资源已没有了，只能挖地下的石头，进行人工雕琢，再进行处理。但在英德，大量的山上你去一趟，随意走走，无意中，有石缘可以捡到一块可以开发的好石头，没石缘随便捡一块也有"漏、透"这样的美感。但无论怎样，英石经过这么多年的开发和保护，资源是有限的，过度开发也会枯谢。从改革开放到现在，我们是根据市场的需要进行开发。石农开采石头有不同的需求。早期是捡一些较小块的进行拼成盆景出口，后来发现很多园林更需要一块一块的，就开采大块的园林英石。大块的园林英石可重达几十吨、上百吨，在深山把它挖出来，再运出来。石农借助力学的技术，把它们很小心地运出来了，摆在到望埠公路两边长五十里的英石长廊。还有一些人喜欢到山上没有人去过的地方，把那些经过一千几百年风吹日晒的小块英石，一块一块扛出来，把它们作为观赏石，视为精品。一轮冲锋过后，第二轮的人就只能捡一些没那么好的，不断地开采。一直以来，我们没有用得力的措施进行引导，开发得比较滥，尤其像冬瓜铺那里，很多是地下挖出来的大石头。石农挖了一块后再挖第二块、第三块……甚至造成水土流失。在英山，剥了一层挖出来，又一层挖下去，没有做系统的开发。这样，一是把资源破坏了，二是过分开发，就会引起山体水土流失。几十年改革开放，整个华南地区所有砌园林假山的，做园林的大部分住宅小区都会有用英石，这就提高了英石的知名度，也使英石文化形成一个产业。但是我们在开采石头时，没有一个相应的部门进行管理。从区域来说，整个英德区域都有大量的英石。从园林英石来看，望埠至沙口这些地方是比较多园林英石的，但是作为这个镇区又不可能全面来管理这个项目。从文化来说有文化局，从资源来说有国土局，但就是没有"英石局"。开个玩笑，没有"英石局"来做引导，这个特产资源开采的时候就乱了，所以我呼吁还是从资源、从文化、从各方面都要接入的部门有一个意识来解决问题。如从文化方面来说，你不包装，一块金奖玉石用两块纸皮包着也叫金奖玉石？没有包装嘛。从资源方面，过分开发也不行。到了现在，虽然我们还有大量的英石储存，但最终还是会枯竭的，所以我建议以后要制定一系列措施来引导开发和利用。

主持人：刚才富哥给我们介绍了有关适度开发和保护的一些情况。接下来想跟富哥请教一下，英德市政府大概从什么时候开始举办英石文化节？

富哥：从政府开始打造英石，擦亮英石这个品牌，到今年已有九年了。最早是在 2010 年 12 月，举行首届中国（英德）英石文化节。为什么要举办英石文化节呢？目的是想让英石文化品牌擦亮，成为我们英德的一个名片。2010 年 10 月举办第一届，2011 年举办第二届，第一、二届举办的地点就是望埠的英石园。望埠的英石园有 400 亩的地方，市要求企业公司把英德的英石精品、观赏石精品，都能够在英石园里面收藏起来。为了推动英石园的建设，两届英石文化节都是在这里举办，轰动了，从此有了英石这个声誉，英石市场的价值就提高了。2012 年英石文化节在英德城北的体育馆举办。为了推动连江口的浈阳峡风景区、浈阳坊小镇的建设，2013 年、2014 年就在连江口镇举办。2015 年、2016 年，结合红茶、旅游就改为叫英德红茶、英石旅游文化节。2010至2016年，连续七年举办英石文化节，政府花了大量的财力精力，目的也是推动英石产业，让它形成一个产业链发展。现在，在全国各地，尤其在华南地区，凡是砌园林假山、别墅要摆放英石的，都是英德人。很多石农都派人去摆一个石场卖石头，平时他就在各个地方，需要做园林假山大的小的工程都接，接到了工程都是把自己收藏的英石摆放在那里。在全国各地做园林这个行业的，大部分就是出自英德，尤其是出自望埠镇，这样就形成一个产业开发，也是我们英石文化节带来的这样一个效应。

主持人： 政府就牵头组织了那么多届英石文化节。你自己感觉哪一届的亮点比较多？或者是说给你印象比较深的哪一届？

富哥： 历届里面，亮点比较多的是2013年。2013年是在连江口镇举办，前面举办了几年，玩英石的专家、玩家对2013年在连江口镇举办不是很理解。为什么？因为连江口的山体英石不多，连江口的山体是喀斯特地貌和岭南地貌连合在一起的，英德地貌比较少，连江口当地出产的英石也比较少。这时候，石农和石友就有点不太乐意。但是当这一届举办完以后，他们发现，玩石头不是单单玩石头，玩石的时候要做到，这块石头能是收藏玩赏，同时也能延伸到各个行业，好像建筑的专家、收藏古董的专家、收藏文物的专家，上升到这一类的人也来参与。为什么呢？那一届把所有获奖的英石，如获金奖、银奖、铜奖和其他奖的英石都在那里摆放展示出来，全国各地的玩家都前来抢购，现场摆卖的英石基本上都卖完了。玩石头的那些石友，事后都很高兴，互相说这块石头卖了2万，那块石头卖了3万，那块石头卖了20万……其中有一个石友收藏家拿出银行卡对我说，富哥，我卖石头那么久，从来没有像这块石头能卖到18万的。这样，就掀起了全国各地的收藏家、鉴赏家等各方面的专家、企业家都来这里，通过连江口这一届来认识，提高英石的价值品位。所以，这一届给我印象最深。自从这一届以后，英石在我们奇石界里就开始很有声誉了。当然，之前我说了英石是四大名石，是以前的四大名石，现在玩石头的人不一定很了解。不了解的话，他看石头时，会像看其他石头一样，带着很光滑、石质很硬那一类观点来看英石。通过这届英石节之后，他们才认识到英石是原始、原生态的艺术品，就开始疯狂地收藏英石。所以，我对这一届英石节的印象是最深刻的。

主持人：我们不仅要做英石，还要做英石的精品，或者是精品的英石。那有没有具体的、好的意见或建议，就是怎么样进一步擦亮英石品牌，或者怎么样做强、做大？有没有一些意见或建议。

富哥：要擦亮英石品牌，就不要把焦点放在英石卖多少钱，资源卖完就没有了，卖了一块少一块。英石园的邓总经常和我说，我买石不卖石，种树不卖树，种菜不卖菜。我就想了很久：买了石头不卖石，你哪里来钱？怎么运作？原来邓总他们的想法是这样的，英石园里那些石头，他全部收藏起来，还要花钱过千万。在形成英石园后，要以英石园为基础去打造成一个英石文化公园。那么，往高里说就是英石资源保护了，人们再来这里吃住游玩，就提升了，那也就是说，加入文化元素了，卖资源就不如卖文化。也就是说，要对英石进行文化包装，文化包装就是说跟文化结合起来，这个石头命一个好名，编好一个故事，找个诗人写一首诗。编好故事写好诗之后，再找一名著名的书法家为它写一幅书法，再请画家对这块石头画一幅画。石头起名后不要用手机随便拍照就算了，要找那些使用单反相机或摄影机的专业摄影师照张相。前几年我就有意引领英德市奇石协会探索这个问题，搞了这样一些活动。我觉得，继续坚持政府要重视往这方面发展，我们得英石就不是这样了，叫"七个一"。什么是七个一呢？一石，就是玩石头的人要有一块好的石头。起码像我这块一样，这是基础。有一块石头，往往很多人就会意识到，每块石头和人一样，不可能有第二块相同的，是独一无二的，像古董、文物一样的。所以就要搞一个身份证给这块石头，由评估公司对它进行一个评估，看看有多少钱的价值，再由评估公司给它发一个证。一个证，即"一石一证"，那么，搞文学创作的人给它命个名、编个故事，好像"江南四友""鸣弦峰"等。为什么叫"鸣弦峰"？这块石头像鸣弦峰，南山有个鸣弦峰，舜帝南游到了南山，怎么样……把故事编出来，那就叫"一石一证一故事"，这就是"三个一"了。刚才我说的，这块石头虽然好，你还是要照一张好的照片，照张高清的、很有灵气的照片。用手机今天"咔嚓"，明天又"咔嚓"，随便照出来的效果是不行的。根据命名，根据石头的价值，照出一张好的照片，近距离地照，这就是"一石一证一故事一照"四个一了。命了名，有了故事，诗人灵感一来，作一首诗，就是"五个一"了。书法家、名家根据你这首诗，根据你的命名，根据你的故事，写出一幅书法，这书法就表裱起来，然后画家再根据这块石头画，创造性地画一幅画，一石一画嘛。

主持人：哦，一石一画，这就是"七个一"。

富哥：对一块石头，假如你都拥有了这"七个一"，用一个好的箱子装着，一打开，哦，有一个证书。再一看，哦，有首诗，再看有张照片，有幅画，有幅书法，那就全部整齐了，比原来拥有一块石头，哪个更值钱呢？我这画，本身就是名画家的画，他的那幅画本身就值钱。所以，这样一来，我就觉得，真的把它提升了。有了资源，要再加上文化的包装，就是我刚才说的，卖资源不如卖文化。好像我这块石头——"奇峰鸣景"，一座山峰，给它命了名，再画幅画，我现在卖出去，和原本单是一块石头的那个价值就不同了。既然找到名画家画的画，他画的那幅画本身就值好几万块钱了，那你说我这块石头值不值钱呀？所以，我觉得最好的方法是引导人们和得到政府的支持。一块石头在某个活动中被评了金奖，卖给人家时，用纸皮、牛皮纸随便一包一扎，就交给人家，跟一块石头得了金奖，还附有很多证书，再加上美观的包装盒子，是完全不一样的。就算是送人，将得到金奖的石头，用纸皮随便包起来跟用盒子送给人家，价值就不同了嘛。所以，我认为要提升英石，擦亮品牌，就要对它进行文化的包装，这是至关重要的。这是我个人的观点，相信你也会接受的。

主持人：对，你讲得确实很具体。接下来，请富哥说说有关英石的故事，我也知道你知道很多，能不能给我们也介绍一下英石的故事。

富哥：古代的、当今的都很多，这也需要我们挖掘和整理。如古代的故事，大家都知道"米芾拜石"。米芾拜石，按照史料记载是他在安徽任无为军的时候。钦差大臣下来，而米芾刚刚离开浛洸，心情不太好，也没有心情应对那钦差大臣。他走着走着了到了河边，看到了一块石头，跪下就拜："兄弟呀，找到你了！"钦差大臣一发怒，要问罪。一块石头你都作为兄弟拜，还不把我当一回事！米芾知道得罪了上司，惹来了杀身之祸。那时候，古代人的衣袖是很宽的。他从衣袖里拿出一块小小的石头给钦差大臣看，并说，这是皇帝宋徽宗要我到南方任职，就是要找这个石头，这块石头是给皇上的，你带它回去吧。然后又拿出一块给钦差大臣，用石头解了围。作为钦差大臣，本来是对你印象不好的，要问罪的，现在变成一个好的故事记载下来了——"米芾拜石"。米芾拜石是有原因的。他不是在第一次看块石头就拜的。他在英德浛洸任职的时候，凡是见到好的石头就收藏起来，放在自己的平房里面。找到一块好的石头，高兴起来就得意忘形，就喝酒。他喝一杯，再倒一杯给石头——兄弟呀，喝酒！喝着喝着，喝醉了就抱着石头睡觉。米芾请石头喝酒，抱着石头睡觉，这些故事现在在浛洸镇民间还流传着。他对石头很痴迷，历史上称他"石痴""石癫"。米芾喜欢石头，喜欢英石，他是练书法的，所以他的书法也是跟着石头变化来练。米芾的书法，在年轻的时候是没那么好看的。到了晚年五六十岁的时候，他的书法有了很高的境界。我们现在说，米芾的书法，特别在我们南方，包括碧落洞、观音岩等那些石刻，都留下很多米芾的遗风，都受这个影响。米芾在浛洸镇任县尉的时候，那年才23岁，很年轻，是吧？你我23岁时在干什么？还在读书吧？就是这么回事了，他读书才刚刚出来，就以英石作为书法的描摹对象。受到英石"瘦、透、漏、皱"的影响，米芾书法的八面出气，实质上是不同角度、统一风格。我可以说，米芾的书法那么成功，他的启蒙老师就是英石。2010年11月中央电视台《寻宝》专栏走进英德拍摄。那时我负责接待专家。我就提出，请导演把"米芾拜石"放到节目里面，然而专家不太同意，导演也觉得不可能。我就把刚才讲的那个故事给他讲了一次，还专门强调，米芾一生中喜欢的石头，四大名石就有三大名石——英石、太湖石、灵璧石，这个应该与英石有关的。
米芾一生中只到过这三大名中英石的故乡，在浛洸工作过，还有米芾在英
德留下的文化遗迹、文化元素，写了《尧山》那首诗（"信矣此山高，穹
窿远朝市。署木结苍阴，飞泉落青翠。"），还写了《望夫岗》这首诗（"望
夫冈上望，滩浅石粼粼。相思不相见，空作望中人。"），这"滩浅石粼粼"
就是写露出的英石粼粼嘛。米芾又在英德的烟雨楼那里写了一首诗，写出
美石的。"歧路分韶广"，也就是望着滃江和北江交汇的地方，这个交汇
点是沟通广州和韶州。"城楼压郡东"，这个烟雨楼在浈阳城即浈阳郡的
东边，很高。"妓歌星汉上"，就是指歌女唱歌的声音在空中回响。"客
醉水云中"，就写出当时烟雨楼比岳阳楼更豪华，更有民间民俗气味。米
芾还留下了"宝藏""墨池"的真迹，后来就用碑刻刻在当时浛洸的司前
路后人建的一个米公馆内。后来米公馆被毁，清代的县令杨柱臣，也是米
芾老家的人，把那块碑移到了现在的市（县）第一小学内。在 20 世纪五十
年代的时候，人们在搞设计时把它作为建筑材料，不知去向了。但是，这"宝
藏""墨池"的拓片，我们在米南宫博物馆找到了。还在故宫里面找到了
"宝藏""墨池"，现在把他那真迹字体也找到了。这就是说明了米芾拜石，
提出了"瘦、皱、漏、透"，还有他的书法风格。经这样一讲，央视的孙
导同意了我的看法。那怎么来切入米芾拜石呢？你说米芾拜石，拜英德的
石，要怎么讲？我就告诉他，请节目主持人嘉明在英石园那里找块石头，
告诉全世界的电视观众，这是英石，是中国四大名石之一说明这里，是米
芾当年拜过的一种石头，就这样来讲。结果，孙导就按照我意思，米芾拜
过的一种石头，不是米芾拜石拜过的那块。米芾不只是一次拜石，见到石
头抱着睡觉，找石头喝酒，称兄道弟的。结果那一年中央电视台《寻宝》
走进英德的时候，最大收获就是让世界的电视观众、全国的电视观众都知
道米芾拜石，拜过英石这种石头，到现在就变成了米芾拜石，拜的是英石。
现在的画家画米芾拜石都会画英石。这个文化品牌，我们就拿回来了。从
文化来说，先说先赢，现在谁也找不到他拜的是哪一块石头呀。米芾拜石，

现在全世界人民都知道就是拜英石。这个文化品牌我们就拿回来了，这个就是你刚才问我的古代的故事和现代英石的融合。你说是不是很感动？是不是很有文化韵味？

主持人： 确实是。

富哥： 下面我要给你讲另外几个故事。在历史上，苏东坡为了一块英石，还要与皇亲国戚、驸马爷争那块石头，写了很多诗句。结果，最后还要通过皇帝老爷来去调节，这就是苏东坡与英石的故事。还有一个在历史上到过英德任知县的顾鼎城，为了一块石头不被人要走，他还因此惹来杀身之祸！在福建省惠安县县政府的纪委大楼里面，立了一块石头叫"立人石"，与廉政文化有关。这块石头也是英石。明代的张慎是福建惠安人，在英德任知县，劳心劳力，问民生疾苦。当时在望埠庵山有很多姓氏村落，大家为了一眼山泉水争斗。结果，张慎调解后，大家就同意用英石立了一块碑，言明：万世封禁。为什么呢？就为了村背后的一片树林，禁封万代，一万代都封住不准砍树。没有这些树就没有水，没有水就无法耕田。在古代英德，农耕是种水稻为主的。这块碑石在万历年间立的，现在还保留在那里。这个故事也是很感动人的。

张慎劳心劳力，最后病死在工作上，很感人。张慎的孙子叫张宇，又任这里的知县，也是劳心劳力地工作。爷孙两俩的故事都很让人感动。张慎还有一个儿子叫张岳。在明朝时候，严嵩是奸臣，要把海内八大臣即最正直的八个官员陷害，其中张岳就是一个。他陷害了七个之后，还有一个就是张岳，要看张岳有什么把柄可抓。张岳很清廉，任两广总督。张岳在晚年退居回老家的时候，广东的地方乡亲就想送钱给他，他不要，送值钱的东西给他，他也不要。人们想到，张岳因为父亲去世还没有尽孝，在官场上忙碌。在古代，一般尽孝是要回去守孝的，他就由他的兄弟为他守孝。由于他在工作上太正直，得罪不少人。离开广东的时候，张岳为了不惊动地方百姓，就悄悄地离开。广东的父老乡亲知道他什么都不要，考虑到他父亲和他侄子都是在英德工作，就在英德找了一块英德的石头，把它雕刻成一个直立站着的一个人。这块石头重两三百斤，用木箱装好，在他上船的时候送给他。张岳又不要。后来才知道是把一个很平凡的石头雕刻成一个人。张岳很感动，父亲去世时没能回去守孝，所以见石如见人，既然是英德的石，好，那我带回去立在家乡的祠堂，教育后人做人要像石头一样正直站立和硬气。所以他就把这块石头搬回去了。在朝廷里面，有人将此事告诉了奸臣严嵩，说，张岳回老家肯定带有很多金银财宝，要好几个人扛那个箱子。船到泉州至惠安的码头时，马上派钦差大臣拿下，要人赃并获，就地正法。这样，钦差大臣来到，利用泉州知府派出地方士兵，把张岳的船围住，进行开箱，要人赃并获。谁知，打开箱子一看，只是一块石头。就问张岳，为什么要这块石头？这个石头只是一般，又不是什么宝。张岳就把情况说明。钦差大臣还是很正直，听后很感动，并把情况汇报给皇上。皇上听后就说，我都说了，张岳这个张家，上到祖宗几代，下至儿子都是清廉的。所以，皇帝就给他们家族赐"廉儒世家"，就是说这个家族成员从出生、读书、考试、当官，但他们都是清廉的，一直保留着这样的传统。我们到过张岳的老家，在"文革"的时候，张岳的墓毁掉了，但这块石头被老百姓保留了起来。"文革"之前，因为这块石头像站立的人，所以在惠安县有间学校叫做立人小学。那块石头保留下，来现在放在惠安县纪委大楼的旁边，在那里竖立起来。这就是我们英石的一个廉政故事，这也是一个很感人的故事。另外，我们去杭州，杭州西湖有个奇石园，里面有块石头叫"皱云峰"，是英石，是明朝时候一个官员作为学生送给老师的一块石头。这块石头后来就慢慢成了西湖边的一道风景线，叫做"皱云峰"。我们英石的故事从古到今都多，很感动，我也觉得，如果有必要的时候，资金条件允许时，就要根据这方面进行收集，全国各地英石园林里面好的假山盆景、好的园林假山，好的美丽故事，把这些收集起来编成一本书，那英石就更加活灵活现了。我说英石故事就是我们英德的一个文化故事，玩英石还是从玩文化把握品味。因为石头是拿来看、拿来玩赏、拿来赋予文化，它与红茶是一对亲姐妹、一对恋人。红茶是拿来亲拿来喝的，石头是拿来摸拿来看的。两者都是很好的品牌。英德有这样的石山、石头，才有英德这个树、这样的茶。英石的故事，可以说是说不完、道不尽，很丰富的。以后我们再进行呼吁，民间多挖掘多整理。我们生活的环境就是喀斯特地貌形成的一个英德的石山这样一个大盆地，盆地里面是小盆地，每个乡镇就是一个盆地，北江、连江、翁江穿过这个盆地。这样的气候，这样的环境，就形成这样的文化。

主持人：关于英石的故事，刚才富哥给我们介绍了不少。接下来，你觉得有没有一些更加具体的意见，看看我们应该怎么样来保护、开发和利用，或者是宣传推广。

富哥：我们刚才说举办了七届英石文化节，可以说推动了英石的发展，提升了这个品牌，实际上到现在还没有一个统一的部门对英石这个产业进行管理、保护和开发，还是自由散漫的。也还有一些部门和领导不是很理解，甚至对英石还有非议，认为英石是某些人或小部分人把玩玩赏的，没有意识到这是我们的一个产业，一个文化产业，也是一个品牌。他不知道这是一个很丰富的文化。英石摆放出来放在公路两边，怎么去管理？怎么去买卖？这块石头几十吨重、上百吨重，怎么运走？就会有人去买钩机、吊机，从事这个石头运输行业。你要玩小块的英石，就需要有人用木头去雕刻底座。据我们了解，现在做树木雕刻底座的档铺也有十多间，买吊机、钩机的有上百台。你拥有大块的园林英石，就要派人出去承接园林工程，组织做园林假山盆景的工程队，在英德这样的工程队有上千家。很多园林英石场都有两三支工程队，都派出去外面做事，全省各地、华南地区以及全国各地，到了现在苏杭很多地区都可以见到英德人在做园林假山。这些人、这些资源、这些队伍，情况怎么样呢？我们知道，园林本身就是一个专业，一种艺术，甚至在华农大还设有一个园林专业。英石假山园林工程，作为一个农民、石农都可以接这样的工程干。他们虽然讲不出道理，但就知道怎样做，而且做出来很美。我们是不是应该考虑怎么培育这些人才？英石要提高保护，在人才培育方面，对英石技艺的人才要进行培育，如通过正规学习掌握理论来做，他们会比一般的民工做得更好。我们谁来去管，谁来引导呢？一个奇石协会，可以起到协调作用，但如果没有资金来运作，谁来听它的？刚才说过，没有负责管理的"英石局"，能怎么办呢？所以，要把英石当做一个产业来做，不然石头全部卖出去了，有价值的石头卖出去就没有了，剩下不成艺术品的石头，只能用作石材、做水泥、开采石场。

我们目前虽然还有大量的英石，即园林英石和观赏石，但如此下去，最终也是资源枯竭、破败不堪。如果我们能够以此为契机，把做园林假山、园林设计的人才再进一步培养，政府能正确引导，就可以响当当地说，全国做园林假山、园林设计的人，大部分都是英德的。其实现在民间有很多这样的奇才，但没有哪个部门去组织他们。我有时想，假如有一笔资金给我，我就专门搞一个活动，不是英石节，而是在英石界专门搞一个评选，选出园林技艺、园林假山制作很成功的一些人物，这样他们就显露出来。他们的设计、他们的成果、成品交上来，我们就从这中物色人才，形成一个华南地区的主导。现在华南地区卖水泥，英德水泥价格升高华南地区的就升高，英德水泥价格降低华南地区就降低。还要达到整个华南地区，英德的园林好，其他就会好。英德的园林设计就会影响整个华南地区、整个江南地区。那么这就是一个亮点、品牌，这就是是刚才讲的技术、文化底蕴比资源更重要。假如说我们以后往下发展，还是如此没有人去管理，等到英德的英石、石材都没有了，有技术的人也就自然消失了。没有去培养他成为人才的时候，他就不会提升，所以这方面也是我们值得去思考的。我接触过一个望埠镇的年轻人，忘记叫什么名字了，他做园林假山工程，做到了韩国，韩国那边现在好几个园林假山工地都请他去做，从这里发货。还有个姓何的年轻人，住在英山脚下，每天让他父母上山去捡小块的英石，不要大的，全部要小块的。然后，他把这些小块石头拼在一起，照好相放在一起，然后，通过网上电商经营出售，一年也有100多万元的收入。他根据石头好坏按斤两来售卖出去，结果很多在外面玩石头的人向他要货，这里一包，那里一包，图片照片都有，编了号出售。他在淘宝网里开这样一间网店，每年都有 100 多万元的收入。这个就是我们如何去开发、利用、发展的问题。

主持人：也就是说，英石不仅有一个很厚实的文化底蕴，也有一定的社会效益和经济效益。

富哥：社会效益和经济效益同时并存，所以，你说有哪个产品能跟它比呢？

主持人：所以呢，富哥，你能不能说一说，据你所知，知不知道在英德大概有多少人从事英石这个产业？

富哥：这个行业引起的产业链，从人数来说应该有几万人，最起码也有两三万人。

主持人：那么根据与英石有关的产业，它产值会有多少呢？

富哥：现在英石每年的产值，按照刚才你说的产业以及产业链形成的产值，按我估算大概有 7 亿元的产值，就是包括买卖交易各方面，英石买卖、园林的设计建造等相关的。英石产业链形成的每年的产值，交易产值应该有 7 亿元，也不少的。你说，这是不是一个产业？是不是形成产业链？该不该我们来去引导？表面上看起来，以为只是小部分人在做，实际上是我们一个产业，尤其是英石产业支撑形成的园林、工艺、设计，房地产市场很兴旺，英石也卖得很兴旺。房地产差一点，英石园林也会差一点，就是这样一个问题。我们说是不是息息相关？

主持人：刚才你说了，英石主要分布是在望埠，那么在其他一些乡镇，英石的分布情况怎么样？

富哥：可以说，英德大部分山体、山脉都是石灰岩地貌。凡是石灰岩地貌的山体，喀斯特地貌的山体，都有大量的英石。而且英德的石灰岩地貌在形成的时候溶洞特别多。所以，英德的溶洞导致了很多英石的产生。英德有不少有文化的溶洞，像最早时期的也是最出名的碧落洞。碧落洞是个两边穿的洞，从葛洪炼丹，南汉刘晟石宫，一直到宋代苏东坡、杨万里到那里题诗作对，留下了 109 方摩崖石刻。在溶洞里面的山体都是英石。还有观音岩。观音山形似一个观音仰卧，那里有个溶洞正对着北江河，叫观音岩。观音山的石头也是大量的英石，这是在英德城一南一北的两个代表性的溶洞。再说当今的宝晶宫，就在碧落洞旁边。地下河，即仙桥地下河，也形成这样的山体。英德城中间周边的山体都是石灰岩地貌。从英德城往上的就是望埠镇，望埠镇有一条山脉就叫英山，大量出产英石。整个山体是层叠的，山体比较松，剥掉上面一层，下面一层若干年后经风吹日晒，又形成英石的瘦骨嶙峋的情景。英山上面的石头，常年开采几十年了，也还没有开采完。从宋代开始开采到现在一直还有，捡了上面一块，下面一块就露出来。所以，大量的园林英石就是从这里捡的石头，形成层叠式的，叫叠石，叠石假山、叠石园林假山。英山延伸到大站，到连江口镇浈阳峡，再往上延伸就是沙口，往东边延伸就是我们说的九郎洞、大镇再到横石水的温堂山。形成的一条大山脉，就是整个英德主要的英石产地。在这条山脉里面，以望埠上去的冬瓜铺再延伸到庵山的山体，可能是由于当年的溶洞和岩浆喷出来，形成很多气泡，从那里把地下山体一块一块挖出来，就是大量的园林英石，上至一百多吨，下至几吨、几千斤。在冬瓜铺出产的园林英石，有黑色、白色、红色，有花纹大的、花纹小的。这里的地貌结构也比较复杂。同时，火山在喷发时候，岩浆喷发形成的，我们叫火山石，也是属英石一类。这个地方产生的园林英石比较多。我们再往冬瓜铺对面，沙口对面，这里形成的叫石门台山脉，包括英红镇，原来的云岭镇、横石塘镇。在石门台山脉里，有较多在山上经风吹日晒脱落形成的阳类英石。这样一条山脉也是一个主要的英石产区，特别是云岭一带。再往西边走就是石轱塘的尧山，也叫船底顶等，一直延伸到大湾、波罗、大峡谷。这里也是熔岩爆发时形成的石灰岩地貌。波罗大峡谷再往上一点就是乳源大峡谷，实际上是英德波罗大峡谷延伸出去的。锦潭的旁边叫瑶山，再过一点连山瑶族人那个地方，最高峰叫船底顶，那边是乳源，这边是英德。波罗这边过去的阳山，阳山转过去江英下来就是我们大湾、洸洸。这些山体也有大量的阳类英石，也是当年米芾推介的。最早把玩的英石也是这个地方出的。《云林石谱》记载的英石，就出自洸洸与阳山之间，西牛河岸两边水冲刷形成。最早记载英石的书叫《云林石谱》，而《云林石谱》所讲的英石产地，不是指望埠，而是指阳山与浛洸镇之间也就是大湾这一片地方。这里就形成一个乡镇一个盆地地貌，浛洸、石牯塘、大湾、波罗等，我们常称之为英西北，即英德的西北部。这里的山体也是石灰岩地貌，而再往英德西南部，是17个主体山脉，叫文婆山，就是大湾与岩背、黄花、九龙交界的地方。这个地方的山体，在溶岩地貌形成的时候，形成喀斯特地貌带的尾部，所以这里的山就形成了熔浆山峰。一石一景、一山一景、一山一峰，山体之间，在盆地里面就一座一座的山，就像一个一个的故事。在一块平整的田里，一座山峰竖起来。这里我也讲个故事。前几年，我遇到一个画家，就是给我题字的温芬东画家。他是个七八十岁的老人，来到英德浈阳坊。我跟他聊天的时候，为了引起他的注意，我问他英德的山美不美，他说很美。那你去爬山行不行？他说不行，不能爬山的。我说我那么胖也行，他问，你也不能爬山的。我跟他说我们这里有几座山不用爬可以摸的。他说山都有得摸的吗？我哄得他很开心，他就跟着我去了英西峰林，去了三山那里，在那个平原地方有很多山竖起来。他一看，那么美，那么特别。他说，这些山就是一个故事，编个故事吧。然后我问那摸不摸山，他说怎么摸。我说摸山，没说摸山顶嘛，你就摸那山脚，那山就在平原里竖起来，那山脚石壁就可以摸得到了，不用你去爬。当然，大山就难爬呀。那里的山峰，就是一石一山成一峰的美景。在那里的山上，要捡上一块脱落的石头，开花的石头，是最典型，最特别的一种石头。英石里面的千层石、开花的石，都在那里，是阳类英石，最特别。九龙、黄花交界的地方就是阳山，《云林石谱》记载的英西南、英西北，再往前走就是阳山，所以说是位于阳山与浛洸县之间。英西南、英西北都属于浛洸。按照这个地貌转回来，我就想到了石灰铺。石灰铺也是很特别的石灰岩地貌，石灰铺再往外走就是连江口，就有一部分地貌是英石的，一部分地貌是泥与石；我不知道叫什么地貌，它就是石头与泥土混在一起，比较不成山峰的。再到水边呢，就是大洞到黎溪以及连江口的对岸那边，那些地方的石灰岩地貌就没那么明显了，再下去就与清远交界了，就属于岭南地貌了。当然，有一部分还是石灰岩地貌，西牛也还是石灰岩地貌。在乡镇里面，整个英德中部、西部，英德的中部往东，也就是东乡那边，就有一部分，也就是九郎洞这一边的，刚才说的温堂山这边，还是有明显的石灰岩地貌。再往东，青塘一带有石灰岩地貌的，就没有那么明显了，也比较难找到好的英石。再往佛冈与白沙交界一带，很明显的是山岭之间相连起伏，没有那么断层的山脉，这些就是岭南地貌的明显特征，石灰岩地貌的山也比较少了。刚才，我主要概述一下整个英德地貌的山，英德5670平方公里，起码有3/4的地方是石灰岩地貌。我们本来地处岭南，岭南地貌是丘陵地带的延伸，但是英德就是与众不同，是石灰岩地貌。往下清远一带的地貌，泥、土、沙都不一样。整个地貌带，除了广东的西南部，阳春、怀集，最有明显特征的就是英德。连州、连山、连南以及阳山下来，在那里的山较难找到英石，那里的石头比较"老"，比较不同，而在英德，尤其英西南、英西北，山上就比较容易出现英石。桂林、贺州是有石灰岩这样的山峰，但是要找脱落的石头，可作园林英石或观赏石的不多，反而在肇庆、云浮的山里，特别是肇庆，还有一些石头脱落也形成山峰，与我们这里的石头相似，也是这种地质结构。我们现在申请了地理保护标志，以后玩赏英石，像肇庆那种石头，与我们相同的，也叫英石。我们申请了国家地理保护标志，就是起这个作用。将来把玩这种石头的时候就叫英石，包括桂林那里捡了两块出来，也叫英石。甚至在云南的石林，那里的石头也是属于一种喀斯特地貌石头，就是脱落的不多，以山峰成景的比较多。

主持人：富哥，听说广东的四大名园，主要也是用了英石来制作的。

富哥：江南的园林很多都用了英石。岭南的园林，比较出名的是广东四大名园，即东莞的"可园"，佛山的"梁园"，顺德的"清晖园"，番禺的"余荫山房"。这些园林，代表明清时候广东最高境界的园林艺术。在这几个园林里面，有林，有树木，起到公园的作用，但最关键的还要有山。山，自然不可能去建，只能用人工制作假山，而人工制作的假山也是山，这就需要用大量的石头来砌建。很自然，砌建山峰时，收峰（主峰）都是用到英石。广东四大名园，无论哪个园都有大量的英石。当时在建这些园林的时候，都离不开英石，到现在还保留下来很多英石。梁园和东莞的可园，或是清晖园里，你都可以看得出，当时建园林少不了英石那么大块的石头，都要想尽办法从英德运下去。如果说从节约材料方面，用块鹅卵石或其他大石头摆上去也好看呀，在鹅卵石上面再摆一块英石竖起来，那就更好看了。一块英石就是一座山峰。你想起那山峰，山清水秀的感觉就来了。所以，在四大名园少不了我们的英石，英石从古代到当今，都在园林里面起着举足轻重的作用，尤其是在江南。江南、岭南这些地方，都少不了它。做小桥流水、高山流水呀，英石都是最好的材料。

主持人：今天我们就介绍到这里。谢谢林主席！

第七章

英石文化花絮

首届中国英石文化节见闻

  2010 年 12 月 24 日，2010 中国·英德英石文化节新闻发布会在广州广东大厦隆重举行，省文化厅、清远市有关部门出席了发布会，并邀请了人民日报、新华社以及香港、澳门等数十家媒体前来参加，英德市发布了此次包括英（奇）石文化展、英石拍卖会、英石文化论坛，以及大型文艺汇演等为主要内容的一系列活动，同时还将举行一系列动工、竣工、的重点项目签约等活动。

  英德市委副书记、市长马家庆在新闻发布会现场表示，丰富的石资源孕育了英德一方丽山秀水，溶洞奇观。依托英石资源，近年来，英德市大力做好两篇文章。一篇是英石资源保护的文章，围绕着英石所形成的独特景观和生态环境，构建旅游大市；另一篇是让沉睡的英（奇）石走进千家万户，福祉人类。通过多年的努力，英德市在望埠镇建成了全国乃至亚洲最大的、长达 30 公里、以英石为主题的奇石展销长廊。经申报，英德市获"中国英石之乡"称号，英石获批"国家地理标志产品"。

  英石是大自然赐予英德的丰厚礼物，如何科学开发和利用好这一宝贵资源至关重要。英石的开发利用一定要做到适度、高端、科学、人文、持久，要不断挖掘英石文化内涵，提升英石品位。

  2010 年 12 月 31 日，英德市望埠镇英石园，彩旗飘扬，嘉宾云集。随着清远市委副书记、市长徐萍华的宣布，为期 4 天的中国英德英石文化节暨英德市重点项目签约、动工、竣工仪式活动正式拉开了帷幕。当天，英德市签约竣工投产项目涉及资金 1008 亿元，其中签约项目 78 宗，投资总额531亿元；重点项目动工96个、总投资达365亿元；重点项目竣工52个、投资总额112亿元。小小的英石，带动了当地的经济发展；小小的英石，再次成为人们热议的话题。

英石文化节邀请了众多的领导嘉宾，共享英石盛宴。中国观赏石协会会长寿嘉华、中央政策研究室《学习与研究》杂志社社长石太林、省文化厅副厅长王业群及清远市领导邹学军、何炳华、谢迎春、杨秋光、廖迪娜、王得坤、黄礼华等出席了开幕式，参观了奇石展。

在见证了英德市重点项目签约、动工、竣工仪式的同时，开幕式当天还对获奖奇石进行了颁奖。从参加展览的380多件英（奇）石精品中评出了特别金奖3个、金奖12个、银奖20个、铜奖25个、优秀奖30个。

英石的古典韵

　　英石，是石灰岩经自然力长期作用而形成的奇石，它玲珑剔透，外表锋棱突兀，嶙峋峻峭，色彩鲜明，给人以动感，由于有"皱、瘦、漏、透"等特点，所以英石的形态变化万千，抽象、具象兼而有之。有人说，英石是大自然给予英德人民最好的雕塑，它给人以无穷的遐想空间，具有极高的观赏和收藏价值。英石就其形成的环境而言，可分为阳石和阴石。"阳石"裸露地面，因长期风化，充分汲取阳光与风雨的洗礼，其自然、温润苍翠、色泽纯一，而扣之亦有锵锵的金玉之声，质地坚硬，形体瘦削，表面多折皱如花一般的美丽，因此以花命名，"英"既是花，英石也叫"花石"，适宜作几案石，园林石，假山和盆景。历代人玩的英石主要是指"阳石"。"阴石"则是深埋地下，风化不足，质地松润，色泽青黛，有些间有白纹，形体漏透，造型雄奇，扣之声脆有之，声微有之，适宜独立成景，也可做假山、盆景。形状有类似于太湖石，因此，英德石之中的阴石俗称为"类太湖石"。

　　英石的美主要在于它的自然、丑趣、怪异、拙朴、雄奇、秀丽、雅趣、禅意，未加一点人工雕刻的痕迹；苏东坡赞叹英石的"丑"，言外之意也是"以丑为美"。

　　英石由于受自然力作用而成，未加人工点化，所以它形态怪异，各有其趣；但凡说到自然，我们总认为它是有力量的，英石也如此，拿它跟江南的名石太湖石比，我总觉得江南的名石过于圆润通透，有女子的纤巧气息；而英石则是奇削雄伟，有男子的倜傥之风，刚劲雄奇，锋芒毕露。

　　由于历代文人雅士及能工巧匠对英石的宠爱和研究，使得英石文化内涵极其丰富。英石的辉煌历史悠久，早在宋朝它就被列为皇家贡品，英石在宋代朝廷上层推动及文化名人追求、把玩相当普及。宋代"花石纲"之征世所仅有，"上有好者，下必甚之"。宋徽宗建"寿山艮岳"时，征集全国奇花异草美石，统治者对全国老百姓而言是一种刮取掠夺，于赏石文化恐怕是一次全国性的挖掘与荟萃，特别是英石，从江南运送到京都，按当时的条件，应该是花费巨资和历尽千辛万苦的。金攻北宋，江南运送花石纲船队停扬州，花石纲遗物开始散落民间。于是杭州名石苑之绉云峰，开封大相国寺之覆云峰，便成为可考传世古英石最早大件精品，由此也带出后世关于这些花石纲遗石的传奇故事。宋朝曾丰曰："飞蓬今始转广东，英石不与他石同。"杜绾的《云林石谱》、陆游的《老学庵笔记》也记载了英石的出处和大小。宋岭南使程德孺解官北还，以英石赠扬州为官的苏东坡。苏东坡以杜甫"万古仇池穴"之句命为仇池石并将其视为"希代之宝"，还写诗《仆所藏仇池石》来描述它的形、表、色、质。"仇池石"堪称宋代英石之典型。更有米芾、杨万里、王象之、徐经孙、范成大等文人品析赏玩，从宋朝众多的名人和达官贵人品析赏玩英石，可想而知当时英石的名贵和受欢迎程度。

元代时间跨度较短，赏石文化未获充分发展，但元代遗留有可考的英石有紫禁城御花园的方台座英石"银壶"和圆盆座英石"曲云"。这些只作为园林石，几案石无从考证。

到了明代计成所著《园冶》介绍英石的产地、颜色等大体与《云林石谱》相同；而林有麟《素园石谱》则继承了杜绾的《云林石谱》的说法。明代流传有序的英石有北京紫禁城御花园的须弥座英石"立鹰"，须弥座英石"双圆峰"，方盆复合座英石"奔兔"，以及明末的"逸云峰"等。

在清代，英石的搜罗、收藏、赏玩日渐兴盛。清初朱彝尊的"曲江门外趁新墟，采石英州画不如。罗得六峰怀袖里，携归好伴玉蟾蜍"，写到画都不如英石的美丽。清代陈洪范的"问君何事眉头皱，独立不嫌形影瘦。非玉非金音韵清，不雕不刻胸怀透。甘心埋没苦终身，盛世搜罗谁肯漏。

幸得轻轻磨不磷，于今颖脱出诸袖"，写出了英石的"皱、瘦、漏、透"以及当时的盛世搜罗英石，也说明当时得一块英石是极为不容易的。陈吴子所著《花镜》记载山水盆景制作用石为"昆山白石"或"广东英石"，充分肯定英石为制作假山盆景之上乘材料。清朝屈大均所著《广东新语》提出了"大英石"和"小英石"两个概念，其中还记载到英石运至"五羊城"垒为假山，"宛若天成，真园林之玮观也"。有清一代，英石是重要的室内陈设，郑板桥在题《石》画跋中提出了影响最广的瘦、皱、漏、透之说。实事求是地说，在古代四大名石之中，英石是最符合"瘦、皱、漏、透"审美诸特点的，尤其是瘦和皱的特征，为其他石种所少见，因此，说英石是古典赏石的代表毫不夸张。此外，清代比较有名的英石有"龙腾""曲云""奇峰迎夏""虎攀岩""惊螭""秋山霜林""莹壁含晖""空灵""书峰石"等。

中国古代几案英石精品

屈子行吟图　170×19×19
厘米　原为明大臣顾鼎臣收藏，现
为美国哈佛大学博物馆收藏

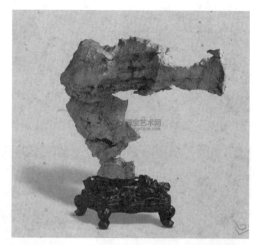

探云　高45厘米　清后期　凌空探出，险绝飘逸

虎攀岩　37×48厘米　清中期天
津张传伦藏

九华　28×36×25厘米　宋代 北宋苏东
坡曾以"壶中九华"为题作诗，现为美国某艺
术馆收藏

书峰石　63×24×12
厘米　清早期　美国胡可敏
（女）收藏

烟云空灵　41×23×13 厘米

马到功成　伦敦收藏

妙虚峰　63×50×93 厘米
英石中体积如此庞大且形态赛太
湖石的英石极为罕见。该石如烟
缥缈虚幻，一路窈窕直上，极尽
婀娜。石质看似饱满，且又皱皱
布体。如凌空悬崖，尽显其险美
意境。

皱云山　30×20×24 厘米　此英石裂纹交错，
呈米粒状，俗称"米粒皱"。这是早期英石的典型纹
理脉络，殊为难得。此石为日本回流，在日本赏石界
内享有极高声誉，其与手卷、原装盒乃为一整套，历
经岁月风霜却仍能保存得如此之完好，由此也体现出
此石的历任藏家对其之珍爱与尊崇。日本藏家赏石、
爱石、敬石的传统由此也可见一斑，因此一些精品之
中国石才能在日本藏家手中被完整有序地流传保存至
今，实为可敬。

中国现代几案英石精品

一、入选世博会名石

"品赏石·迎世博"2009 中国国际赏石精品博览会

极品奖

1.天台山 规格：120×56×63
厘米 收藏：朱章友

赏析：此石形如天台山，天台相
连，峰峦起伏，沟壑纵横，山涧相容，
悬崖峭壁，雄伟险峻，站在山顶，远
处美景一览无遗，而整观此山，风景
这边独好。

英石"天台山"

2.高山流水 规格：48×40×20
厘米 收藏：陈作安

赏析：此英石裂纹交错、呈米粒
状，俗称"米粒皱"。这是早期英石
的典型纹理脉络，殊为难得。整石观
之，刚硬与柔软、沉稳与空灵综合为
一体，高山之巅飞流直下，而横空飞

英石"高山流水"

出一座小山，险崛凌空，整石峰峦起伏，错落有致，沟壑布体，裂纹深邃，
谷深林幽，景观令人拍案叫绝，堪比蓬莱仙境，是难得的绝品。

二、2010 中国英石文化节获金奖英石

1.特别金奖

（1）期盼

规格：41×59×28 厘米　石种：英石　产地：英德

赏析：此石云头凌空，陡悬峻险，下有柱针与云头遥相呼应，是典型的古典云头雨脚之贡石。石纹瘦、皱层驳，披风撒雨，难得骨秀清润。此石石质温润柔滑，老皮凝脂苍翠。如此形石，难得！

（2）福荫绵延

规格：88×88×48 厘米　石种：英石　产地：英德

赏析：将面深埋地上，只露出隆起的脊梁。亿万年的雨水，滴出百洞千孔身躯的苍凉。瘦皱漏透，奇峻形意。

（3）祥龙

规格：48×63×23 厘米

赏析：此英石裂纹交错，是早期英石的典型纹理脉络，殊为难得。整石观之，刚硬与柔软、沉稳与空灵合为一体，恰似红山文化之螭龙，云头雨脚。古典之赏石。

英石"期盼"　　　　　英石"福荫绵延"　　　　　英石"祥龙"

2. 金奖：

（1）摇钱树

规格：66×63×30 厘米

赏析：此石造型像一棵大树，树根粗壮，枝繁叶茂，皴皱布体，石质温润青翠，整石孔洞密布，皱漏相连，两面可观，殊为难得。

英石"摇钱树"

（2）莫高

规格：38×48×23 厘米

赏析：此石造型像莫高窟，故名"莫高"。整体飘逸险峻，峰峦叠嶂，张力极强。孔洞相连，实乃古典抽象难得的赏石。

英石"莫高"

（3）一品石

规格：长 128 厘米

赏析：此赏石组合石，由三部分构成，主石为"品"，中为"一"桥，左为一山石，故为"一品石"。整体造型独特，构思新颖，单看"品"石，石山高险，扶摇直指九霄。石势奇伟，险中居稳，凌空悬崖，尽显其险美意境，如烟缥缈虚幻。三石合一，自然和谐，美轮美奂，犹如人间仙境。如此美妙的意境，给人以无限的暇想。

英石"一品石"

（4）平步青云

规格：43×33×83 厘米　石种：英石　产地：英德

赏析：英石中一片一片如此大的叠起极为少见。该石如云缥缈虚幻，青云一路直上，极尽婀娜。石质铿锵，且又皱褶遍体，尽显其险美空灵意境。

英石"平步青云"

（5）崛起

规格：75×26×53厘米 石种：英石 产地：英德

赏析：此石形态奇险，肌理粗犷，石质刚强，整体飘逸，孤高气傲，犹如东方巨龙在世界崛起。

（6）古韵千秋

规格：高80厘米

赏析：此石温润苍翠，洞孔流连，云头雨脚，张力极强，为传统贡石。

（7）英州塔

规格：42×68×28厘米 石种：英石 产地：英德

赏析：此石沉稳古拙，端庄大气，四周巉岩分布，塔势雄奇，塔基稳固，实乃镇宅之宝。

英石"崛起"

英石"英州塔"

英石"古韵千秋"

中国园林英石名石

1.英石"皱云峰"

规格：高260厘米　此石乃英石中少见之巨峰，色泽青黑，褶皱深密，瘦削特立，有临风玉立之致，右下方刻有"皱云"两字，右下青石板刻有"皱云峰"落款为"道光己酉(1849年)六月移云道人蔡钧琳"字样。现藏：杭州西湖江南名石苑。

2.英石"瘦云峰"

规格：380×86×76厘米　　收藏：英德中华英石园

此石瘦得典型，高得罕见，千年难觅，绝世之作！

3.英石"龙腾"

规格：高80厘米

此石供置于北京故宫御花园绛雪轩前，青灰色，皱褶丰富，瘦削横逸，势似奔龙，龙首仰视苍穹，不可一世，堪称英石珍品。

英石"皱云峰"　　　　　英石"瘦云峰"　　　　　英石"龙腾"

4.英石"狮子迎宾"

规格：高600厘米　英德市标志石

5.英石"鸣弦石"

规格：120×130×60厘米　1996年11月代表广东省政府向日本神户国际和平石雕公园赠送"鸣弦石"作为"和平之珠"。

6.英石"千岁翁"

规格：250×190×100厘米

外观如千岁老人，中空巨大，虚怀若谷。2011年选送中国国家博物馆。

7.英石"螭龙"

规格：720×280×160厘米

既有传统赏石"瘦、皱、漏、透"之元素，又具中华民族图腾龙之形象，呈昂首向上欲腾飞之势，体形硕大，鬼斧神工，寓意吉祥，极为罕见。

8.英石"五羊头"

规格：高7米

全石伟岸却不适玲珑漏透，现置英德市博物馆广场。

9.英石"奇峰迎夏"

规格：110×54×50厘米

此石供置于北京故宫宁寿宫花园古华轩前，石体作群山连绵状，沟壑纵横，险峻奇崛。

10.英石"海马"

规格：43×30厘米

此石供置于北京故宫宁寿宫花园中，石色莹白融渗，表面多层状节理，细粒皱明显，是典型的英德"碎皱石"。

英石"狮子迎宾"

英石"鸣弦石"

英石"千岁翁"

英石"螭龙"

英石"五羊头"

英石"奇峰迎夏"

英石"海马"

第八章

英石文化遗产研究

广东英德英石文化遗产价值评估与保育研究历程（2016-2019）

◎高　伟　李晓雪　李自若　陈燕明　陈绍涛

自 2016 年 12 月起，华南农业大学林学与风景园林学院指导下的岭南民艺平台研究团队在广东英德市奇石协会的大力支持与指导下，持续展开英德英石文化遗产价值与保育的相关研究。三年多的时间里，岭南民艺平台研究团队以口述历史、文献研究与实地调研等方式投身于英石遗产的相关教学、研究与设计实践之中，在推动英石文化的传播、教育、研究等方面取得了一定成果。

一、发挥高校设计与研究优势，助推地方产业发展。

2016 年 12 月 2 日上午，华南农业大学林学与风景园林学院风景园林专业主任高伟副教授与英德市奇石协会会长邓艺清先生，共同签署了《华南农业大学林学与风景园林学院实践教学基地建设协议书》，确立英石文

英德市政协副主席林超富先生（右五）及相关工作人员与华南农业大学老师团队合影

《英石文化遗产价值评估与保育策略研究项目》战略合作伙伴签约仪式

化遗产价值评估与保育策略研究项目战略合作伙伴关系，开启英石文化遗产价值与产业发展的新篇章。

二、助力推动英石文化交流，推动学术讨论

2017 年 5 月 10 日，华南农业大学林学与风景园林学院风景园林专业主任高伟副教授参与"中国英石'一石一证一故事，一照一诗一书画'创客大赛"活动，在英石文化专业宣讲会的英德站活动中，在英德英西中学进行了《英石园林造景技艺》的主题分享。

中国英石"'一石一证一故事，一照一诗一书画'创客大赛"活动现场

陈益宗老师《闽台园林叠石与假山》专题讲座现场

与会嘉宾共同座谈言谈假山技艺的传承与发展问题

2017 年 6 月 16 日，研究团队积极配合英德市奇石协会"六个一"广州场的系列活动，组织策划了华南农业大学"英石园林造景技艺培训"专场活动。由研究团队出面邀请台湾建筑师、传统建筑与艺术研究学者、北京大学艺术史博士研究生、从事传统艺术研究以及传统建筑设计与修缮工作三十余年的陈益宗先生作为主讲嘉宾，英德市政协副主席林超富先生对活动给予了大力支持，英德市奇石协会办公室主任邓志和先生、广州茵盟特展览有限公司、广州华璟文化产业发展有限公司总经理谭卫女士以及华南农业大学师生参与了当天的学术交流活动。通过陈益宗老师对闽台地区园林叠石与假山的分享，使得与会嘉宾更详细更深入地了解中国各地

园林叠石假山的特点，更直观感受英石在园林造景中应用的魅力，也为英石叠石造景技艺文化研究带来更为深入的研究与思考空间。

2018 年 1 月 30 日，由研究团队牵头组织了"岭南英石文化和盆景文化研讨会"，研讨会于英德英石园举行。本次研讨会邀请了国内知名专家、学者、英石技艺与盆景技艺传承人，英德地区文史专家及企业家等，与会学者嘉宾有曾任广州市园林局副局长、广州市园林建筑规划设计院院长、中国风景园林学会终身成就奖获得者吴劲章老师，广州盆景协会常务副会长谢荣耀老师，广州市人民政府文史研究馆研究员罗雨林老师，中国赏石名家、广东省观赏石协会副会长蔡中华先生，南方科技大学人文中心长聘教授、中国建筑学会建筑评论委员会理事唐克扬教授，英德市政协副主席、英德文史专家林超富先生，英德艺青奇石园林有限公司董事长邓毅宏先生，参加研讨会的还有英德市奇石协会副会长邓建党先生、办公室主任邓志和先生以及英德市奇石协会的会员们。

本次研讨会旨在通过岭南地区两大重要非物质文化遗产的对话、交流与碰撞，促进岭南英石文化与盆景文化的相互沟通，深入挖掘英石盆景及造园技艺与岭南盆景艺术的历史价值、文化价值及艺术价值，探讨其与岭南园林传承与发展的血脉联系，从而探讨岭南英石文化与盆景文

岭南英石文化与盆景文化研讨会现场

岭南英石文化与盆景文化研讨会与会者合影

化在新的历史发展时期，在复兴中国传统文化热潮之中可持续发展的可行路径。与会嘉宾就英石文化与盆景文化的发展进行了主题对谈，研讨会议题涵盖：岭南文化与英石文化、盆景文化的关系，岭南英石盆景及造园、岭南盆景的价值，岭南英石盆景及造园技艺的传承与发展，岭南盆景技艺的传承与发展，岭南英石盆景及造园与岭南盆景的可持续发展等。

三、寓教学研究于英石山水之间

研究团队牵头的"口述工艺课题"组在英德市奇石协会的支持与协助下，自 2016 年开始，师生团队针对英石匠作传承缺少文献记载新装，以口述历史方式走访英德地区英石技艺传承人、一线从事英石产业的企业经营者、工匠以及从事英石文化传承与教育的教育工作者。全面梳理英德英石文化发展与产业发展历史及近况，了解不同层面在英石文化保育方面的思考与行动。累积至 2019 年 9 月，岭南民艺平台师生 4 次奔赴英德进行调研，累积采访近 40 位访谈对象。这种调研工作方式使得高校大学生不仅仅是一名听众，同时作为助手协助传承人展开营造工作。在访谈工作过程中，学生一方面是被动的聆听者，另一方面又是话题的引导者和主持者，这种自主安排、自主执行访谈计划的方式可大力激发同学们的积极性，并在于一线工匠亲身接触之中体会工匠精神。

同时，以中华英石园作为高校教育传承的重要基地，通过参与式设计实践教育，让学生以中国传统造园思想在真实场地中进行设计实践。在营境式设计教学过程中，同学们可跟随传承人学习到实在的具体营造技艺，体验到完整的传统造园过程，通过对中国传统营造范式的学习进一步感悟传统文化意境。

表 1　英石口述史研究调研访谈嘉宾名单

时间	类型	具体人员
2016年6月25日	英石匠人	邓建才
	英石盆景匠师	余永森

（续上表）

时间	类型	具体人员
2016年6月26日	园林设计师	骆宏周
	英石企业	邓达意
	英石企业	邓毅宏
2017年7月26日	英德企业	邓毅宏（二访）
	英德市文化局	赖展将、邓桂林
2017年7月27日	英德企业	邓艺清
	奇石协会	朱章友
2017年7月28日	英石市文化馆	朱伟坚
	英石企业及匠人	邓浩巨
	奇石协会	邓志和
	英石企业	温必奎
2017年7月29日	挖石石农	邓帅虎、邓能辉、邓志翔
	英石企业	邓达意（二访）
2017年7月30日	英石匠人	丘声考
	英石效果图公司	吕保进
	英石匠人	丘声耀、丘声仕
2017年7月31日	遗产教育	彭伙强、谭贵飞
	英德政府	林超富
2017年8月1日	英石匠人	邓建党
2019年1月17日	英石匠人	邓建才（二访）
	奇石协会	邓志和（二访）
	英德企业	邓艺清（二访）
2019年1月18日	英石匠人	邓江裕、褟水平
	英德政府	林超富（二访）
2019年1月19日	同心村英石经营者	丘家宝
	英石匠人	丘声爱
2019年1月20日	英石匠人	邓学文
	莲塘村英石经营者	邓英贵
2019年1月21日	现场叠山记录	邓建才、谭贵飞（二访）
2019年8月27日	英石匠人	赖勇强

（续上表）

时间	类型	具体人员
2019年8月28日	英石匠人	邓浩巨（二访）
	英石匠人	丘声爱（二访）
2019年8月29日	英石匠人	邓建才、谭贵飞（三访）

四、工匠进高校口传身授

研究团队还邀请英德具代表性的盆景叠山工匠传承人和从事英石文化研究的老师参与华南农业大学本科及研究生的课程教学，让英石文化教育走进高校，让工匠成为课堂的主导，以口传身授的方式，让高校设计专业学生更深入理解英石文化的活态价值、理解传统之美，亲身体会传统营造过程，从而进一步扩大英石文化与技艺的影响力，为英石传统技艺和文化的良性传承与发展培养潜在的设计专业人才助力。英石叠山技艺传承人邓

工匠师傅带领团队师生赴英山考察

邓建才师傅现场开展英石叠山营造工作坊

英石叠山与盆景技艺课程现场

英石叠山与盆景技艺课程师生合影

建才老师，英德奇石协会邓志和老师多次受华南农业大学岭南民艺平台邀请在华南农业大学林学与风景园林学院开展英石叠山与盆景技艺的专题讲座与实操实践，让高校学生持续接触英石文化，促进英石叠山与盆景技艺的传承与发展。

五、三年积累，未来可期

岭南民艺平台研究团队在三年多的时间里，在英德市政协林超富副主席指导下，在英德市奇石协会大力支持下，核心围绕英石叠山审美、英石叠山技艺、英石匠作传承三大模块展开相关研究。近三年来，团队研究成果在行业专业重要期刊《广东园林》杂志设立岭南传统技艺研究专栏，与英德英石遗产相关领域的专家学者、教师共同研讨合作研究，目前已公开发表10篇英石专题研究论文，积累国家级、省级研究课题2项，三年多的研究成果与口述实录将于2020年由东南大学出版社出版，将进一步扩大学术界对英石文化遗产的关注。

2019年1月，课题组积极参与第二届中国建筑口述史学术研讨会暨华侨建筑研究工作坊，积极发表与推动学界交流，在口述史工作日益受到学界和研究者们重视的今天，让英石文化遗产价值评估与保育的能够获得更多业界专业的建议，进一步促进英石文化遗产价值评估与保育工作朝着更专业、更多元的角度前进。

表2　发表文章名录

论文题目	发表刊物	作者
中国英德石	《广东园林》2017年8月刊	赖展将　李晓雪　林志浩
英石赏石文化历史源流		刘音　高伟
英石假山技艺的传承与发展		李晓雪　陈燕明　邱晓齐
"入境成匠"——以英石文化为例的岭南民艺平台参与式民艺传承教育模式探索		高伟　陈绍涛　陈燕明
英石文化的传播者——一位二十年从事英石文化工作者的口述	《广东园林》2017年10月刊	赖展将　巫知雄　陈燕明

（续上表）

论文题目	发表刊物	作者		
英德英石产业现状研究	《广东园林》2017年10月刊	陈燕明	巫知雄	林云
英德英石叠山匠师传承历史与现状		李晓雪	钟绮林	邹嘉铧
英石非遗传承教育的新探索——英德英西中学《英石艺术作为乡土美术教材的研究》课题历程		彭伙强	谭贵飞	李晓雪
中国园林传统叠山技法研究概况	《广东园林》2019年4月刊	邱晓齐	黄楚仪	李晓雪
英德英西中学英石碟景创作与中学美术教学相融合模式研究与实践		谭贵飞	刘音	陈绍涛

关于英石遗产研究的工作仍在继续开展，华南农业大学林学与风景园林学院岭南民艺平台将持续展开英德英石文化遗产价值与保育的相关研究，集中总结英德英石文化遗产价值，探索与制定保育策略，形成专业的研究论文与报告，持续输出成果，提高英石文化遗产的知名度，扩大英石文化遗产在全省乃至全国的影响力，为英石文化遗产的传承与发展贡献一份力量！

英石赏石文化历史源流

◎刘 音 高 伟

1.引言

中国自古以来，在儒、道、释三家主流传统意识形态的影响下，中国文化传统寄情山水，始终追寻人与自然的和谐统一。园居生活成为中国人居生活的至高理想，园居山水之景是这一理想生活最为直接的物质载体。园居生活中的赏石文化是中国传统山水文化与价值观集大成的物质体现，承载着中国传统园林生活对自然的向往和对自我修养的精神追求。英石赏石文化一直与中国传统生活、园林生活与文人文化传统有着极为密切的关系，但却一直缺乏系统的梳理与研究。本文以历史文献研究结合地方口述史研究，系统梳理英石赏石文化历史源流，将英石赏石文化置于中国赏石文化传统与岭南地域文化的背景之下，重新梳理英石文化的历史源流与发展脉络，探寻英石赏石文化与中国传统赏石文化的关系、与中国园居生活与文人文化传统的关系，从而重新认知与理解英石赏石文化之于中国传统文化、岭南地域文化的重要价值。

2.英石赏石文化历史脉络

英石的主产地英德，位于广东省中北部，地处喀斯特地貌区，区划内三分之二的山脉符合喀斯特地貌山脉熔岩特性。从地理上看，喀斯特熔岩地貌起于前南斯拉夫，经过云南石林、贵州、广西中部（桂林山水）等地，其中一条山脉下连至武陵山脉，最后延伸进入广东西北部，在英德西南部英山山脉终止（图1）。英德便位于喀斯特地貌山脉分支的末端，得天独厚的地貌环境，形成优质而独特的英石，孕育出源远流长的英石赏石文化传统。

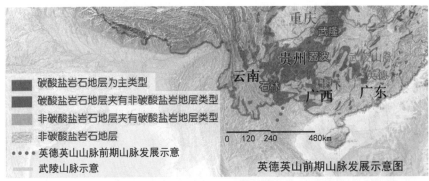

图1 英德英山前期山脉发展示意图（结合中国喀斯特地貌分布图和中国地势图自绘）

2.1 自然崇拜的秦汉之前

英石赏石文化传统源起于中国石头文化源起与发展。追溯至旧石器时代，古人类就使用打制石器进行各项生产劳动。人们开始了出现对"石"形态美的追求。进入农耕社会，人们因对自然要素和自然现象的恐惧、依赖、敬仰，形成自然崇拜心理，大山崇拜、巨石崇拜和灵石崇拜等均是人们借由自然物象表现对自然敬畏的表现方式。

2.2 寄情山水的魏晋时期

魏晋南北朝是中国历史上一个百家争鸣、思想活跃的高峰期，私家园林异军突起，文人名流和隐士出于对"归园田居""山居"的精神追求[1]，大兴造园，园林形式更为丰富，更讲究园居满足园主人的物质追求和精神追求。[2]此时各类石头已开始作为造园重要材料，所用之石已十分讲究，赏石文化注重于视觉感官体验。此时还没有发现记载英石使用情况的历史文献。

2.3 初入诗画的唐朝时期

唐代土地制度改革，朝廷限制豪强大族兼并土地，让更多的高官文人通过官方分配、垦荒等方式获得土地，为造园盛行创造充分的条件。造园历程以及造园相关的叠石技艺与过程、与园林造景相关的审美原则引发诗词创作，而在园居生活之中，园主日常观赏石景、邀请同好游园、雅集等

图2 （唐）阎立本 职贡图 绢本 61.5x191.5"台北故宫"藏

活动，与赏石相关的题诗作画更不在少数。著名的《职贡图》（图2）是唐代外国及中国境内的少数民族向中央皇帝进贡的图画，体现唐代偏好形态奇特的赏石审美取向。

2.4 赏石发展的宋代时期

宋朝赏石文化以及相关的绘画、诗词艺术达到鼎盛，这与宋徽宗爱石成痴不无关系。现置杭州西湖江南名石苑的著名古英石绉云峰（图3）就是北运京城时在江浙一带流失的"花石纲"遗石之一。后人往往自喜于获取一鳞半爪之艮岳遗石或以得花石纲漏网之物而为荣[3]，可见艮岳石之价值，也从中可观赏石痴迷的热潮。宋代文人当中，爱英石以米芾、苏轼、陆游等最为知名，他们创作了大量的诗词，记录他们与英石生活的点滴，并对英石赏石审美标准进行探讨，对后代英石审美标准影响至深。

2.5 追求怪异的元朝时期

元代赏石艺术整体发展处于低谷，造园活动同处于低潮，关于赏石的记载非常零碎。低迷的环境下，御苑建设多仿北宋东京园林，所用石多为艮岳之石，其中的英石就被灵活使用起来。现存北京故宫御

图3 艮岳遗石绉云峰 赖展将.中国英德石[M].上海：上海科学技术出版社.2008: 57.

花园御苑赏石中，存有大小不一的观赏英石作品（图4）。元代把玩与宋代相比，奇石品赏大多沿袭宋人观念，但更加追求张扬与怪异。此时与奇石相关的作品记录亦相对匮乏。

2.6 再次繁荣的明清时期

明朝开始，岭南地区在经济上的繁荣促进了对外文化交流频繁，社会的安定繁荣带动造园活动进入新的高潮，赏石文化与园林叠山置石的风气到明朝后期尤为盛行。上至皇家园林，下至文人私宅，几乎"无园不石"，在明代绘画中，广东绘画史上最早有画迹传世的明代画家颜宗，画下了广东现存最早的古典绘画作品《湖山平远图》（图5）。这幅画直观展现了明代时期岭南地区的丘陵山水风貌，通过与今天英德的山水地貌相比（图6、图7），具有极高的相似性，也许描绘的正是岭南特有的英石山水风貌。

英石在清朝被定为全国四大园林名石之一，朝廷持续甄选精美英石进

图4 曲云 赖展将.中国英德石[M].上海：上海科学技术出版社.2008: 58.

图5 （明）颜宗 湖山平远图（广东博物馆馆藏）

图6 英德望埠镇远山（赖洁怡 摄）

图7 英德冬瓜铺山势（林志浩 摄）

图8　梁园"十二石斋"（刘音　摄）　　图9　"狮山"赖展将. 中国英德石[M].
上海：上海科学技术出版社 .2008: 85.

宫，英石的使用不断增多，记载也更为详尽。而与明人多承袭宋说有所不
同，清人赏石颇有新意，其明确提出了峰与石同形的观点，即英石是英德
山峰地貌的反映，如广东屈大均《广东新语》所言"大英石：大英石者，
吉乎英德之峰也。英德之峰，其高大者皆石，故曰大英石"，为近代地理
学的缩影[4]。造园方面，因地域环境和交通因素，岭南地区造园也多用英石。
清末岭南四大名园东莞可园、顺德清晖园、番禺余荫山房、佛山梁园以及
福建等园林中，都选用造型丰富的英石作为主景（图8、图9）。

2.7 文化碰撞的近代

近代的英石文化发展也多与岭南文化艺术和造园活动相关。在岭南地
区近代初期的传统绘画中，番禺的居巢、居廉（并称"二居"）笔下的石
多满足"皱、瘦、漏、透"的特点，作为留存数量较为丰富的岭南赏石画作，
对研究英石赏石文化与岭南地域文化具有重要的意义。（图10）除传统绘
画外，"外销画"盛行拓展了石在绘画中的表现形式，也推动了赏石文化
的"外销"（图11、图12）。广州同期远销海外的外销品，如广彩、广绣
等，也发现富有岭南特色的山水风貌和园林活动。随着各类工艺品走出国
门，潜移默化之中传播中国传统文化、中国山水文化与赏石文化（图13、
图14）。

除了本土绘画和造园的发展，英石对外贸易逐渐增强。18世纪以后，
随着中国造园艺术在欧洲传播，在英、德、法等西欧国家的宫廷、富人花园、

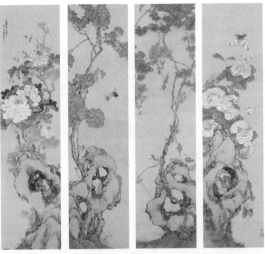

图10 （清）居廉－花卉四屏纸本 100x25.5

图11 1914年蓝色蚀花玻璃
人物画 广州美术馆藏（刘音 摄）

图12 十三行行商所建花
园中的"百花亭"园景（图片
来自网络）

图13 广彩描金开光
山水纹盘 广州美术馆藏
（刘音 摄）

图14 广彩开光人物
纹灵芝耳瓶 瓶身 广州美
术馆藏（刘音 摄）

官邸中常见以英石为原材料的叠山、石拱门、亭基、喷泉装饰等，例如德
国歌德设计的魏玛自然风景园、英国斯道维园林、派歇尔园林、法国丹枫
白露园林等[5]。在外交上，英石也曾作为礼物送往国外。

2.8 多元发展的现当代

改革开放以后，造园以公共园林建设为主重新进入新的高潮。在老一
辈的工匠师傅和现代建筑与园林设计师的共同努力下，岭南地区出现泮溪
酒家"苏东坡游赤壁"（图15、图16）、白天鹅宾馆"故乡水"等许多优
秀的园林英石作品，英石传统与技艺得到了进一步的传承与发展。

近些年，随着物质生活日益丰富，人们重新审视当下生活状态，回归

图15 泮溪酒家壁山"苏东坡游赤壁"
建成初期 夏昌世,莫伯治.岭南庭院[M].北京:
建筑工业出版社.2008: 214.

图16 泮溪酒家"苏东坡游赤壁"
现状（邱晓齐 摄）

传统文化生活追求，对英石的把玩与观赏在古人基础上有了新的传承与发展。英石盆景和假山除遵循"皱、瘦、漏、透"的基本原则外，在当代造园之中根据场地环境赋予英石以山水意境，满足"可行、可望、可居、可游"的传统山水观念，山中景观多样，多面空间丰富，给人以真山林质感，还原传统以石山见山川的自然精神寄托（图17、图18）。

3. 英石赏石文化历史源流及特征

英石赏石文化在中国赏石文化传统背景之下，从先民的自然崇拜、魏晋南北朝的寄情山水，到唐宋的文化高度发展，经元朝低潮至明清进入英石赏石文化发展的巅峰，发展到近现代，英石赏石文化承载着对外文化交流的作用。英石赏石文化历经千年发展，凝聚着中国山水文化、园林文化、

图17 重庆市清远园假山 丘声武、邓
卓献作品 （英德奇石协会提供）

图18 粤剧艺术博物馆假山（郭景摄 影）

文人文化传统的精髓，从古至今仍然保持着旺盛的生命活力。

表 1　英石赏石文化历史源流简表

年代	年代背景	赏石与时代特色	英石赏石历史
秦汉以前	自然崇拜功能型园林	石材从使用工具向装饰型工具转变；后期受儒家"君子比德"影响，石由此更具有精神性	无专类记载
魏晋时期	寄情山水百家争鸣景园文化	人们多赏表面有色彩的石头；造型奇特的石头并未成为观赏对象；园居文化影响赏石文化内涵	无专类记载
唐朝时期	诗词涌现宫苑园林和私家园林兴起	赏石文化逐步兴起；诗词绘画创作贯穿赏石造园和赏石的全过程，被记录者以太湖石为主；人们赋予赏石文化更多的人性特色	开始出现专门描写英石的诗句；画作中开始出现造型奇特的石头
宋朝时期	社会经济、文化发展全面繁荣交通网完善	宋徽宗兴建艮岳，在江南设局广纳奇石异木，引领赏石文化潮流；以太湖石为首的造型奇石成为新宠；诗词绘画和造园艺术的发展进一步促进石材运用，赏石的方式更为多样	皇家园林和私家园林均开始使用英石；各类书籍开始专门记录英石的各项属性；米芾、苏轼等文人玩石推动英石文化发展
元代时期	整体发展低迷	造园活动减少；赏石追求张扬与怪异；赏石史料记载相对缺乏	英石被列为四大名石之一，成为"文房四宝"之一。继续作为贡品上交朝廷
明清时期	社会经济、文化全面恢复，再次繁荣	"名园以叠石胜"的理念影响各类园林奇石的使用；除了出现各种以石为景的大小园林，以赏石为主题的诗词创作也与日俱增；赏石标准基本沿袭宋朝，奇石记载的模式和内容与宋朝的类似，但所记录的石种更为和丰富，内容更为详细	英石入选中国四大园林名石之一，继续作为贡品上交朝廷，且更讲究色泽和声响；记载英石的书籍的数量和种类更多；英石广泛参与各种造园活动中；持续作为贡品上交朝廷，造型更为多变
近代	中外文化交流	接触并吸收了西方文化特色；奇石作为政府礼物送给外国使节；各类奇石出口国外	英石绘画艺术作品受西方影响，更为写实；出口到海外用于公共园林和私家园林建设；对外贸易与交流
现当代	传统文化复兴	赏石文化向自由和多元化的方向发展；赏石更加讲究奇石石质、造型和寓意，玩赏趋于多样化；造园复兴	重新解读英石"皱、瘦、漏、透"；英石应用更为丰富；对外贸易与交流

4.英石赏石文化发展现状与未来

自宋代开始，英石赏石文化与太湖石同样，一直与中国山水文化、园林文化与文人文化传统有着千丝万缕的联系。英石的赏石文化研究却由于历史文献与图像资料的片断化与碎片化，一直缺乏系统的梳理与研究，更缺乏一手的记录，因此民间多言英石之美，但相关研究只言片语，也因此无法完整、全面与客观地评价英石赏石文化作为中国赏石文化组成部分的重要价值。

英德地区的英石产业经过新中国成立后几十年的发展，已经形成完善的产业链条与市场业态。近几年来，英德地方政府与英石行业也越来越认识到英石赏石文化传统的保育工作，逐步形成对英石资源保护性开发的共识，也越发关注英石赏石文化历史研究、英石园林盆景与假山技艺的保护传承等。英石赏石文化作为岭南地区独特的山水风貌与地域文化的缩影，凝聚着中国山水文化、园林文化与文人文化传统的精髓，应该成为岭南地区、中国乃至世界自然和文化遗产重要的保护对象。

参考文献

[1] 周维权. 中国古典园林史 [M]. 第 3 版. 北京：清华大学出版社，2008：169.

[2] 徐淳理. 美学视野中的中国古代园居生存 [D]. 山东：山东师范大学，2007：3.

[3] 朱育帆. 关于北宋皇家苑囿艮岳研究中若干问题的探讨 [J]. 中国园林，2007（06）：13.

[4] 丁文父. 中国古代赏石 [M]. 北京：三联书屋，2002：100-101.

[5] 梁明捷. 岭南古典园林风格研究 [D]. 广州：华南理工大学，2013：82.

注释

部分原文发表于《广东园林》2017 年第 4 期 Vol.39 总第 179 期。

英石假山技艺的传承与发展
——以英石峰型假山为例

◎ 李晓雪　陈燕明　邱晓齐　邹嘉铧

1.英石叠山技艺概述

岭南地区盛产英石，有着源远流长的英石赏石文化传统。早在宋代，英石就在全国范围内带动了玩赏风潮，并在造园中大量运用。但由于缺乏关于英石叠山技艺的历史文献记录，更缺乏对于叠山匠作的一手记录，使得目前专门针对英石叠山技艺的研究仍多停留在审美与艺术风格层面。加上假山审美也往往具有主观性，缺乏相对客观的评价标准，也使得对叠山技艺水平的评价一直缺乏相对客观的标准。归根结底的问题是没有研究清楚不同石质材料的叠山技艺核心的技术特征与技术经验。

本文试通过实地口述访谈多位在英石之乡——英德多年从事英石叠山一线操作的匠师，借助匠师在工程现场实地操作记录、手绘草图讲解、现场动手拆解流程等方式，详细记录英石叠山从获取材料、场地设计到现场假山堆叠的全过程。通过匠师口述技艺结合文献研究，梳理英石叠山技艺流程与技术特征，以期在未来随着研究的深入真正寻找到英石叠山技艺的核心技术特征与核心价值，为英石叠山技艺的保护与传承打下基础。

2.英石峰型叠山技艺流程

英石叠山类型根据山型与用石特点主要可分为峰型、壁型、置石三种（图1—图3）。英石叠山中的峰型假山是对自然真山的传移摹写，更能体现英石叠山技艺的技术水平与匠师能力，因此本文以英石峰型假山为例，着重记录研究英石峰型假山在当下设计、堆叠构筑与施工的全过程。英石峰型假山的堆叠过程一般也从骨架开始，完整的技艺操作流程主要包括：

图1　峰型叠山（陈燕明 摄）

图2　壁型叠山（邱晓齐　摄）

图3　置石 赖展将.中国英德石 [M].上海：上海科学技术出版社.2008: 57

相地设计、塑模、选石、立基、分层堆叠、镶石、勾缝、养护、清场等多个步骤。

2.1 相地与设计

相地，即察看园址，分析空间环境，以便根据地形地貌进行设计和分工，正所谓《园冶》所说"相地合宜，构园得体"。相地时，应尽可能保留自然水源根据场地进行水体设计，疏通水路，还要保留场地古树名木，同时与庭园建筑、位置和室内的视线等相适应[1]。匠师在相地阶段，一般会根据场地平面形状和山石观赏面特征来确定叠山类型与主景假山的位置，整体考虑假山的山水关系。而在相地初始，匠师便在头脑中对选石的造型特征有了基本想法。

以私宅庭院的英石叠山为例，按照假山堆叠位置不同，一般有四种不同的场地平面特征，场地类型不同会直接影响匠师的叠山选石、山型设计与技术手法。第一，带状场地叠山带状场地叠山一般组织成一系列多组的观景单元，其中将分隔出来的最大的空间作为主景，山峰的大小随着空间大小而变化（图4）。第二，靠墙面叠山，要将庭园中做假山的位置正对建筑物，主峰应位于主观赏点视线中心靠左的位置，主峰为整体构图中的最高部分并向内凹进，旁边配套小峰作为衬托，与主峰遥相呼应（图5）。第三，庭园角落处的假山，山势的展开排布一般要根据园路走向来确定，

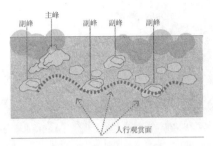

图4　带状场地平面构图（邱晓齐　绘）　　图5　靠墙对建筑场地构图设计（邱晓齐　绘）

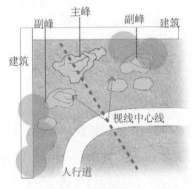

图6　角落场地平面布局设计（邱晓齐　绘）

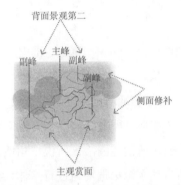

图7　四面客观景观示意图（邱晓齐　绘）

主要观赏面正对建筑物的主出入口或人行方向，山形走势顺园路横向展开（图6）。第四，四面可观的场地叠山，一般在构图上首先要确定最主要表达的主观赏面，主峰、副峰在平面上接近品字形的布局，之后要处理山体背面，为突出观赏面的主次关系（图7）。

2.2 塑模（制模）

相地之后，匠师对山型有了初步 想法。有些匠师会根据工程大小手绘勾画草图与客户沟通假山效果。对于大型工程中的假山也会用真实石材或雕塑泥按比例缩小做山体模型（图8）。近几年，园林项目更多是借助电脑效果图与业主进行沟通。

2.3 选石

许多匠师在相地阶段已经基本构思好山型与选石材料特点，一般在石场现场选石，也会根据项目需要直接去英德石矿中现场选石、采石。

选石是按不同叠石风格、景观布置和造型要求对石头进行初步筛选的过程。作为已明确场地要求的相石，要按假山设计的需要对石料观察、分析、研究、归类，挑选最适合场地实际的石头，充分发挥石料的特性（图9）。必须考虑石料符合所叠假山在场地设计、风格、造型、功能、结构、耐压承重、特殊造型及部位（如拼峰、洞口、结顶、悬挑、垂挂、发拱等）对山石形、纹、色、运输、人工搬抬等多方面的要求[2]。有匠人言道，相石像人化妆一样，不是质地好就漂亮，要根据假山的不同部位选用不同的石（图10）。

2.4 立基

石头进场后就正式进入叠山现场施工。峰型叠山要首先做好基底。不同假山体量、山石摆放位置与地质条件都会对基底有不同的要求（图11）。根据初期设计的山石排布，要估算整体石组的单方重量以及各支点的地质情况，再决定基石基础的结构类型。基石与下沉坑底部要用水泥粘接，既防止由于场地基础变形导致山石局部下沉发生结构变化而造成危险，又要防止假山歪斜扭曲，

图8　匠师现场制作假山模型
（李晓雪　摄）

图9　掰动判断石头硬度
（邹嘉铧　摄）

图10　叠山现场图
（丘声考匠师提供）

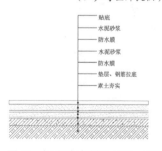

图11　假山池底剖面示意　邓建党匠师口述（来源：作者自绘）

确保假山基面的统一性。

2.5 分层堆叠

做好基底之后，就要进入最为关键的堆叠流程，主要分为石头堆叠、压石咬合与固定粘接三步。

英石假山是由不同的石头层次组成，肌理与层次表现对假山的整体造型艺术效果表达至关重要。由于英石石头材质表面多缝隙、棱角，不同石头层次的组合关系还起着叠压、咬合、穿拉、配重、平稳等结构功能。石头层次组合关系一般可分基础层、中间层、发挑层、叠压层、收顶层等，尤其是中间层起着连下托上，自然过渡的作用（图12），一石一式都对整体造型有直接的影响，在堆叠过程中要同时预留植物种植槽。山石组合是一个整体相互作用的系统，在定型之前需要先考虑内部石块的挤压受力关系，每一块石头都受到周围石块的挤压固定，同时又卡紧周边的石头，师傅们称之为"做角"（图13）。

如果是小型假山盆景，则在山石组合的两块石头粘接面上直接打上水泥，并用钢丝固定（图14）。如果粘接面不平整需使用锤子进行局部的敲击加工（图15）。小型假山盆景中使用净水泥，大型假山粘接则以一包水泥、半斗车砂的配比来调制，水分要控制少，调成黏稠状，确保黏性，并避免水泥渗漏弄脏盆底或下方石头，水泥中可以适当混墨汁来保证颜色与英石接近融合（图16）。在叠山施工的过程中，还需要借助竹棍支撑来确保结构牢固，最后依靠水泥的黏合，必要时还要使用钢筋拉结与水泥砂浆或混

图12　石头叠压固定（丘声考匠师提供）

图13　做角（邹嘉铧　摄）

图14　钢丝固定石头
（邹嘉铧 摄）

图15　敲石头
（邹嘉铧 摄）

图16　水泥加墨汁
（邹嘉铧 摄）

凝土辅助，加强石头之间的咬合及加固。

2.6 镶石拼补

镶石拼补是叠山细部加工的重要环节，起到保护缓冲垫层的作用、连接、勾通山石之间纹脉的作用。镶垫石则具有承重和传递重心，增加结构强度的功能。在什么位置需要镶石，主要看大石块衔接处的水泥灌浆孔洞的大小，当孔洞较大处理痕迹较为明显时就应进行镶石处理。选石大小约为缝隙两侧的石块体积的一半左右，要与两侧石块纹路自然衔接，组合的山势应顺应落差。

2.7 勾缝、着色

勾缝着色也是在整体山型完成之后进行细部加工的重要环节（图17）。勾缝需经过洗石、促浆、配色、紧密、干刷、湿刷、养护八道工序[3]。匠师一般运用水、水泥、墨汁调成色浆后直接刷在未干的拼接缝上，是一种比较理想的做法，经吸附干燥后可保持多年不褪色，勾缝的色度一般都要与山石色泽接近。勾缝着色后，必须连续喷水养护，才能有效地增加水泥

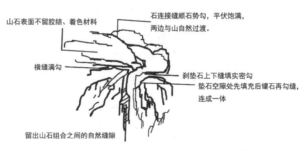

图17　留出山石组合之间的自然缝隙做法（来源《假山工》）

的凝结程度和石山的强度，同时减少水泥缝泛色。

2.8 调试清场

整座假山完成之后，还需要用水泥砂浆或混凝土配强，按施工规范进行养护，以达到结合体的标准强度。水池放水后对临水置石进行调整，如石矶、步石、水口、水面的落差及比例等。所有环节完成后，叠山场地的清场也必须遵守一定的顺序，以保安全。假山施工的清场不等于一般的清扫，还包括覆土、周边小峰点缀、局部调整与补缺、勾缝收尾、植物配置、放水调试等，由此才完成全部叠山过程[4]。

3. 英石叠山技艺的传承与现代发展

3.1 传统技艺价值观念与经验依然沿用

英石叠山技艺随着现代技术的发展和大型设备的辅助，采石、运输与叠山技术实现水平已经比传统有了长足的发展。但叠山传统价值观念与技术经验依然发挥着重要作用。在价值观念上，传统风水观念依然影响着英石叠山技艺。匠师在叠山相地定位操作中依然遵循中国风水传统，从主峰的位置到石组的组合关系都注重风水布局，特别在私人园林叠山中更为注重。在技术经验上，传统方式也依然在发挥作用。在采石与运石过程中，在一些陡峭的山体部位，钩机和吊机无法进入的山区，传统的采石与运石方法也在发挥作用，以人力背石并借助传统木架滑车、辘轳起重、滑轮等传统方法解决（图18—图21）。

3.2 现代技术促进叠山水平发展

图18 移石图（来源 日本明治刊《竹山庭造传》）　图19 起重机器（来源 明《远西奇器图说录最》）　图20 轮盘起重（来源 明《远西奇器图说录最》）　图21 钻辘起重（来源 明《远西奇器图说录最》）

现代技术的发展极大提升了英石叠山的工程效率。机械动力的发展使采石、运石与堆叠效率大幅度提升，同时也使得叠山从人与石的二元关系，变成人、机、石的三者结合[5]。现代技术的发展也提升了英石叠山体量与技艺水平。大型设备介入使得大型叠山成为可能，一些大型工程可在地下架空的地面操作上千吨的英石叠山，这在古代是不可想象的。技艺的发展实际上也影响了英石叠山技艺的造型体现、风格特色以及叠山匠师的技艺水平。

4. 总结

英石叠山作为中国传统园林造景的重要组成部分，其技艺传承所反映的不仅是技术经验的沉淀与积累，更关系到中国山水文化与造园技艺的传承与发展。英石叠山技艺，由于英石本身的石质材料特性所产生的技术特征、英石不同叠山类型的不同技术特点与不同山型造型的关系，技术发展带来的技艺水平、假山风格变化的具体表现、成因与影响仍需要未来更多的匠师口述与实操进行更加深入地研究。更为重要的是，与英石叠山技艺的传承与发展最直接相关的一线操作的叠山匠师，他们习得技艺的经验历程、技术能力与审美水平、匠作传承组织形式等都直接影响着英石叠山技艺水平的发展，而关于英石叠山匠作体系与传承机制的研究才刚刚起步，仍有大量的实地口述研究工作需要持续展开。

［特别鸣谢叠山匠师（排名不分先后）：邓浩巨　邓建党　邓建才　邓达意　邓帅虎　邓能辉　邓志翔　丘声考　丘声耀　丘声仕　余永森］

参考文献

[1] 梁明捷 . 岭南古典园林风格研究 [D]. 广州：华南理工大学，2013.

[2]-[4] 莫计合，陈瑜，邓毅宏 . 假山工 [M]. 广州：广东省出版集团新世纪出版社，2009，45-50.

[5] 冷雪峰 . 假山解析 [M]. 北京：中国建筑工业出版社，2014：58.

注释

部分原文发表于《广东园林》2017 年第 4 期 Vol.39 总第 179 期。

英德英石叠山匠师传承历史与现状

◎ 李晓雪　钟绮林　邹嘉铧

1.引言

中国历代造园都以山水为骨架，以山林意境为追求。叠山、理水一直是造园的主要手法，它与中国园林相伴始终。从这个意义上讲，中国园林叠山的历史几乎和造园的历史一样长[1]。

在最早有关英石的记载文献宋代陆游《老学庵笔记》中，记录当时广东英德出现了"专以取石为生"的"采人"，即现在的"石农"。到了清代之后，英石开发逐渐产业化，英德设有数间经营英石商店，甚至还出口到西欧的国家用于园林营造或缀景。清道光年间，盛产英石的望埠镇建制，称为英石乡。清代陈淏子《花镜》中对英石盆景制作环节与技巧做了详细论述，说明当时英石叠石盆景已相当普遍并具有较高水平[2]。但一直以来，关于英石叠山匠师的历史资料极为缺乏，英德英石匠师传承谱系近几年由地方学者进行梳理，根据《英石志》记载英石叠山盆景传承最早可追溯至清朝道光年间何永堂，其间记录53位英石叠山盆景工匠。[3]本文通过文献调查法与田野调查法对英德叠山工匠传承历史进行简要梳理，归纳总结当下英德叠山工匠内部发展、技艺传承的模式等，进一步分析英德地区叠山工匠与叠山技艺的关系以及对园林造景艺术的影响。

2.英石叠山匠师的传承现状

2.1 英石叠山匠师来源与组织形式

根据调研访谈以及资料收集的数据显示，英德英石叠山匠师以及石农主要来源都是英德望埠镇。民间有一种说法，广东叠山找英德，英德叠山找望埠。望埠镇的叠山匠师遍布全国，足迹遍及珠江三角洲、上海、四川、浙江、新疆等全国各地乃至海外。

　　英石叠山匠师们多数由于项目临时组建成一个班组，以亲属同乡为主，班组成员之间缺乏固定的师承关系。由于地缘关系以及区域文化特色，英德市从事叠山工作的人口基数大，叠山工匠们在针对不同工程组建团队的时候人员选择范围较广。叠山匠师根据技艺水平与经验形成班组内部分工的级别，经验丰富的师傅们通过带着班组进行实战操作，训练出一代又一代的优秀匠师，新一辈的匠师出来之后又形成了新的班组，产业组织就这样不断扩大。

2.2 英石叠山匠师与技艺传承

　　英石叠山匠师技艺传承中，亲缘传艺占据较大的比重，往往一家人或一个村民小组中就会形成一个施工班组，技艺的传授方式依然是口传身授。由于社会环境的影响，不同时期的匠师对叠山技艺的研习与理解也随着时代不断发展。20世纪六七十年代，在农村生产队工作机制和当时的社会环境之下，匠师的主观能动性受到限制，仍主要以石头挖掘、运输与简单的叠石操作为主。随着改革开放，市政园林建设越发受到重视，有更多机会开始与专业的建筑、园林设计师合作，参与到大型园林建设工程与园林博览会建设之中，这些活动提高了当时英德英石匠师对叠山技艺的认知与理解，也在对外交流与工程项目之中逐渐从叠山、理水、植物配置整体性上全面考虑叠山技艺的实施，使得英德英石匠师的个人技艺"艺"的能力不

图1　家用鱼缸英石置景（来源网络）

图2 英西中学壁挂盆景搭配绘画材料全新创作（李晓雪 摄）

断提升。

在"走出去"和应对市场需求的过程中，当代的匠师们也发现了英石叠山技艺未来传承和发展的更多可能性，除了英石在传统山石盆景与园林工程中使用之外，也开始思考英石的保护性开发与利用。比如将英石小块构件石带入寻常生活之中创作工艺品，在家用鱼缸的水下盆景中使用英石置景（江浙一带称为"青龙石"）（图1），搭配绘画材料的壁挂盆景（图2）等，匠师在不断思考创作中提升技艺，也让英石叠山技艺跟随时代潮流有了进一步的发展。

3.英石叠山匠师的生存现状与发展困境

3.1 英石叠山匠师的职业现状

英石叠山匠师的职业发展现状主要存在职业角色分化、价值认同转变和传承方式发展的特点。至今，英石产业早已形成了相石、采石、运石、销售、园林工程完整的产业链。传统工匠职业角色由传统多元一体的集合状态逐步走向专职、专业、专向分化状态[4]，英石叠山的产业链运作也愈加成熟。

现代叠山匠师从事叠山多以经济收入及个人发展为出发点，对传承的价值感与责任感除了家族关系之外，往往与匠师个体对自我职业角色认同与职业价值追求的自主性有很大关系，这也是造成匠师流动性、自主性大的原因之一。仅将叠山技艺作为谋生的手段，而不能从实践中反思与提升技艺，有传承人认为匠师如果仍持有这种观念，"做得再好，这个（匠作）体系基本还是处于一个被遗忘的角落"。

英德英石叠山匠师整体文化水平不高，多以亲缘传艺及师傅口传身授，在实践中耳濡目染积累经验为主。近几年，随着国内传统文化复兴，传统造园的市场需求日益增加，使得园林叠山工程也增多，部分叠山匠师的子女在受过正规教育毕业之后回归英德，跟着父辈从事石头产业，出现了所谓的"石二代"，为传统石头行业注入了新鲜血液，在传统技艺的家传过程中以新的视野开展产业转型，为传统行业带来的变化仍需持续地关注与记录。

3.2 英石叠山匠师的发展困境

英石叠山匠师的发展主要存在四个方面的问题。第一，叠山匠师的组织形式影响技艺价值，匠师仅将叠山作为经济收入的来源，自身定位仅为叠山环节中的操作者，没有意识到英石叠山作为技艺的传承价值。第二，叠山匠师的社会认可程度不高，在社会地位与价值认同方面仍缺乏应有的认同与尊重。第三，叠山匠师的文化素养不高，目前英德的叠山匠师，大多数在青少年时代是石农背石头出身，接受的文化教育有限，加之部分匠师仅作为叠山施工某部分环节的操作者，并不具备传统叠山匠师的主动性和创造性，也使得部分匠师叠山艺术性也随之有所降低。第四，匠师缺乏相应的培养机制，家族传承以及师徒传承仍是现在英石叠山技艺传承最常见的传承方式，至今匠师培养依然多以传统方式为主，对于英石叠山匠师现有能力水平与发展的培养十分缺乏相应权威部门的资质认定。

4.未来英石叠山匠师的保育方向

要应对英石叠山匠师的发展困境，首先应从机制上入手，通过政府、行业与学界的共同努力，应对匠师的组织现状与能力水平探讨可行的评定方式来认可叠山匠师的技艺水平。从行业生态发展角度，对于英石技艺发展的新兴方向与发展趋势应给予及时的关注与扶持，鼓励匠师创作与发展，并平衡与传统产业模式的关系，从而实现传统与新兴的合作共赢，从行业生态保护层面为工匠提供良性的发展环境。

从匠师个人发展与培养角度，地方政府、行业、社会各界及研究教育机构应以英石叠山技艺的保育传承为出发点，为匠师的自我提升提供良好的交流平台。加之由政府、行业与学界共建良好的培养体制，英石叠山技艺才有可能实现真正的可持续发展与传承。

［特别鸣谢以下匠师（排名不分先后）：邓浩巨　邓建党　邓建才邓达意　邓帅虎　邓能辉　邓志翔　丘声爱　丘声考　丘声耀　丘声仕］

参考文献

[1] 王泉勇 . 浙江传统园林掇山置石研究 [D]. 浙江：浙江农林大学，2015.

[2] 赖展将，林超富，范贵典 . 英石志 [M]. 英德：政协英德市文史资料委员会，2007：82.

[3] 赖展将，林超富，范贵典 . 英石志 [M]. 英德：政协英德市文史资料委员会，2007：169-171.

[4] 李晓雪 . 基于传统造园技艺的岭南园林保护传承研究 [D]. 广州：华南理工大学，2016.

注释

部分原文发表于《广东园林》2017 年第 5 期 Vol.40 总第 180 期。

英德英石产业现状与发展研究

◎ 陈燕明　巫知雄　林　云

广东省英德市作为英石的主产地,从北宋开始就出现了开采英石的"专业村",至清代英德市望埠镇曾一度被称为"英石乡"[1]。从古至今,这里的市镇发展都与英石文化的兴衰密不可分。历经千年发展,如今英石产业有较完善的产业链条与强大的发展潜力,依然呈现出多方面的发展优势。改革开放之后近二十年来,英石产业发展总体趋势正由迅猛发展到慢慢趋于平稳。目前,英石产业发展逐渐面临着诸多问题与挑战。英石产业如何突破这些瓶颈、提升文化价值和经济价值,并在当代的活态保护中焕发生机,推动当地社会、经济与文化的可持续发展,关系着英石文化遗产的未来走向。

1.英德英石产业发展历程

英石产业在历史上主要经过三次大的开发热潮,与经济发展有密切的关系。只要处于经济发展高速时期,势必伴随着英石的大量开发利用。第一次开发热潮始于宋朝。北宋时期,英德经济相当发达,撤县建州,商税居广东第二,仅次于广州,这跟英石的开发利用密不可分。第二次开发高潮是明清时期。当时出现多部论述英石的著作,如《园冶》《素园石谱》《广东新语》等,英石在清朝更是被定为全国园林名石之一。从18世纪开始,英石更成为对外贸易的重要资源,英、法、德等西欧国家从广州购运英石回国。第三次开发高潮出现在20世纪特别是改革开放之后,经济的迅速发展带来赏石文化的空前繁荣,英石需求量日益增加,英德市抓住了英石开发利用的大好机遇,让英石产业走上高速发展的道路[2]。

2.英石产业市场特点

如今在英德市市域范围内,英石产业的市场主要分成两部分:一部分是园林景石市场，另一部分是几案石市场。园林景石市场自1996年首届广东省英石展销会后开始兴起，发起于英德市望埠镇同心村和沙口镇冬瓜铺村。之后由同心村和冬瓜铺村村前村后的零星石档，迅速向英德市中部的英阳公路（S347）、英曲公路（S253）两侧转移。至2007年，英德的园林景石市场以这两条公路为依托，形成累计长度达40 km的"Y"字形的奇石展销长廊[3]。至今，以英德市的大站镇至沙口镇的冬瓜铺村，以及望埠镇至英山脚下最为密集（图1）。这些个体经营石场以英石为龙头经营项目，兼营国内各类园林景石，并承接各类园林景观的设计与施工，成为中国南方最大的园林景石集散地、全国最大的英石集散地和英石文化交流中心。几案石市场发起于2003年7月，由于市区赏石玩家需求增加，玩家的赏水平迅速提高，藏石量迅速增加。到2017年，沿英德市区茶园路至教育西路、接仙水路形成了100家奇石门店以上的"Z"字形的奇石街（图2）。受英德市区几案石市场的影响，望埠镇也逐步形成了奇石门店一条街。

英石产业除了英德本土市场，更拓展至全国乃至世界。英德外地从事英石销售和英石园林设计施工的队伍比较集中在珠江三角洲一带。其中以东莞为最，几乎遍及各镇，从业艺人数以千计。不仅销售英石，还承接英石园林工程。除了珠江三角洲，英石的国内市场更是在上海、杭州、江浙一带发展良好，亦有很多英德市望埠镇人在那里开设石场公司。还有一部

图1 现阶段英德奇石展销长廊示意图
（来源：作者自绘）

图2 现阶段英德几案石奇石街示意图
（来源：作者自绘）

分市场在北京、河北、山东青岛等北方地区。更有英石通过外事交流、企业合作、互联网电商等方式销往中国台湾、韩国、马来西亚、美国等地。

3.英石产业体系

英石产业如今基本形成了英石开采、英石销售、英石园林造景、英石文创等相对完善的产业链条。在英石开采方面，主要形成了望埠镇英山、百段石、沙口镇冬瓜铺等主要开采基地，但为了英石产业未来的可持续良性发展，避免出现类似太湖石的资源耗竭现象，2016 年 11 月，英德市有关部门开始有意识地限制私人私自开采英石，力图规范采石市场，完善采石管理条例。在英石销售方面，则大多是以工程景石为主，应用于园林工程施工方面，少部分为几案石及其他类型观赏石。无论是传统经营还是互联网销售，主要销往珠江三角洲一带，如广州、东莞、佛山等地；部分销往江浙一带，如上海、杭州、嘉兴等地；一小部分销往海外，如韩国、马来西亚、美国等地。

除了传统园林造景之外，随着经济繁荣与时代发展，英石市场需求也在发生转变，英石产业销售的观念也在发生变化，开始出现英石的创新发展方向。如英德市英西中学的课题组老师以学校教学为基础，带头创新研发了英石壁挂式盆景和英石浮雕画等新产品，这些产品还没有正式推向市场就受到公众与小部分顾客的追捧。而在上海、江浙一带的客户挖掘出英石的新价值，他们从英德市收购小英石，用于制作鱼缸内的装饰摆件和水族山水石景，并获得很高的市场价值。这些创新尝试都显示了英石产业新的发展潜力。

4.英石产业现状

4.1 英石产业的发展优势

英德英石产业近 20 年的大发展依然保持着良好的发展态势，但总体趋势由迅猛发展到现在的慢慢趋于平稳。首先，英石储存量大、资源丰富，这是英石产业发展的基础，让英石产业具有得天独厚的产业基础，英石已成为当今中国古典造园的首选景石。其二，便利的交通是英石产业发展的命脉。英德地区公路、铁路及水路都非常通达，使得英石的运输成本降低，辐射面加大，能运送到全国各地甚至世界各地，形成繁荣的商贸之路。其三，社会经济极大发展，孕育英石市场潜力，是英石产业发展的推动器。其四，传统文化的回归提高英石文化影响力，是英石文化传统复归的大好机遇，带动英石产业的发展。

4.2 产业现状存在问题

在英石产业良性发展的态势之下，英石产业依然存在瓶颈与挑战。其一，英石资源是非再生的，如对英石进行肆意开采势必造成英石资源蕴藏量的日益减少，从而带来产业枯竭。目前，英德英石产业主要存在着缺乏总体产业规划，在政府规划纲要里有关英石文化产业的内容，主要是基于外地研究机构的研究成果缺乏从总体上进行明确精准的定位及高远的愿景。其二，资源开采与销售不规范，大部分采石场开采混乱，拥有英石资源的村镇政府机构没有建立细致的资源管理办法，导致资源无序开采。英石市场基本上都是当地经营者自发形成，经营者几乎仍停留在单打独斗的个体经营状态，合作意识淡薄，市场无序竞争是突出现象，政府统筹管理意识仍未完全建立起来。其三，目前技艺传承方式主要以具有丰富经验的匠师在工程实践操作中现场教授为主，没有相应的教学体系和行业资格认证体系，政府和行业协会对匠师的培训及评级体系缺乏，更是缺少对技艺传承者有力的扶持与激励机制。这些状况势必造成英石技艺传承不足，甚至导致技艺水平的下降，从而致使产业发展后劲不足。

5. 对未来发展的综合考虑

根据上文对英德英石产业的现状分析，可见英德英石产业的未来发展要综合考虑以下几个方面：第一，加强政府主导，深度研究并制定英石产业总体规划，优化英石产业结构，促进产业升级，为下一阶段的长远发展提供依据和长足动力；第二，针对现有的产业状况进行梳理完善，出台有序的资源开发管理条例；第三，加强政府市场监督，完善市场流通体系，充分发挥行业协会的作用；第四，做好英石技艺的传承与保育工作，注重英石产业相关人才的培养。英德英石产业作为具有深厚的中国传统文化内涵与地域文化性格的特色产业，要保证产业良性健康的发展，必须秉持对生态资源与文化传统的尊重，给予更宏观的视野与理性的手段措施，以可持续发展的眼光重新审视英石产业的未来，才能真正实现对英石文化遗产的活态保护。

参考文献

[1] 赖展将. 中国英德石 [M]. 上海：上海科学技术出版社，2008：23.

[2] 赖展将，林超富，范贵典. 英石志 [M]. 英德：政协英德市文史资料委员会，2007：180.

[3] 赖展将. 走进英石 [M]. 英德：政协英德市文史委员会，2011：49.

注释

部分原文发表于《广东园林》2017 年第 5 期 Vol.40 总第 180 期。

英石非遗传承教育的新探索

——英德英西中学《英石艺术作为乡土美术教材的研究》课题历程与实践

◎ 谭贵飞 彭伙强 李晓雪 刘音 陈鸿宇

1. 背景

山石盆景是中国盆景艺术的重要分支，其制作的媒介载体、尺度和审美要求都随着现代人们生活方式与居住形式的需求在发生变化，艺术表达形式也应随着时代的发展不断探索创新。因此，在山石盆景制作的技艺传承与人才培养过程中，在尊重传统山石盆景创作的美学标准和技艺经验基础上，需要充分关注社会发展与生活。壁挂式盆景的兴起，在传统盆景抽象与凝练特色的基础上，将平面与立体结合、写实与写意融合，创造出富有立体感、画意生动盎然的艺术效果[1]。

2008 年，"英石假山盆景制作技艺"被列为国家级非物质文化遗产名录，作为英石主产地的广东英德，地方政府鼓励"非遗进课堂"，尝试将英石假山盆景作为美育和乡土教育的重要内容纳入中学教学体系之中。在此背景下，2014 年，位于英石之乡英德市浛洸镇，以培养艺术性人才为特色的全日制省一级公立完全高级中学——英德市英西中学的美术科老师们，在清远市教育局市级重点课题《英石艺术作为乡土美术教材的研究》的支持下成立课题组（以下简称"课题组"），将英石假山盆景的制作列入学校第二课堂，结合中学美育教育体系，探索出了适合当代英石山水盆景非物质文化遗产传承教学的新模式——"英石碟景制作"中学美术教学。在"英石园林造景技艺"于 2017 年评选为广东清远市级"非物质文化遗产"的鼓励下，场地、投入资金、交流与展览等方面得到各方大力支持，最终促进

图1　课题组授课课室（李晓雪　摄）

形成了"地方政府—行业协会—学校"协同推动的英石碟景艺术创作与美术教学相融合的新模式。

2.课题组传承课程的具体做法

2.1课程目标与内容

课题组共有9位老师，以英石传统技艺为教学手段，以英石盆景创作为课程载体，开展包含山水审美的常识教学与训练、底图构思和设计、制作实践、交流与点评在内的4个步骤的教学（图1）。山石盆景的美学原理与中国传统山水画论一脉相承[2]，通过山水审美的常识教学与训练，让学生能欣赏到不同类型的山水画作品和优秀碟景作品，引导学生能分析作品的构成要素、搭配形式等等；底图构思和设计，包括确定主题和布局设计两个环节，这个部分将直接影响作品的最终效果，是英石碟景制作教学的重点和难点之一；制作实践和交流点评，学生根据老师的指导按照步骤完成碟景作品，并相互交流制作感受和心得体会，共同进步。

课题组将英德独特的英石历史文化资源和英石特色，与中学艺术教学相融合，让英德本土学校的中学生通过英石盆景技艺的学习，不仅能够理解中国传统文化与艺术，加强美感教育，更能通过传承课程认识自己的家乡，增强乡土认同感。课题组通过爱石、治石、赏石、悟石，激发学生热爱学习、热爱美、欣赏美的热情，并期望为英石文化传承培养未来潜在的人才。

2.2 课程对象

参与课程的学生以高一、高二的中学生为主，有少部分是初中生。学生自愿报名，从高一中段之后开始以"第二课堂"的形式上课，正式的课堂学习时间为每周一节、一学期约15节。作品制作多利用课外时间，每逢对外展览和参赛创作还需要投入更多的时间。

目前（2019年），课题组的学生高一有35人，高二有33人。课题组要求学生一个学期至少要有1件作品，一般学生一个学期都有2-3件作品。英西中学每年5月举办全校艺术节，通过设立盆景比赛来激发同学们的创作热情，同时积极参加校外的展览活动，对外展示学生的作品，起到校内外同步宣传的作用。

2.3 课程盆景的研发历程

从2014年至今，课题组老师经过不断地思考，历经不同盆景类型的推敲与探索，逐渐摸索出更适合于中学生课堂操作的英石盆景创作形式。

最初，课题组以传统树木盆景创作为基本内容，并在学校的支持下，课题组在学校建立了树木盆景园（图2），用于课题组的授课和盆景制作实践。但由于树木盆景的维护相对复杂，学生知识储备和实践经验要求高，且后续维护难，因此转向考虑应充分利用英德本地盛产的英石资源来进行盆景创作。

图2　英西中学盆景园（李晓雪　摄）　　图3　早期的英石山水盆景（邹嘉铧　摄）

最初的英石盆景探索始于2014年，充分结合英石特色，以一体大理石盆（后期使用粘合大理石盆）为底座，用水泥粘合堆叠英石块，配合细沙和真实的植物点缀，进行可四面观赏的传统山石盆景营造（图3）。但重量大、不易移动，且大理石底座的成本较高，不利于授课和学生操作。

图4　壁挂盆景
（带钻孔和铁丝）
（李晓雪　摄）

图5　半壁挂盆景
（邹嘉铧　摄）

2015年，课题组确定以壁挂类盆景主要研究方向后，开始了新阶段的创作。这一阶段的盆景介于传统山石盆景和壁挂类盆景之间，以白色瓷片衬底，尝试使用方盘和圆盘，底座为粘合大理石底座（后改进为粘合瓷片盆底座），植物也从真实植物过渡到尝试使用塑料植物。同时，课题组开始使用相对薄一点的英石和背部较为平整的英石，便于粘合操作并增强了整体画面感。在制作过程中，由于瓷片表面较为光滑，英石与背景衬底的粘合方式从沿用早期的水泥粘合方法，到换成大力胶或在背景瓷片上钻孔用铁丝固定英石，都会导致作品发生脱落现象，效果都不太理想（图4、图5）。

2016年，为处理粘合问题，课题组探索出AB胶[AB胶：环氧干挂结构胶，PartA和PartB按1：1比例调和使用]进行粘合，英石与瓷盘的粘合问题彻底解决。这一阶段的英石盆景基本奠定了课题组创作的主要基调，即用更加美观实惠的白色圆形瓷盘作为英石壁挂盆景的背景，并附有木制底座，这样缩小了盆景作品的体积，便于移动，并更具备观赏性。同时，增加了绘画背景元素，使得英石山水与绘画、立体与平面、虚与实巧妙结合，更增加了盆景的空间层次。之后的盆景作品都以此为基础，进一步探索不同材料的应用。如尝试以大理石板作为载体，用石粉制造雪景（图6）；

图6 课题组谭贵飞老师作品《轻舟已过万重山》　图7 课题组彭伙强老师作品《江村秋韵》（李晓雪 摄）　图8 课题组彭伙强老师作品《仁者乐山智者乐水》　图9 课题组彭伙强老师作品《山村春早》

个别作品附画框，以提高整体艺术性；或将背景载体换成木板，背景绘画使用胶与丙烯颜料混合着色，回应"无声的诗，立体的画"的文化内涵（图7）。

2017年，课题组又尝试用灰黑色英石板作为载体，在石板上粘合石块，使用丙烯颜料在英石板上制造白色背景和其他衬景，以达到英石与背景材料的完美融合（图8）。发展到了2019年，英石碟景与丙烯颜料绘画相结合的形式日益成熟，并且不限于碟景的范围，开始探究英石碟景的外部延伸，更好地表现英德山水风貌，极大丰富了英石碟景的表现力和场景感（图9）。未来更计划与灰塑等其他传统工艺合作，用更加立体、多样的方式展现英石的魅力。

表1　课题组盆景创作阶段简表

阶段	盆景类型	底座材料	粘合材料	植物使用	配景特色	其他特点
1	山水盆景	一体大理石盆	水泥	真实植物种植	传统山水盆景配置	延续传统
2	介于山水盆景和壁挂类之间	粘合大理石盆/粘合瓷片盆	大力胶铁丝辅助固定	从真实植物过渡到使用假的塑料植物	传统山水盆景配置	使用底板；改良底座；稳固性为核心问题
3	壁挂类盆景形成	白色圆形瓷盘	AB胶	塑料植物	在前期基础上增加绘画背景元素	圆盘附有木制底座，作品体积变小

（续上表）

阶段	盆景类型	底座材料	粘合材料	植物使用	配景特色	其他特点
4	壁挂类盆景	大理石底板	AB胶	塑料植物	用石粉制造雪景	外加画框，意境多样丰富
5	壁挂类盆景	木板底板	AB胶	塑料植物	背景绘画使用胶和丙烯颜料混合	"无声的画，立体的诗"，尝试画与石的结合
6	壁挂类盆景	使用以往尝试的材料	AB胶	塑料植物	用不同颜色的石粉来表达更加丰富	表现不同的意境
7	壁挂类盆景	英石板（块）	AB胶	塑料植物	在英石板上涂白色颜料制造白色背景	加强作品与英石的关联
8	壁挂类盆景	白色圆形瓷盘	AB胶	丙烯颜料	宏大的山水构图	英德山水风貌的展现

3. 教学成果和思考

历经多个阶段的盆景创作探索（表1），课题组的教学实践与师生作品通过参加对外交流活动与展览，让英西中学的英石盆景课题组与全新的英石盆景越来越受到关注。2015年、2016年连续两年参加英德"红茶英石旅游文化节"展览；2016年1月，英西中学被英德市奇石协会吸收为会员单位，同年5月，清远市民间文艺家协会颁发了"英石盆景艺术创作基地"牌匾；2016年5月和10月，课题组成果代表清远市参加"中国文化遗产日"广东云浮分场、第七届中国（云浮）石文化节展览，2017年6月，课题组谭贵飞、彭伙强两位老师代表广东省非物质文化遗产保护中心参加"第六届中国成都国际非物质文化遗产节·中国传统工艺新生代传承人竞技·盆景制作技艺"，并荣获"最佳新人奖"；2017年8月，代表清远市文学艺术界联合会和清远市民间文艺家学会，参加第十届中国（广东）民间工艺博览会；同年11月，师生作品参加云浮市人民政府、广东省文化厅联合举办的第八届"云浮石文化节——广东创意石艺精品展"，谭贵飞老师作品《瑞雪兆丰年》与彭伙强老师作品《峰林秋韵》均获得铜奖。2018年7月，谭贵飞老师辅导的学生江志敏同学作品《千山暮雪》，在广东省教育厅举办的"2018年广东省中小学生手工艺作品展示活动"中荣获高中组二等奖。一系列活动引起了社会公众的高度关注。

英西中学课题组老师们针对英石非遗传承教育经过不断的探索与创新，从艺术基础理论入手，理论教学结合实践操作，让英石之乡英德的中学生们在自制英石盆景作品的同时，亲身体验英石文化及英石传统技艺，亲身参与到英石非遗文化新时代的传承表达与创作之中。

经过5年的不断改进和更新换代，《英石艺术作为美术乡土教材的研究》课题组的英石碟景制作与教学为英石盆景制作技艺传承与发展的新思路，同时为英石非遗传承教育和技艺创新乃至其他非遗的传承和创新提供了新的教学思路和可能性，展现了非遗传承在新时代发展下通过钻研与探索之后的潜在价值，具有重要的意义。随着社会广泛关注以及审美鉴赏能力的不断提升，人们对英石碟景艺术水平与艺术价值的要求也越来越高，英石碟景课题组成员也在进一步思考，英石碟景如何协调人工造型与传统山水意境的关系，如何在人为创作基础上保留住英石石质璞真、自然、灵动之美，如何进一步在教学之中提升课题组教师及学生的审美意识与创作水平，以推动英石盆景技艺的传承与发展。这些问题既是英石碟景发展的新机遇，也将是更大的挑战。

参考文献

[1] 周武忠 . 活的国画——悬挂式盆景 [J]. 中国花卉盆景，1988（01）：21-22.
[2] 邵忠 . 山水盆景的立意 [J]. 园林，2005（04）：50-51.

注释
部分原文发表于《广东园林》2017年第5期 Vol.40 总第180期与《广东园林》2019年第2期 Vol.41 总第189期。

后记

后 记

　　《话说英石》一书终于出版了，这是英石界朋友们值得庆贺的一件大喜事。

　　从 2010 年起，英德市连续七年举办了中国（英德）英石文化节，每年都不遗余力邀请全国各地专家举行英石文化论坛，这些专家们的论文是一份宝贵财富，均收入本书。英石爱好者亦有很高见解，已成专家，媒体对英石宣传、报道推动了英石的产业发展，这些文稿，亦收入本书范围。值得一提的是华南农业大学园林学院高伟教授的团队，用了三年时间对英石文化遗产的研究取得了重大成果，本书收入部分论文。口述英石更有亲见、亲闻、亲历的文史"三亲"性，显得更有血有肉，更显英石的"灵性"，英德广播电台《英德故事》栏目中讲英石故事的文稿以及英德档案局"口述历史"采访稿，全收入本书。另外，英德市英西中学师生们共同努力探索的英石非遗传承教育的课题成果，亦收录本书。

　　英石文化产业迅速发展的同时，人才紧缺的问题逐步凸显，成为英石产业发展的瓶颈问题。英德市文广新局、英德市奇石协会提出用 3 年时间组织实施"英德市英石特色文化产业人才工程"，引进、培育特色文化产业人才，促进英石产业升级，助推区域经济发展。通过"整合资源，创造平台，创新价值"，打造特色文化产业新型人才队伍，建立人才交流和发展平台，从文史钻研到实践工程的落地，人才培育工作的环节以"引、育、用、留"为原则，引进专业顾问专家团队、培育四大人才——"英石技艺人才、电子商务人才、营销管理人才、文化研究人才"；建立英石技艺人才培育基地、英石（奇石）电商展销平台，有效解决英石产业发展的人才紧缺问题与粗放经营问题，实现英石（奇石）产业的技术升级，推动英石（奇石）产业结构的优化。

因此，"英德市英石特色文化产业人才工程"被列入英德市的"英州计划"，受市委组织部的人才领导工作小组办公室领导。

本书的出版及经费就是"英州计划"工程一部分内容，英德市人才领导工作小组办公室也是本书的编写单位之一，特此说明。

本书的出版得到专家、学者、石友的不吝赐稿，同时，还得到英德市领导及社会各界人士的关心、支持，在此，一并表示感谢！

编者

2019 年 11 月